神农架大型真菌

何冬兰　万文结　刘　涛　程国军　著

科学出版社
北　京

内 容 简 介

神农架地处湖北省西北部，具有丰富的生物多样性，是中国首个被联合国教科文组织世界生物圈保护区、世界地质公园、世界自然遗产三大保护制度共同录入名录的“三冠王”国家级自然保护区。作者对神农架进行了6年的大型真菌多样性调查，拍摄了2万多张真菌照片，并采集了4185份真菌标本，基于形态特征和分子遗传信息鉴定出548种大型真菌。其中，子囊菌65种，担子菌480种，黏菌3种。本书对这些物种的形态特征进行了描述并附有彩色生境照片，同时对每个物种的主要曾用名、在我国的省份分布、生长习性和经济价值进行了说明。

本书可供林业工作者、菌物爱好者，以及科研机构菌物学相关专业人员和大专院校相关专业师生参考。

图书在版编目（CIP）数据

神农架大型真菌 / 何冬兰等著. -- 北京 : 科学出版社, 2025. 6. -- ISBN 978-7-03-079281-5

Ⅰ. Q949.320.8

中国国家版本馆CIP数据核字第20245V3D20号

责任编辑：张会格 / 责任校对：胡小洁
责任印制：肖　兴 / 封面设计：金舵手

科学出版社 出版
北京东黄城根北街16号
邮政编码：100717
http://www.sciencep.com

北京中科印刷有限公司印刷
科学出版社发行　各地新华书店经销

*

2025年6月第　一　版　开本：889×1194　1/16
2025年6月第一次印刷　印张：37
字数：1 192 000

定价：598.00 元

（如有印装质量问题，我社负责调换）

《神农架大型真菌》

图书辑录专家组及工作组

专家组

负责人： 何冬兰　中南民族大学　生命科学学院

成　员： 万文结　中国科学院武汉植物园

刘　涛　中南民族大学　生命科学学院

程国军　中南民族大学　生命科学学院

顾　问： 刘元明　湖北省农业农村厅

工作组

负责人： 何冬兰

成　员（按姓氏汉语拼音排序）：

陈君怡　程国军　丁明豪　何黄梅　胡　佳

黄嘉敏　梁建军（男）　梁建军（女）　刘梅芳

刘　涛　陆国宁　朴思璇　覃　茵　谭佳丹

万文结　王　帅　王鑫蓉　王　印　魏御寒

吴慧琴　张　弦　张泽文　左文龙

序

神农架，位于中国中部的神秘之地，以其独特的生态环境和丰富的生物多样性吸引着全球的目光。作为全球生物多样性保护与研究的热点区域，神农架不仅有众多种类的珍稀动植物，而且有丰富多样的大型真菌。大型真菌具有很高的科研价值和应用潜力，它不仅满足了人类的口腹之欲，成为滋养身心的佳肴，而且跨越了食品的界限，步入医生的药箱，化身为治愈疾病的良药。大型真菌以其蕴含的自然精华守护着人类的健康与福祉。

大型真菌作为生态系统中的重要组成部分，对维持生态平衡和促进物质循环起着不可替代的作用。神农架的大型真菌种类繁多且分布广泛，从森林深处到草地边缘，从高山之巅到河谷低地，都可以发现它们的身影。既有常见的红菇和牛肝菌等伞菌，也有罕见的灵芝等多孔菌。大型真菌多生长在林间草地等腐殖质丰富的土壤里，亦能腐生在凋落的树叶和枝干上，抑或寄生在活树的体表间隙。它们有的喜阴湿环境，有的则偏爱阳光充足的地方，体内积蓄着丰富的维生素和氨基酸等营养成分。神农架里每一种大型真菌都以其独特的方式发挥着重要的生态作用：调节碳库、涵养水源、固定土壤、净化环境、滋养虫鸟，维持森林生态系统丰富的生物多样性。然而，我们也必须清醒地认识到，神农架的大型真菌资源正面临着诸多挑战。随着人类活动的不断扩张和全球极端天气的频发，神农架森林生态环境发生改变甚至遭受破坏，许多真菌的生存受到威胁甚至灭绝。此外，过度采集和不合理利用也导致神农架森林里部分真菌资源日益减少。因此，亟待厘清神农架这座宝库里大型真菌的种类与分布，进而加强对神农架大型真菌资源库的保护和管理，实现其可持续利用。

中南民族大学的何冬兰教授及其团队成员多年来从事微生物种质资源的开发与利用研究，如积极探索蝉花虫草的药用潜力和梭柄松苞菇的食用价值，取得了阶段性的成果。何教授在中南民族大学和湖北省科学技术厅的支持与帮助下，带领其团队师生，历经六载探寻儿时就迷恋着的神农架，爬过崇山峻岭，踏过沟壑坑洞，穿过密林深草，遍寻大型真菌，精准拍摄了数万张反映大型真菌典型特征的子实体照片。综合形态学鉴定、遗传发育分析和权威专家指导，明晰了数百种大型真菌物种，辑录成书以作为神农架大型真菌的宝鉴。

该书旨在全面展示神农架地区大型真菌的多样性，通过图文并茂的方式，让读者领略这些神奇生物的独特魅力，深入了解它们的形态特征、生长习性以及经济价值。该书图片精美、布局合理、内容丰实，能够科学准确地呈现神农架的大型真菌资源，具有较高的权威性和极大的实用性。

希望这本图鉴能够广泛传播，让更多的人了解神农架大型真菌的多样性和魅力，呼唤人们对神农架大型真菌的关注与热爱，激发人们对自然生态的敬畏之心和爱护之情，吸引更多相关机构和专业人士投身到生物多样性保护的事业中来。大家携手努力，共同守护这片美丽的土地和这些珍贵的生命，让神农架大型真菌的瑰丽风采得以延续。

前 言

科技的日新月异引领着农业方式的深刻革新和作物产量的显著提升，人们不再满足于以传统谷物等来简单地饱腹，而是愈发追求膳食的搭配和营养的均衡。社会的蓬勃发展促使人类追求更高的生活品质，而许多疾病的流行威胁着人类的健康，在此背景下，人们希望从天然产物里提取药用成分以开发出更加安全有效的药品和保健品。兼具食药用属性和观赏潜力的多种多样的大型真菌正逐渐进入公众视野，成为连接自然与健康的重要桥梁。

大型真菌是菌物中形成大型肉质或胶质的子实体或菌核的一类真菌，大多数属于担子菌门，少数属于子囊菌门和黏菌门。大型真菌因其具有卓越的食药用价值，正吸引着全球科学家和探索者深入研究其种类与分布的奥秘，人们试图通过人工选育以扩大繁殖，通过基因修饰以改造性状，通过成分提取以明晰药理，通过滴液注射以考察疗效。食用和药用真菌在人类发展和生存的长河里扮演着重要的角色，然而，由于不能准确识别各类常见真菌，人们亦有因误食误用有毒真菌（如毒鹅膏菌、鹿花菌和大青褶伞等）而损害了健康甚至丧失生命的事件发生。虽然一些大型真菌（如食用真菌金针菇和药用真菌灵芝等）已实现了人工种植，但是许多营养价值高和经济价值高的真菌（如大多数虫草、松茸和块菌等）尚未能实现人工扩繁。科技进步赋予了大型真菌新的功能属性，例如白色双孢菇的基因遗传修饰使其获得了抗褐变的能力，平菇硒多糖提取物具有高效抗癌活性，灵芝三萜提取物具有抗肿瘤和抑菌活性。因此，人工种植、遗传改造和成分提取等技术手段能够极大程度地开发和利用食药用真菌，然而充分应用这些技术的前提在于需要明晰大型真菌的分布特征及其生长环境，这样才能更好地厘清大型真菌的生存机制和食用潜力及药用成分。因此，亟待解析大型真菌的种类和分布。

著者基于自身科研背景和研究方向，选择了华中地区秘境——神农架作为研究区域，带领团队成员于炎炎夏日和浓浓深秋之际，驱车穿行于神农架羊肠小道，徒步爬走在神农架险峻陡坡，高卷裤腿涉水于神农架沟壑溪涧，努力探寻大型真菌的踪迹。首先，使用高分辨率相机拍摄大型真菌的全貌及细节，如伞菌的菌盖、菌柄、菌褶、菌环和菌托等部位，记录其生态环境、地理位置、形态、大小和颜色等特征，根据其形态和生态特征初步分类；其次，采用脱氧核糖核酸一代测序技术，确定大型真菌的遗传发育信息；再者，邀请领域内知名专家对已鉴别和难鉴别的大型真菌做最后的鉴定核认；最后，对已鉴定的大型真菌提供分类地位、菌体形态、生长习性、国内分布和经济价值等注解。随着本书的定稿，著者深感野外资源调查的艰辛与不易。从计划筹备到实地调查，从数据搜集到信息整合，每一步都充满了未知与挑战。著者在调查过程中见证了丰富的自然资源，也看到了因过度开发而被破坏的生态环境。这让我们更加深刻地认识到在敬畏自然的同时，保护好自然以及维护生态平衡的重要性。这本大型真菌图鉴不仅是对调查结果的呈现，而且是对全社会发出的呼吁与倡议：让我们共同关注自然，敬畏自然，珍惜资源，为子孙后代留下一个绿色和谐的家园。

本书分为神农架大型野生真菌资源总论和神农架大型真菌资源物种分述两个部分，包含对神农架自然环境的介绍以及神农架大型真菌的调查鉴定结果。在图书编撰过程中，专家组和工作组成员各司其职，如何冬兰教授承担大型真菌的拍摄及形态鉴定，其他成员承担蕈菌采样和分子鉴定等工作。本次神农架大型真菌资源调查于2017年立项，从实地调查至书稿完成已历时7年有余。本书的问世得益于多方组织和个人的帮助，感谢湖北省科学技术厅、中南民族大学、神农架国家公园、神农架林区政府及相关林场等单位。此外，大型真菌照片的拍摄、地理信息的采集、实验数据的获取、真菌物种的鉴定、文字图片的梳理、排版布局的规划和图书稿件的付梓离不开团队成员的共同努力和无私奉献。在此，感谢刘元明研究员、刘梅芳高级实验师、梁建军（男）实验师和王锋尖教授等的支持，感谢已毕业学生万文结、张泽文、覃茵、王帅和谭佳丹等以及未毕业学生陈君怡、魏御寒和丁明豪等的帮助。最后，于书稿完成之际，再次向所有支持该项工作的专家同行、学生、科学出版社工作人员等表示诚挚的谢意！

神农架地域辽阔且地理位置独特，鉴于时间和物力等的限制，著者未能涉足整个神农架林区。有些大型真菌可能未被发现，有些采集的大型真菌标本未能成功鉴定。因此，本书所记载的大型真菌可能只是神农架大型真菌的一部分，然而仍具有较高的参考和借鉴价值。著者未来将辑录和报道神农架更多的大型真菌。鉴于菌物分类的迅速发展，菌物学名和分类地位也在频繁发生变化；加之著者的水平相对有限，书中疏漏之处在所难免，衷心恳请专家和读者批评指正。最后，真心希望有更多有志之士关注大型真菌资源，大家携手努力来共同守护神农架这片美丽的土地，让神农架大型真菌资源得以保护和合理开发。

何冬兰

2024年8月18日

目 录

第一部分　神农架大型野生真菌资源总论

第二部分　神农架大型真菌资源物种分述

第一章　子囊菌门 Ascomycota

Ⅰ　座囊菌纲 Dothideomycetes

Ⅱ　地舌菌纲 Geoglossomycetes

Ⅲ　锤舌菌纲 Leotiomycetes

Ⅶ 花耳纲 Dacrymycetes

Ⅷ 银耳纲 Tremellomycetes

第三章 黏菌门 Myxomycota

Ⅸ 黏菌纲 Myxogastrea

第一部分

神农架大型野生真菌资源总论

一、神农架自然环境状况

神农架，面积约为3253 km^2，作为全中国唯一以“林区”命名的行政区，地处湖北省西北部，东接襄阳市保康县，西临重庆市巫山县和巫溪县，南濒宜昌市兴山县和恩施土家族苗族自治州巴东县，北靠十堰市竹山县和房县。神农架地貌骨架在印支运动末期和燕山运动初期发生了强烈的褶皱和大面积的倾斜。第四纪气候的冷暖变化导致部分地域残留了冰川地貌，致使神农架境内地貌复杂多变，主要包括构造溶蚀地貌、溶蚀侵蚀地貌、剥蚀侵蚀地貌和堆积地貌四种地貌单元。神农架特殊的地貌结构贮藏着丰富的矿藏资源，如磷矿、铜矿、铁矿和建筑石料等。神农架独特的地质结构衍生出发达的水系，境内有大小河流317条，有着香溪河、沿渡河、南河和堵河四大流域，沿渡河、香溪河两条水系汇入长江，堵河、南河两条水系流入汉江，神农架是湖北省内长江与汉江的第一级分水岭。

神农架，被誉为“世界地质公园”，境内山峰海拔为398–3105 m，其中有32座山峰海拔达到2500 m以上，有6座海拔3000 m以上的山峰。最高峰为神农顶，海拔为3105.4 m，被誉为“华中屋脊”。神农架地处北亚热带季风气候区，位于亚热带气候向温带气候过渡区，深受东南季风和西南季风的影响，全年80%的时间盛行东南风，因而夏季湿润多雨而冬季温和少雨。神农架全年日照时数达1858.3 h，全年辐射为103.7 kcal/m^2，总辐射量和日照时数随着海拔的增高而减少，年均气温因海拔不同相差很大，海拔每增加100 m温度降低1℃，年均气温为12℃（Ding et al.，2015；马明哲等，2017）。神农架年降水量为800–2500 mm，年均降水达2000 mm以上，降水量随海拔的升高而增加。神农架春夏之交常有冰霜发生，一般9月底至次年4月底为冰霜期。神农架境内平均年蒸发量为500–800 mm，干旱指数0.50–0.53。神农架独特的地理位置和气候造就了奇特的自然景观和多样的生态系统，包括北亚热带山地森林系统、亚热带森林生态系统和泥炭藓湿地生态系统。其中，享誉盛名的大九湖位于高山平原，具有“地球之肾”所倚的典型的泥炭藓湿地特征，因而被称为湖北的“呼伦贝尔”和“神农江南”。神农架作为世界自然遗产，山山水水、林林草草和湖沼沟壑孕育着丰富的生物多样性，备受全世界的关注。

神农架主要分布着常绿阔叶林、常绿阔叶落叶混交林、落叶阔叶林、针阔混交林、寒温带针叶林、亚高山灌丛和亚高山草甸。神农架已探明的高等维管束植物有193科1113属3758种，其中有国家重点保护植物76种（廖明尧，2017；陈伟，2024），如光叶珙桐、珙桐、连香树、香果树和水青树等；有鄂西特色植物达42种，如香草、红坪杏、绣线菊、玉山竹、巴东木莲、银杏、红豆杉、水杉和汉白杨等。神农架药用植物有1800多种，包括何首乌、黄精、枸杞、茯苓和熟地黄等，因而以“天然药园”驰名中外。神农架有报道的脊椎动物达493种，占湖北省脊椎动物总种数的57.5%，其中，哺乳纲7目22科75种，鸟纲16目48科308种，爬行纲2目8科27属40种，两栖纲2目7科23种，鱼纲4目10科32属47种，其种数分别占湖北省同类生物总数的61.9%、71.5%、68.9%、50.0%和23.4%。神农架有丰富的昆虫资源，已报道共计28目157科4143种。神农架特色动物种类繁多，包括金丝猴、白冠长尾雉、金雕、大鲵、巫山北鲵、尖吻蝮和白头蝰等，有国家重点保护野生动物73种。此外，在神农架先后发现了30多种白化动物，如白林麝、白鬣羚、白蛇和白熊等（李春旺等，2020）。神农架完整的自然生态系统为这些特色动植物提供了舒适的栖息环境，进而丰富了神农架生物多样性。

神农架不仅有丰富的动植物多样性，而且有特殊的微生物多样性，已探明有地衣等菌类共927种。目前研究人员正探究病毒、古菌、细菌和真菌等微生物在土壤和水体里的分布情况，明晰这些微生物在神农架森林生态系统中的作用，解析它们在维持神农架碳收支平衡中扮演的角色。其中，神农架大型真菌愈发受到人们的关注，不仅因其可食用和可药用，还因它们在生物地球化学循环中的重要作用。然而，神农架大型真菌的种类及其分布鲜有报道，亟待调查并汇编出神农架大型真菌图鉴，为神农架大型真菌的有效保护奠定理论基础，为其潜在应用价值的研究提供借鉴。

二、神农架大型野生真菌种类概述

大型真菌，泛指广义的蘑菇或蕈菌，是菌物中能形成大型肉质或胶质的子实体或菌核的一类真菌。大型真菌子实体或菌核通常肉眼可见，其孢子或菌丝体等无性生殖元件通常需要借助显微镜才能观察到。大型真菌大多数属于担子菌门，少数属于子囊菌门和黏菌门。大型真菌多生长在腐木和枯叶等基质上以及腐殖质含量高的土壤里，少数生长在活体植物的体表间隙。大型真菌可分为食用菌、药用菌和毒菌等。食用菌包括香菇、茶树菇、草菇和金针菇等；药用菌包括蝉花虫草、冬虫夏草、灵芝和云芝等；毒菌包括毒鹅膏菌、白毒鹅膏菌和毒粉褶菌等。这些食用和药用大型真菌因具有较高的营养价值和药用价值而具有较大的应用潜力，从而引起人们广泛的研究兴趣，包括探寻新种、人工培养、遗传改造和提取活性物质等。

神农架的崇山峻岭、密林深草和沟壑坑洞间广泛分布着形形色色的大型真菌。本团队于2017年7月至2023年8月进行了6年的野外采集、拍摄和鉴定工作，综合形态学鉴定、遗传发育分析和权威专家指导，明晰了548种大型真菌物种。按照*Dictionary of the Fungi*（《菌物字典》第10版；Kirk et al., 2008）的分类体系，并结合近年新发表的科学文献，我们对本书中548种菌物的分类地位及名称进行了查证和整理。在同一分类等级中，各分类单元按拉丁名的顺序排序；在同一种菌物学名的排序上，将目前广泛应用且列入《中国生物物种名录》或全球生物多样性信息机构（GBIF）的学名排在第一位，其他列举1–2个学名作为曾用名按命名时间顺序排序。

已鉴定的548种神农架大型真菌，分属于子囊菌门、担子菌门和黏菌门的9纲28目75科188属（图1）。子囊菌门包括8目，即格孢菌目、地舌菌目、柔膜菌目、锤舌菌目、斑痣盘菌目、盘菌目、肉座菌目和炭角菌目。担子菌门包括19目，即蘑菇目、木耳目、牛肝菌目、鸡油菌目、伏革菌目、地星目、褐褶菌目、钉菇目、锈革菌目、马勃菌目、硬皮马勃目、鸟巢菌目、鬼笔目、多孔菌目、红菇目、蜡壳耳目、革菌目、花耳目和银耳目。黏菌门包括无丝菌目。

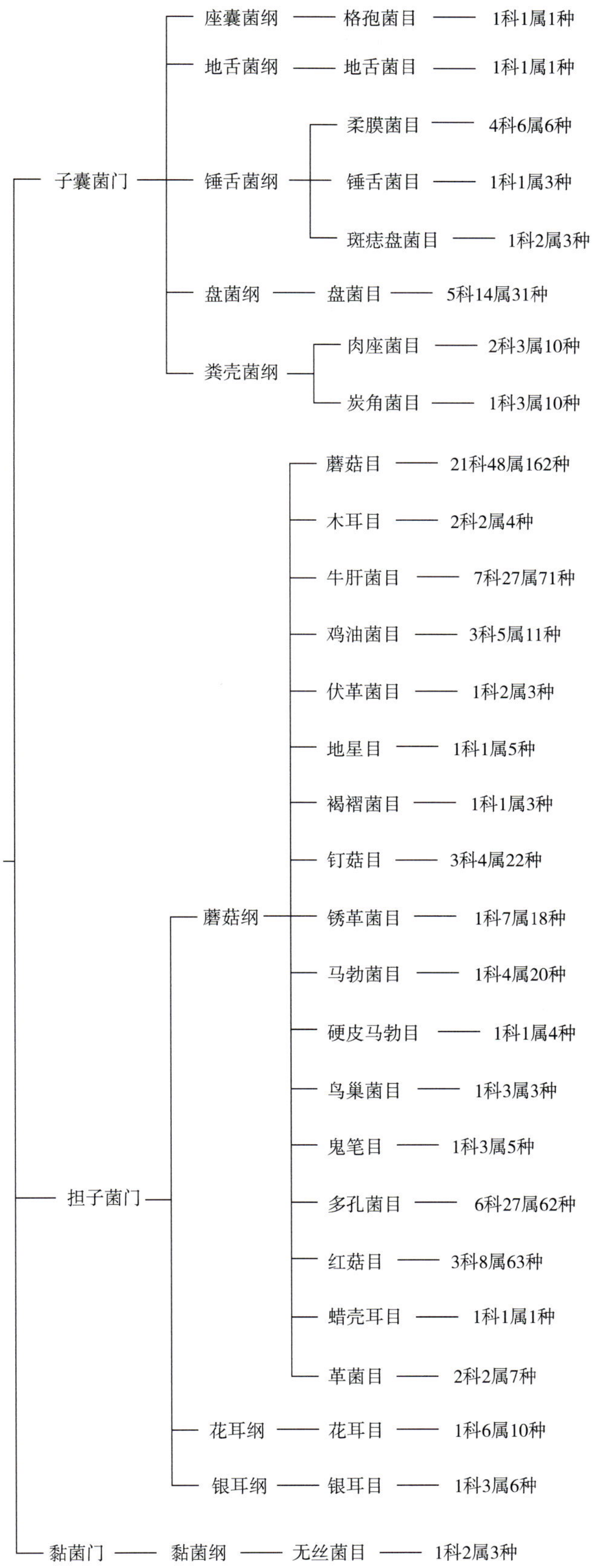

图 1　神农架大型真菌已鉴定的种类与分类信息

第二部分

神农架大型真菌资源物种分述

第一章
子囊菌门
Ascomycota

（一）竹黄科 Shiraiaceae | 竹黄菌属 *Shiraia*

001 竹 黄

Shiraia bambusicola **Henn. 1900**

中文别称： 竹花、竹三七、竹茧、竹参、竹赤团子。

形态特征： 子座幼嫩时呈细长纺锤形，紧贴或抱生于竹茎上，长 1.5–4.0 cm，直径 0.5–2.0 cm，肉质，表面近平滑，白色或粉红色。成熟时个体逐渐膨大，呈不规则瘤状，表面常有龟裂，变木栓质，内部菌肉红色。

生长习性： 夏、秋季于竹枝上生长。

国内分布： 湖北、安徽、江苏、浙江、贵州、江西、福建、湖南、云南等省份。

经济价值： 药用菌。

（二）地舌菌科 Geoglossaceae | 地舌菌属 *Geoglossum*

002 黑地舌菌

Geoglossum nigritum **(Fr.) Cooke 1879**
Clavaria nigrita Pers. 1797
Clavaria nigrita var. *nigrita* Pers. 1797

形态特征：子实体黑色，长舌形、舌形、棒状，稍扁平，高2.3–4.8 cm。顶部可育部分有时伸展呈扇状，3–15 cm×0.8–2 cm，上部较宽，向下渐窄。不育菌柄近圆柱形，直径1–2 mm，色略浅，呈黑褐色。

生长习性：夏季和秋季于林中地上单生、散生、群生。

国内分布：湖北、河北、江苏、贵州、云南、西藏、广西、海南、湖南等省份。

经济价值：不详。

（三）皮盘菌科 Dermateaceae ｜ 软盘菌属 *Mollisia*

003 灰软盘菌

Mollisia cinerea **(Batsch) P. Karst. 1871**
Peziza cinerea Batsch 1786

中文别称： 灰黑软盘菌。

形态特征： 子囊盘初期呈杯状，后平展，直径0.5–1.5 cm。子实层表面呈灰白色、灰褐色至灰色，边缘幼时发白。囊盘被具绒毛，棕灰色。无柄，基部有时有菌丝缠绕。

生长习性： 夏、秋季于腐木上单生或群生。

国内分布： 湖北、安徽、云南等省份。

经济价值： 不详。

（四）柔膜菌科 Helotiaceae | 小双孢盘菌属 *Bisporella*

004 橘色小双孢盘菌

Bisporella citrina **(Batsch) Korf & S. E. Carp. 1974**
Calycina citrina (Hedw.) Gray 1821
Helotium citrinum (Hedw.) Fr. 1849

中文别称： 橘色双孢盘菌、橙色小双孢盘菌、橙红二头孢盘菌、黄小孢盘菌。

形态特征： 子实体小，浅盘状，伸展时近平坦，直径1–3.5 mm，无毛，上下表面均光滑，柠檬黄色至橘黄色，干后有皱褶且颜色加深。菌柄下端渐细，光滑，长达1.5 mm，直径约0.8 mm，柄上部淡黄色、奶油色或白色，基部暗色至黑色。

生长习性： 夏、秋季于阔叶树的枯枝上散生或群生。

国内分布： 湖北、甘肃、贵州、四川、云南、广东、吉林等省份。

经济价值： 不详。

杯盘菌属 *Chlorociboria*

005 小孢绿杯盘菌

***Chlorociboria aeruginascens* (Nyl.) Kanouse ex C. S. Ramamurthi, Korf & L. R. Batra 1958**

Peziza aeruginascens Nyl. 1869

Chlorociboria aeruginascens (Nyl.) Kanouse 1948

中文别称：变绿杯盘菌。

形态特征：子实体呈小盘、碗状或近漏斗状，直径3–7 mm。子实层表面蓝绿色，外侧色稍浅，内层色深，往往边缘稍内卷或呈波状，蜡质，干时近革质。菌柄长1–5 mm，直径0.5–1 mm，常偏生至近中生。

生长习性：夏、秋季于针阔混交林中腐木上散生或群生。

国内分布：湖北、吉林、河北、安徽、浙江、福建、广西、四川、云南、贵州、陕西、甘肃、辽宁等省份。

经济价值：不详。

耳盘菌属 *Cordierites*

006 叶状耳盘菌

***Cordierites frondosus* (Kobayasi) Korf 1971**
Bulgaria frondosa Kobayasi 1939
Ionomidotis frondosa (Kobayasi) Kobayasi & Korf 1958

中文别称：暗皮皿菌、毒木耳、叶状复柄盘菌。

形态特征：子囊盘小，呈浅盘状或浅杯状，直径2–3.5 cm，黑色，具短柄或几乎无柄，个体大者盖边缘呈波状，上表面光滑，下表面粗糙且有棱纹，湿润时有弹性，呈木耳状或叶状，干燥后质硬，味略苦涩。

生长习性：夏、秋季于桦木等阔叶树倒木或腐木上成丛或成簇生长。

国内分布：湖北、湖南、广西、陕西、云南、贵州、四川、黑龙江等省份。

经济价值：有毒，误食会引起日光过敏性皮炎。

（五）贫盘菌科 Hemiphacidiaceae | 绿散胞盘菌属 *Chlorencoelia*

007 变形绿散胞盘菌

Chlorencoelia versiformis **(Pers.) J. R. Dixon 1975**

Peziza versiformis Pers. 1798

Chlorociboria versiformis (Pers.) Seaver ex C. S. Ramamurthi, Korf & L. R. Batra. 1958

中文别称：多形墨绿盘菌。

形态特征：子实体呈陀螺形、浅杯形至漏斗状，直径7-16 mm。子实层表面与囊盘被光滑或有皱褶，橄榄黄色至橄榄绿色。菌柄长2-5 mm，直径0.5-1 mm，向下渐细，中生，少数偏生。

生长习性：夏、秋季于针阔混交林中腐木上生长。

国内分布：湖北、云南、台湾、新疆等省份。

经济价值：不详。

（六）毛盘菌科 Lachnaceae ｜ 新胶鼓菌属 *Neobulgaria*

008 新胶鼓菌

Neobulgaria pura **(Pers.) Petr. 1921**

Peziza pura Pers. 1796

Bulgaria pura (Pers.) Fr. 1822

中文别称：果冻蘑菇、紫螺菌。

形态特征：子囊盘小，倒圆锥形或近似陀螺形，高 0.5–2 cm，直径 1–4 cm，灰白至赭石棕色，半透明，胶质，有弹性。子囊盘表面近平滑，色较浅，灰白色，略带红色，边缘近波状；内部充实，柔软半透明，无明显气味。

生长习性：夏、秋季于阔叶树林中的朽木及倒木和枯枝上单生或群生。

国内分布：湖北、西藏等省份。

经济价值：毒菌。

（七）锤舌菌科 Leotiaceae | 锤舌菌属 *Leotia*

009 黑绿锤舌菌

Leotia atrovirens **Pers. 1822**

Leotia lubrica f. *atrovirens* (Pers.) S. Imai 1936

形态特征： 子实体一般较小，高2–3.8 cm，胶质。头部扁球形，不规则皱卷，直径5–13 mm，绿褐色至黑绿色。菌柄圆柱形，长1.5–3.5 cm，直径2–5 mm，黄色，有时稍扁，下部渐粗。

生长习性： 夏、秋季于针叶林或阔叶林地上丛生或群生。

国内分布： 湖北、浙江、安徽、广西、贵州、云南、西藏等省份。

经济价值： 不详。

010 润滑锤舌菌

Leotia lubrica **(Scop.) Pers. 1794**

Leotia gelatinosa Hill 1751

Helvella gelatinosa Bull. 1761

形态特征：子实体一般较小，高2–3.6 cm，胶质。头部扁球形，不规则皱卷，直径5–13 mm，黄褐色至绿褐色。菌柄圆柱形，长1.5–3 cm，直径2.5–5 mm，黄色，有时稍扁，下部渐削细，上有微细绒毛。

生长习性：夏、秋季于针叶林或阔叶林地上丛生或群生。

国内分布：湖北、云南、吉林、甘肃、江苏、浙江、安徽、广东、江西、海南、广西、贵州、西藏等省份。

经济价值：不明，有报道可食用，也有报道有毒。

011 绿头润滑锤舌菌

Leotia viscosa **Fr. 1822**

中文别称：黏锤舌菌。

形态特征：子实体一般较小，高2–3.6 cm，胶质。头部扁球形，不规则皱卷，直径5–13 mm，翠绿色至墨绿色，湿时黏。菌柄圆柱形，长1.5–3 cm，直径2.5–5 mm，鲜黄色，有时稍扁，下部渐粗。

生长习性：夏、秋季于针叶林或阔叶林地上或腐木上单生、丛生或群生。

国内分布：湖北、四川等省份。

经济价值：不明，有报道可食用，也有报道有毒。

（八）地锤菌科 Cudoniaceae ｜ 地锤菌属 *Cudonia*

012 黄地锤菌

Cudonia lutea **(Peck) Sacc. 1889**

Vibrissea lutea Peck 1873

形态特征： 子实体较小，高3.5–5.5 cm，似蜡质。菌盖呈不规则扁半球形，直径0.5–2 cm，污黄褐色或黄绿色，有褶皱或浅凹窝，边缘内卷，与柄分离。菌柄近圆柱形，或有扁压或浅凹窝，长2–6 cm，直径0.2–0.6 cm，粗细不匀，淡黄色，弯曲，有的基部稍膨大，被有与菌柄同色的绒毛颗粒物。

生长习性： 夏、秋季于针叶林或针阔混交林中地上的苔藓间或腐木上近丛生或群生。

国内分布： 湖北、甘肃、青海、四川、陕西、云南、新疆、西藏、内蒙古、河南等省份。

经济价值： 不详。

地勺菌属 *Spathularia*

013 黄地勺菌

***Spathularia flavida* Pers. 1794**
Helvella clavata Schaeff. 1774
Spathularia flava Pers. 1797

中文别称：黄地匙菌、地匙菌。

形态特征：子实体肉质，较小，高3–8 cm。子实层部分黄色或柠檬黄色，呈倒卵形或近似勺状，延生至柄上部两侧，宽1–2.5 cm，往往波浪状或有向两侧的脉棱。菌柄色稍深，近柱形或略扁，长1.5–3 cm，直径0.3–0.5 cm，基部稍膨大。

生长习性：夏、秋季于阔叶林或针叶林中地上单生或群生。

国内分布：湖北、吉林、黑龙江、西藏、新疆、四川、山西、陕西、甘肃、青海、内蒙古等省份。

经济价值：树木外生菌根菌，可食用。

014 棒形地勺菌

Spathularia clavata **(Schaeff.) Sacc. 1889**

形态特征： 子囊果较小，肉质，棒状，黄色，似水浸状，高3–5 cm。子实层部分生于柄的上部，黄色带褐色，初期为浅黄色，呈棍棒状。菌柄圆柱形，颜色往往比子实层稍深。

生长习性： 夏、秋季于针、阔叶林地的枯叶堆上丛生。

国内分布： 湖北、吉林、云南、山西、四川、辽宁等省份。

经济价值： 有记载可食用。

（九）马鞍菌科 Helvellaceae | 马鞍菌属 *Helvella*

015 黑马鞍菌

***Helvella atra* J. König 1770**
Helvella nigricans Pers. 1799

形态特征：子囊果小，黑灰色。菌盖直径1–2 cm，呈马鞍形或不规则马鞍形，边缘完整，与柄分离；上表面，即子实层表面黑色至黑灰色，平整；下表面灰色或暗灰色，平滑，无明显粉粒。菌柄圆柱形或侧扁，稍弯曲，黑色或黑灰色，往往较菌盖色浅，长2.5–4 cm，直径0.3–0.4 cm，表面有粉粒，基部色淡，内部实心。

生长习性：夏、秋季于林中地上散生或群生。

国内分布：湖北、河北、四川、湖南、山西、云南、贵州、青海、甘肃、新疆等省份。

经济价值：可食用，味道较好。

016 皱马鞍菌

Helvella crispa **(Scop.) Fr. 1822**
Phallus crispus Scop. 1772
Costapeda crispa (Scop.) Falck 1923

中文别称： 皱柄白马鞍菌、棱柄白色马鞍菌。

形态特征： 子实体较小。菌盖初始为马鞍形，后张开呈不规则瓣片状，白色到淡黄色，菌盖直径2–4 cm，边缘与柄不相连；菌盖上表面光滑，常有皱褶。菌柄圆柱形，长5–6 cm，直径1–2 cm，白色，有纵生深槽，形成纵棱。

生长习性： 夏、秋季于林中地上单生或群生。

国内分布： 湖北、甘肃、四川、北京、河北、河南、山西、陕西、青海、江苏、浙江、福建、云南、贵州、西藏、黑龙江、吉林、广西等省份。

经济价值： 可食用，味道较好。

017 迪氏马鞍菌

***Helvella dissingii* Korf 1988**

形态特征：子囊盘呈不规则形或近马鞍形，直径3–4.5 cm，边缘弯曲，具轻微的缺口或裂缝。子实层表面平滑，深灰色或灰褐色。囊盘被及边缘有近麸糠状的小鳞片，有毛，与子实层表面同色。菌柄圆柱形，长1–1.5 cm，直径0.3–0.5 cm，白色至米色，光滑，上端有近麸糠状的小鳞片。

生长习性：夏、秋季于林中地上单生或群生。

国内分布：湖北、贵州等省份。

经济价值：不详。

018 弹性马鞍菌

***Helvella elastica* Bull. 1785**

Leptopodia elastica (Bull.) Boud. 1907

Tubipeda elastica (Bull.) Falck 1923

中文别称： 马鞍菌、弹性白马鞍菌。

形态特征： 子实体小。菌盖马鞍形，宽2–4.5 cm，蛋壳色至褐色或近黑色，表面光滑，常卷曲，边缘与柄分离。菌柄圆柱形，细长，长4–10 cm，直径0.6–0.8 cm，蛋壳色至灰色，平滑，有弹性，后中空。

生长习性： 夏、秋季于林中地上单生或群生。

国内分布： 湖北、北京、四川、吉林、河北、山西、陕西、青海、江苏、浙江、江西、云南、海南、福建、新疆、广东、湖南、西藏、贵州等省份。

经济价值： 可食用，但孢子有微毒，食用时注意反复冲洗，去除孢子。

019 灰马鞍菌

***Helvella ephippium* Lév. 1841**

Leptopodia ephippium (Lév.) Boud. 1907

Helvella murina (Boud.) Sacc. & Traverso 1910

中文别称： 灰褐马鞍菌。

形态特征： 子实体小。菌盖近马鞍形或呈不规则的马鞍形，直径0.6–1 cm，灰色至灰褐色，有的近黄褐色，表面平坦，下表面色浅，近灰白色，粗糙呈粉粒状，边缘与柄分离。菌柄圆柱形，长2–5 cm，直径0.2–0.3 cm，平滑或有的具浅凹沟，表面粗糙呈粉粒状，内部实心。

生长习性： 秋季于针叶林或针阔混交林内地上单生、散生或群生。

国内分布： 湖北、山西、河北、吉林、江苏、四川、云南、甘肃、新疆、内蒙古、宁夏等省份。

经济价值： 可食用。

020 乳白马鞍菌

***Helvella lactea* Boud. 1907**

中文别称： 纯白马鞍菌。

形态特征： 子实体小，白色至乳白色。菌盖马鞍形，一般规则，直径1–2.5 cm，表面比较平整，边缘完整而与柄分离或有数点相连，干时呈乳黄色，上下面同色。菌肉白色。菌柄稍细，长1.5–3 cm，直径0.5–1 cm，具纵沟条及棱脊，棱脊缘窄而往往交织，内部实心。

生长习性： 夏、秋季于栎树等阔叶林地上单生或散生。

国内分布： 湖北、山西、云南、陕西等省份。

经济价值： 可食用。

021 多洼马鞍菌

***Helvella lacunosa* Afzel. 1783**

Helvella sulcata Afzel. 1783

中文别称：棱柄马鞍菌。

形态特征：子实体小。菌盖马鞍形，直径2–6 cm，上表面平整或凸凹不平，灰色、褐色或暗褐色，不规则地折叠或起皱，盖边缘不与菌柄连接。菌柄长4–12 cm，直径0.4–0.6 cm，灰白至灰色，具纵向沟槽。

生长习性：夏、秋季于林中地上单生或群生。

国内分布：湖北、黑龙江、吉林、河北、山西、青海、甘肃、陕西、江苏、广东、四川、云南、新疆、西藏等省份。

经济价值：可食用，但也有记载有毒不宜采食。

022 粗柄马鞍菌

Helvella macropus **(Pers.) P. Karst. 1871**
Peziza macropus Pers. 1796
Macropodia macropus (Pers.) Fuckel 1870

中文别称： 大柄马鞍菌、粒柄马鞍菌、灰长柄马鞍菌。

形态特征： 子实体较小。菌盖杯状、盘状，有时平盘状，直径1–6 cm，上表面棕色至灰褐色，光滑，下表面浅褐色至灰褐色，有细毛。菌柄圆柱形，粗长，长1–7 cm，直径1–5 mm，近菌盖下表面颜色，基部色浅，近白色，有细毛或光滑，基部有时开裂。

生长习性： 夏、秋季于针、阔叶林下草丛间散生或群生。

国内分布： 湖北、四川、吉林、甘肃、浙江、河北、山西、江苏、安徽、云南、贵州、西藏等省份。

经济价值： 可食用。

（十）盘菌科 Pezizaceae | 盘菌属 *Peziza*

023 茎盘菌

Peziza ampelina **Quél. 1880**

Geoscypha ampelina (Gillet) Van Vooren & Dougoud 2020

中文别称： 藤盘菌。

形态特征： 子实体较小，无柄，初期呈碗状，后呈盘状或不规则形，直径为3–5 cm，边缘较完整，向内卷或小裂。内侧子实层呈浅棕褐色至粉褐色，光滑，外侧呈浅粉色或白色，较粗糙，密被有一层白色的短绒。

生长习性： 夏、秋季于阔叶林内腐木桩上、枯枝落叶层腐殖质地上单生或散生。

国内分布： 湖北、山西、吉林、河南、四川、江西、新疆等省份。

经济价值： 不详。

024 疣孢褐盘菌

Peziza badia **Pers. 1800**

Legaliana badia (Pers.) Van Vooren 2020

中文别称： 瘤状褐盘菌、疣孢褐地碗。

形态特征： 子囊盘浅碟状，不规则起伏，直径3–7 cm，无柄。内侧子实层表面深褐色。外侧囊盘被红棕色，表面拟糠状，近边缘粗糙更明显。菌肉薄，易碎，红棕色。

生长习性： 夏、秋季于林中地上群生。

国内分布： 湖北、吉林、甘肃、青海、西藏、江苏、四川、新疆等省份。

经济价值： 可食用，但需注意与有毒的相似种类加以区分。

025 林地盘菌

***Peziza sylvestris* (Boud.) Sacc. & Trott. 1913**

Peziza arvernensis Roze & Boud.1880

Peziza silvestris (Boud.) Sacc. & Traverso 1911

中文别称： 森林盘菌、林地碗。

形态特征： 子实体较小，浅盘状或碗裂状，直径3-8 cm，无柄，底部呈根索状着生于腐木或地面。内侧子实层棕褐色，较光滑，外侧面呈灰白色，被有白色粉状物，碗口不整齐或破裂，内卷。

生长习性： 夏季和秋季于阔叶林内腐木或林中地上单生、散生或群生。

国内分布： 湖北、山西、河北、黑龙江、江苏、甘肃、云南、新疆、宁夏、四川、湖南、广东、福建、台湾、陕西、江西、贵州等省份。

经济价值： 可食用。

026 泡质盘菌

***Peziza vesiculosa* Bull. 1790**

Scodellina vesiculosa (Bull.) Gray 1821

Aleuria isochroa (Pers.) Gillet 1879

中文别称： 粪碗。

形态特征： 子实体较小至中等大，初期为近球形，中央居一小口，口边缘向内卷缩而弯曲，形状独特犹如膀胱，逐渐伸展呈杯状或缸形，边缘易破裂或脱落呈不规则齿状，直径2–10 cm，有时可达14 cm，无柄。子实层表面近白色，逐渐变成淡棕色，外部白色，有白色细粒粉状物。菌肉白色，质脆。

生长习性： 夏季和秋季于空旷处的肥土及粪堆上单生、散生或群生。

国内分布： 湖北、河北、河南、江苏、贵州、云南、四川、台湾、西藏、山西等省份。

经济价值： 可食用，但须注意与其他有毒相似种类区别，且其成分会因环境不同而变化，也有有毒报道，慎食。

（十一）火丝菌科 Pyronemataceae | 网孢盘菌属 *Aleuria*

027 橙黄网孢盘菌

Aleuria aurantia **(Pers.) Fuckel 1870**
Peziza aurantia Pers.1800
Scodellina aurantia (Pers.) Gray 1821

形态特征： 子实体较小，初期呈碗状或浅杯状，后渐成盘状或浅碗状，直径3–6 cm，无柄。子实层居于内侧面，浅杏黄色至橙黄色，有蜡质感似半透明状，具微细粉粒状物或微褶皱。子实体外侧面与内侧面同色，被有微细颗粒状物。菌肉薄，呈黄色，较软或韧。

生长习性： 夏季和秋季于针叶林或阔叶林内腐殖质深厚的潮湿土地上单生、散生或群生。

国内分布： 湖北、山西、吉林、湖南、广西、贵州、青海、云南、西藏、广东等省份。

经济价值： 可食用、药用。

地孔菌属 *Geopora*

028 薄地孔菌

Geopora tenuis **(Fuckel) T. Schumach. 1979**
Humaria tenuis Fuckel 1870
Lachnea tenuis (Fuckel) Sacc. 1889

中文别称：地盘菌。

形态特征：子实体较小，初为半球形，后似深碗状，无柄，像镶嵌在土壤中的碗，半埋于土中，口部直径1-2 cm。子囊盘上表面光滑或稍具脉纹，灰白色或奶油白色，下表面红棕色，被成束的红棕色绒毛，边缘往往不规则裂开。菌肉薄，易碎。

生长习性：夏、秋季于潮湿的林地上散生。

国内分布：湖北、黑龙江、山东、陕西等省份。

经济价值：不详。

土盘菌属 *Humaria*

029 半球土盘菌

***Humaria hemisphaerica* (F. H. Wigg.) Fuckel 1870**
Scutellinia hemisphaerica (F. H. Wigg.) Kuntze 1891

形态特征： 子实体小，初期呈碗状，后呈浅盘状，直径0.8–2 cm，无柄。子实层居内侧面，白色至灰白色，边缘褐色且有暗褐色粗糙毛，底部有凸起或稍凹的皱褶。外侧囊盘浅黄褐色，被长90–700 μm的褐色至淡褐色绒毛或粗毛。

生长习性： 夏、秋季于林地潮湿的腐木和枯枝上单生或群生。

国内分布： 湖北、湖南、山西、陕西、四川、云南、北京、辽宁、内蒙古、河北、青海、河南、吉林、新疆、黑龙江等省份。

经济价值： 木材分解菌。

侧盘菌属 *Otidea*

030 褐侧盘菌

Otidea bufonia **(Pers.) Boud. 1907**
Peziza bufonia Pers. 1822
Aleuria bufonia (Pers.) Quél. 1886

形态特征： 子囊盘深杯状，具纵向深裂，上端平截，直径为1.3–6 cm，具短柄。子实层新鲜时暗褐色至黑褐色。子层托表面新鲜时与子实层同色，近平滑至略粗糙。

生长习性： 夏、秋季于林地上单生或丛生。

国内分布： 湖北、云南等省份。

经济价值： 不详。

031 耳侧盘菌

***Otidea cochleata* (L.) Fuckel 1870**
Peziza cochleata L. 1753
Helvella cochleata (L.) J. F. Gmel. 1792

中文别称： 褐黄侧盘菌、褐侧盘菌。

形态特征： 子囊盘小，片状竖立侧生，上端平截，呈不规则桶形，直径3–5 cm，边缘稍内卷或齿裂，褐黄色或浅褐色。子实层居内侧面，褐黄色或浅褐色至灰褐色，表面光滑。外侧囊盘被与子实层表面颜色接近，常带淡紫色色泽，表面较平滑，被有白色纤毛。菌肉薄，乳黄色，脆。

生长习性： 夏、秋季于针叶林或针阔混交林地上或苔藓间单生或散生。

国内分布： 湖北、山西、四川、云南、西藏等省份。

经济价值： 可食用。

032 优雅侧盘菌

Otidea concinna **(Pers.) Sacc. 1889**
Peziza cantharella Fr. 1822
Peziza concinna Pers.1822

中文别称：粉红侧盘菌、驴耳状侧盘菌、驴耳侧盘菌。

形态特征：子实体呈分片状，两侧不对称开裂，一侧稍微延长，侧边向内卷曲，高可达5 cm，柠檬色或淡黄色，子实体内外侧颜色相同，内侧光滑，外侧粗糙。边缘平整或有缺刻。菌肉呈黄白色。

生长习性：夏季和秋季于阔叶林腐殖质的潮湿地上单生、散生或群生。

国内分布：湖北、山西、云南、新疆等省份。

经济价值：不详。

033 驴耳状侧盘菌

Otidea onotica **(Pers.) Fuckel 1870**
Peziza onotica Pers. 1801
Aleuria onotica (Pers.) Gillet 1879

中文别称： 驴耳侧盘菌。

形态特征： 子囊盘勺状至耳状，边缘整齐，宽 1–5 cm，高 2.5–8 cm，具短柄。子实层表面新鲜时黄色至污黄色。子层托表面新鲜时呈黄色或较子实层色淡。柄的基部呈白色。

生长习性： 夏、秋季于林中及有苔藓的地上群生或丛生。

国内分布： 湖北、黑龙江、湖南、内蒙古、四川、云南、新疆、吉林等省份。

经济价值： 可食用，但亦有关于其毒性的报道。

盾盘菌属 *Scutellinia*

034 红毛盾盘菌

Scutellinia scutellata **(L.) Lambotte 1887**
Peziza scutellata L. 1753
Humariella scutellata (L.) J. Schröt. 1893

中文别称：盾盘菌、红毛盘菌。

形态特征：子实体较小，扁平浅杯形、盘状至盾形，直径0.1–1.5 cm，橘红色。子实层表面扁平，鲜红色或橘红色，平滑；外侧面棕褐色；周边及下侧有栗褐色刚毛，边缘刚毛较长。刚毛硬直，顶端尖，有分隔，壁厚。菌肉较厚，橘红色。

生长习性：夏、秋季于阔叶林或针阔混交林腐木上群生。

国内分布：湖北、河南、河北、山西、吉林、江苏、浙江、安徽、台湾、广东、海南、广西、四川、云南、贵州、西藏、陕西、甘肃、青海等省份。

经济价值：不详。

索氏盘菌属 *Sowerbyella*

035 黄索氏盘菌

Sowerbyella rhenana **(Fuckel) J. Moravec 1986**

Aleuria rhenana Fuckel 1870

Peziza rhenana (Fuckel) Boud. 1907

中文别称： 雷那索氏盘菌。

形态特征： 子囊盘杯状至浅杯状，直径1–2.5 cm，通常有长柄。子实层表面鲜橙色至橘红黄色。囊盘被与子实层表面同色，近平滑，被白色细小鳞片。菌柄与子囊盘同色或略浅，长1–3 cm，直径3–5 mm。

生长习性： 夏季于林地上群生或散生。

国内分布： 湖北、四川、青海、甘肃、云南等省份。

经济价值： 不详。

036 光孢索氏盘菌

Sowerbyella laevispora W. Y. Zhuang 2009

形态特征： 子囊盘杯状至浅杯状，边缘整齐，干标本直径0.8–1.6 cm，有长柄。子实层表面干后褐色。子层托表面干后橙红色。干标本菌柄近白色、粗壮，长可达3 cm，直径0.5–0.9 mm，似有极少数浅的内沟。

生长习性： 夏季和秋季于云杉林中覆盖苔藓的土上群生、散生、单生。

国内分布： 湖北、青海等省份。

经济价值： 不详。

疣杯菌属 *Tarzetta*

037 碗状疣杯菌

Tarzetta catinus **(Holmsk.) Korf & J. K. Rogers 1971**
Peziza catinus Holmsk. 1799
Aleuria catinus (Holmsk.) Gillet 1879

中文别称：地疣杯菌、小疣地杯菌。

形态特征：子实体较小，初期呈圆球形，直径 1–4 cm，边缘齿状、内卷，后呈不规则碗状或盘状，白黄色至污白色。子实层居于内侧面，近平坦，淡黄色。子实体外侧面与子实层表面同色或稍浅，被有纤毛或小疣。菌肉薄，易碎。

生长习性：夏季和秋季于阔叶林或针阔混交林枯枝落叶层上单生、散生或群生。

国内分布：湖北、河北、北京、吉林、安徽、山西、浙江、四川、青海等省份。

经济价值：不详。

038 杯状疣杯菌

***Tarzetta cupularis* (L.) Svrček 1981**

Peziza cupularis L. 1753

Geopyxis cupularis (L.) Sacc. 1889

中文别称： 碟状疣杯菌。

形态特征： 子囊盘深杯状，边缘略呈齿状，直径为0.6–2.1 cm，具短柄或无柄。子实层表面新鲜时为污白色、极淡的污黄色至奶油色。子层托表面新鲜时较子实层表面色稍深或为淡褐色，表面具有小的瘤状突起。

生长习性： 夏、秋季于林中腐木上散生或群生。

国内分布： 湖北、河北、北京、青海、广东等省份。

经济价值： 可食用。

胶陀盘菌属 *Trichaleurina*

039 窄孢胶陀盘菌

Trichaleurina tenuispora **M. Carbone, Yei Z. Wang & C. L. Huang 2013**

形态特征： 子实体倒锥形或陀螺状至盘状，一般直径为2–6 cm，高1–5 cm，内部胶质或似橡胶状，外侧被一层密生烟黑色绒毛。顶部的子实层表面下陷呈盘状，淡黄色至淡灰黄色，胶质，边缘多毛。

生长习性： 夏、秋季于林中腐木上散生或群生。

国内分布： 湖北、广东、安徽、山西等省份。

经济价值： 不详，可能有毒。

长毛盘菌属 *Trichophaea*

040 拟半球长毛盘菌

Trichophaea hemisphaerioides **(Mouton) Graddon 1960**
Lachnea hemisphaerioides Mouton 1897
Perilachnea hemisphaerioides (Mouton) Van Vooren 2021

形态特征： 子囊盘初期呈半球形，后呈碗状或杯状，直径3-15 mm。盘内壁子实层表面呈白色至灰白色，有时稍带蓝色。盘边缘内卷，密被粗糙长绒毛。囊盘被呈褐黄色至黑褐色，密被褐色颗粒或短绒毛。

生长习性： 夏、秋季于林内草地上或潮湿地上单生或散生。

国内分布： 湖北、山西等省份。

经济价值： 不详。

（十二）肉杯菌科 Sarcoscyphaceae | 歪盘菌属 *Phillipsia*

041 中华歪盘菌

Phillipsia chinensis **W. Y. Zhuang 2003**

形态特征： 子实体较小，盘状至歪盘状，直径1–8 cm，两侧不对称，干时韧木栓质，无柄至近无柄，接触基物的附着面较宽。子实层表面暗红紫色至污紫红色，有淡黄色或淡橙黄色斑点。囊盘被白色或带粉色，干时黄色。

生长习性： 夏、秋季于阔叶林的腐木上单生或群生。

国内分布： 湖北、贵州、云南、广东、广西、海南等省份。

经济价值： 不详，可能导致木材腐朽。

042 多地歪盘菌

Phillipsia domingensis **(Berk.) Berk. 1881**

Peziza domingensis Berk. 1852

Otidea domingensis (Berk.) Sacc. 1889

中文别称： 歪盘菌、多明各歪盘菌。

形态特征： 子囊盘较小，浅杯状至盘状，直径1-4 cm，无柄至近无柄，接触基物的附着面较宽。子实层表面紫红色、污红色至红褐色，无斑点。囊盘被颜色较淡，呈白色或带粉色。

生长习性： 夏、秋季于腐木上单生或群生。

国内分布： 湖北、云南、广西、海南、云南、贵州等省份。

经济价值： 能分解纤维素。

肉杯菌属 *Sarcoscypha*

043 神农架肉杯菌

***Sarcoscypha shennongjiana* W. Y. Zhuang 2000**

形态特征： 子囊盘盘状至杯状，直径1–5 cm，无柄至近无柄。子实层橙黄色、橙红色至红色。囊盘被表面近白色。外囊盘厚50–75 μm；盘下层厚150–410 μm。子囊近圆柱形，基部渐细，具8个子囊孢子。子囊孢子无色至近无色。

生长习性： 夏、秋季于腐木上单生或散生。

国内分布： 湖北、湖南、广西、贵州等省份，中国南部特有种。

经济价值： 能分解纤维素。

（十三）肉盘菌科 Sarcosomataceae ｜ 盖尔盘菌属 *Galiella*

044 小孢盖尔盘菌

Galiella celebica **(P. Henn.) Nannf. 1957**
Bulgaria celebica Henn. 1899
Trichaleurina celebica (Henn.) M. Carbone, Agnello & P. Alvarado 2013

中文别称：大胶鼓。

形态特征：子实体半球形或倒圆锥形，直径4-7 cm，高3-4 cm，无柄，黑褐色，近似鼓状，有弹性，盘缘初期内卷。子实层表面平展，灰黑色，盘缘及外侧有短绒毛。子囊厚壁，向下渐变细，圆筒形，450-500 μm×11.5-18 μm，含8个孢子。孢子无色至淡黄色，光滑至有小疣，椭圆形至近纺锤状，30-45 μm×17-18 μm，侧丝细长，有横隔，含褐色颗粒，直径2.5-3.5 μm。

生长习性：夏、秋季于阔叶林腐木上散生或群生。

国内分布：湖北、云南，福建、浙江等省份。

经济价值：空气洁净指示菌。

045 爪哇盖尔盘菌

Galiella javanica **(Rehm) Nannf. & Korf 1957**
Sarcosoma javanicum Rehm 1893
Trichaleurina javanica (Rehm) M. Carbone, Agnello & P. Alvarado 2013

中文别称：爪哇肉盘菌、黑胶菌、胶鼓菌。

形态特征：子实体较小，呈圆锥形或陀螺形，直径3–5.5 cm，高4–6.5 cm，胶质，有弹性。子实层表面平展下陷，灰褐色至黑色，边缘有暗褐色细长毛，外侧密被一层烟黑色绒毛，长可达150 μm以上，直径8–18 μm，表面粗糙，向上渐细。

生长习性：夏、秋季于阔叶林中腐木上群生。

国内分布：湖北、安徽、云南、广东、广西、海南、西藏、贵州等省份。

经济价值：可食用。

（十四）虫草科 Cordycipitaceae ｜ 虫草属 *Cordyceps*

046 凉山虫草

***Cordyceps liangshanensis* Zhang, D. Q. Liu & R. Y. Hu 1982**
Ophiocordyceps liangshanensis (M. Zang, D. Q. Liu & R. Y. Hu) H. Yu, Y. Wang, Y. D. Dai, Zhu L. Yang & Y. B. Wang 2021

中文别称：麦秆曲。

形态特征：子实体由虫体及其头部长出的子座组成。子座细长，单生，长10–30 cm，直径1–2 mm，少数上部分枝，不规则弯曲或扭曲，黄棕色或黄褐色；头部圆柱形或棒形，表面可见黑褐色小点（子囊壳突出于表面）；质脆，易折断。虫体似蚕，长3–6 cm，直径0.6–1 cm，外表菌丝膜棕褐色，虫皮暗红棕色，足和气门不明显；断面类白色，周边棕褐色，气微腥，味淡。

生长习性：夏、秋季子座于阔叶林土中从鳞翅目昆虫的幼虫上长出。

国内分布：湖北、四川、云南、贵州等省份。

经济价值：药用菌。

047 珊瑚虫草

Cordyceps martialis **Speg. 1889**

Nigelia martialis (Speg.) Luangsa-ard & Thanakitp. 2017

形态特征： 子座高3–9 cm，从寄主各处发出，多生于顶端，橘红色，头部及柄均能分枝，有时不分枝。头部棒状，顶端钝或尖，往往不孕。可育柄部圆柱形，多弯曲，长1–3.5 cm，直径0.2–0.6 cm。菌丝与鳞翅目昆虫的蛹构成假菌核。

生长习性： 夏、秋季子座从土中鳞翅目昆虫的蛹或幼虫体上长出。

国内分布： 湖北、湖南、河南、海南、香港、四川、云南、西藏等省份。

经济价值： 药用菌。

048 蛹虫草

Cordyceps militaris (L.) Link 1833
Clavaria militaris L. 1753
Hypoxylon militare (L.) Mérat 1821

中文别称：北虫草、北冬虫夏草。

形态特征：子座单根或数根，从昆虫头部顶端发出，棍棒状，高2.7–10 cm，直径2.8–6 mm，黄色至橙黄色，一般不分枝。子座分为头部和柄部两部分，头部可育，不规则棍棒状或圆锥体，长1–2 cm，直径3.3–6 mm，新鲜时橘红色，肉质，表面粗糙或具斑点，干后红褐色，脆质，顶端钝圆；柄部不育，近圆柱形，长2.5–4 cm，直径2–4 mm，新鲜时淡橘红色，干后浅红褐色，光滑，与头部无明显界限，柄基与昆虫的蛹相连。

生长习性：夏季至秋季子座于针叶林、阔叶林或针阔混交林地表土层中鳞翅目昆虫的蛹体上单生或丛生。

国内分布：湖北、安徽、福建、广西、河北、黑龙江、吉林、辽宁、陕西、云南等省份。

经济价值：食用、药用菌。

049 金龟子虫草

Cordyceps scarabaeicola Kobayasi 1976

Cordyceps scarabaeidicola Kobayasi 1976

中文别称：金龟虫草。

形态特征：子座从虫体腹部或头部长出，棒状，可分枝，基部弯曲，长3–4 cm，直径2.5–4.0 mm，肉质，白色至淡黄色。可育头部圆柱形，长1–2 cm，直径2.5–4.0 mm，顶端钝，无不育尖端，与不育菌柄无明显界限。不育菌柄圆柱形，长1.5–3 cm，直径2–3 mm。

生长习性：寄生于金龟子幼虫体上。

国内分布：湖北、贵州等省份。

经济价值：可药用。

050 高雄山虫草

Cordyceps takaomontana **Yakushiji & Kumazawa 1879**

中文别称：淡黄鳞蛹虫草。

形态特征：子座单生或2–8枚丛生，从寄主昆虫的腹部长出，呈分枝状，孢梗束细小，子座长1–4.5 cm，直径2.1–4.3 mm。菌柄初期呈淡黄色，后黄褐色，分枝部顶端部位呈白色至奶白色、粉状，似雪花，主要是由于大量分生孢子的产生。

生长习性：夏、秋季子座从埋于土中的鳞翅目昆虫蛹上长出。

国内分布：湖北、福建、贵州、吉林等省份。

经济价值：药用菌。

棒束孢属 *Isaria*

051 蝉棒束孢

Isaria cicadae **Miquel 1838**
Paecilomyces cicadae (Miq.) Samson 1974
Cordyceps cicadae S. Z. Shing 1975

中文别称： 蝉蛹草、蝉茸、冠蝉、蝉花虫草。

形态特征： 子实体由子座和菌核组成。子座也称孢梗束，棒状，由虫体头部伸出1–2枚，长条形或卷曲，分枝或不分枝，长3–7 cm，直径3–4 mm，新鲜时蛋清色，干燥后乳白色，也有的为黑褐色，顶端稍膨大，表面有粉状蝉花孢子粉，形似花朵。菌核，即金蝉花的蝉幼虫感染虫草菌后的虫体，长肾形，微弯曲，长2.5–3.5 cm，直径1–1.4 cm；由三层结构构成，最外层是由菌丝形成的乳白色膜状物，厚约0.5 mm，中间层为蝉幼虫的外壳，最内层为“菌丝体”，由蝉的营养物质转化而成。

生长习性： 夏、秋季于蝉蛹上单生或丛生。

国内分布： 湖北、安徽、福建、甘肃、广西、河北、黑龙江、吉林、江苏、陕西、四川、西藏、云南、浙江等省份。

经济价值： 药用菌。

052 日本棒束孢

Isaria japonica **Yasuda 1915**

中文别称：大孢虫花。

形态特征：子实体分枝状，高2–3.8 cm，柄细，蛋壳色至米黄色，光滑；头部多分枝，白色，粉状，但较小较细，孢梗束群生。

生长习性：夏、秋季散生于鳞翅目昆虫的蛹上。

国内分布：湖北、江苏、福建、台湾、广东、广西、海南等省份。

经济价值：可药用。

（十五）线虫草科 Ophiocordycipitaceae | 线虫草属 *Ophiocordyceps*

053 蚁窝线虫草

Ophiocordyceps formicarum **(Kobayasi) G. H. Sung, J. M. Sung, Hywel-Jones & Spatafora 2007**

Cordyceps formicarum Kobayasi 1939

中文别称： 蚁虫草、蚁窝虫草。

形态特征： 子座单根，从寄主蚂蚁的胸部或颈部长出，细长而弯曲，呈分枝状，长3.5–9 cm，直径1.0–2.0 mm，淡黄色、柠檬黄色至黄色，有光泽，较硬。顶端可育头部黄色至橙色，卵形、椭圆形至柠檬形或近球形，长0.4–0.6 cm，直径3.0–4.0 mm。

生长习性： 夏、秋季生于林中蚂蚁成虫上。

国内分布： 湖北、福建、广东、广西、海南、贵州等省份。

经济价值： 药用菌。

054 下垂线虫草

Ophiocordyceps nutans **(Pat.) G. H. Sung, J. M. Sung, Hywel-Jones & Spatafora 2007**
Cordyceps nutans Pat.1887
Cordyceps bicephala subsp. *nutans* (Pat.) Moreau 1949

中文别称：椿象虫草、垂头虫草、下垂虫草。

形态特征：子座单生，偶尔2-3个，从虫体胸部长出细长柄。地上部分长3.5-13 cm，分为头部和柄部。头部梭形至短圆柱形，长5-12 mm，直径1.5-3 mm，橘黄色至红色，成熟后逐渐褪至黄色，最后呈浅黄色，老熟后下垂。菌柄长3-10 cm，直径0.5-1 mm，直或多弯曲，黑褐色，似铁丝，有光泽，硬，上部与头部同色。

生长习性：夏、秋季寄生于半翅目蝽科昆虫成虫体上。

国内分布：湖北、吉林、河南、安徽、浙江、四川、贵州、广东、广西、海南等省份。

经济价值：药用菌。

055 蜂头线虫草

***Ophiocordyceps sphecocephala* (Klotzsch ex Berk.) G. H. Sung, J. M. Sung, Hywel-Jones & Spatafora 2007**

Sphaeria sphecocephala Klotzsch ex Berk. 1843

Cordyceps sphecocephala (Klotzsch ex Berk.) Berk. & M. A. Curtis 1868

中文别称：蜂头虫草、蜂虫草、球头虫草。

形态特征：子座单根，从寄主胸部长出，偶尔从同一虫体长出2根子座。地上部分高3–12 cm。可育头部卵形、椭圆形至橄榄形，长0.5–1.2 cm，直径1.5–2.5 mm，黄色至橙黄色。不育菌柄细长，长5–12 cm，直径0.5–1 mm，常不规则弯曲，淡黄色至橙黄色或黄褐色。

生长习性：夏、秋季单个寄生于黄蜂的成虫上。

国内分布：湖北、浙江、海南、广西、贵州、安徽、广东、吉林、西藏等省份。

经济价值：药用菌。

（十六）炭角菌科 Xylariaceae | 轮层炭壳菌属 *Daldinia*

056 黑轮层炭壳

Daldinia concentrica **(Bolton) Ces. & De Not. 1863**

Sphaeria concentrica Bolton 1792

Daldinia tuberosa (Scop.) J. Schröt. 1881

中文别称：炭球、黑轮炭球菌、轮层炭球菌、炭球菌。

形态特征：子实体较小，半球形或近球形，高 0.5-1 cm，直径 0.5-1.5 cm，无菌柄或近无柄；表面初期为土褐色或紫褐色，后变黑褐色至黑色；内部木炭质，暗褐色，纤维状，有明显的同心环带。

生长习性：夏、秋季于阔叶林中腐木或树皮上单生或群生。

国内分布：湖北、黑龙江、吉林、辽宁、河南、河北、山东、山西、安徽、四川、云南、江苏、浙江、福建、台湾、香港、广东、广西、海南、贵州、甘肃、陕西、宁夏、新疆、西藏等省份。

经济价值：药用菌。

炭团菌属 *Hypoxylon*

057 截头炭团菌

***Hypoxylon annulatum* (Schw.) Mont. 1850**

Annulohypoxylon annulatum (Schwein.) Y. M. Ju, J. D. Rogers & H. M. Hsieh 2005

形态特征： 子实体半球形至瘤状，直径3–4 mm，黑色，炭质，常相互连接而呈不规则形状。子囊壳近球形，直径0.5–0.8 mm，顶部平截，形成直径350–530 μm的圆盘，其中央有疣状孔口，略突起。

生长习性： 夏、秋季于林中阔叶腐木上群生。

国内分布： 湖北、安徽、浙江、湖南、云南、广东、广西、海南、福建、甘肃、黑龙江等省份。

经济价值： 能分解纤维素，常为木耳、香菇段木栽培的“杂菌”。

058 多形炭团菌

***Hypoxylon multiforme* (Fr.) Fr. 1849**
Sphaeria multiformis Fr. 1815
Jackrogersella multiformis (Fr.) L. Wendt, Kuhnert & M. Stadler 2017

中文别称：炭团。

形态特征：子实体较小，垫状或半球形或其他形状，高 0.2–0.8 cm，直径 0.5–1.7 cm，红褐色或锈红褐色，渐变暗褐色，最后呈黑色，硬而脆，炭质，表面有裂纹与颗粒状突起。菌柄不明显。

生长习性：夏、秋季于针叶林或阔叶林中树干上群生。

国内分布：湖北、河北、山西、吉林、陕西、宁夏、甘肃、四川、云南、广东、新疆、西藏等省份。

经济价值：不详。

059 红棕炭团菌

***Hypoxylon rutilum* Tul. & C. Tul. 1863**
Hypoxylon pulchellum Sacc. 1875
Hypoxylon miniatum Cooke 1879

形态特征：子座小，半球形或凸镜形，直径0.2–1.2 cm，铁锈色、棕褐色，表面粗糙，有皱缩或似瘤状突起。子囊壳球形或卵形，150–200 μm×200–300 μm，孔口有黑色乳头状凸起。子囊圆筒形，下部呈柄状，145–160 μm×6–7.5 μm。子囊孢子不等边椭圆形，褐色至深褐色，7.5–10 μm×4–4.8 μm。

生长习性：夏、秋季于枯枝或树干上单生或群生。

国内分布：湖北、山西、陕西、江苏、浙江、安徽、湖南、广西、四川、云南等省份。

经济价值：能分解纤维素，为食用菌段木栽培的"杂菌"。

炭角菌属*Xylaria*

060 钝顶炭角菌

***Xylaria aemulans* Starbäck 1901**

Xylosphaera aemulans (Starbäck) Dennis 1958

中文别称：亚炭角菌。

形态特征：子实体一般中等大，棒状，从菌柄处分枝或不分枝，常二分枝。分枝粗，圆柱形，上部稍细，顶部钝，表面黑褐色，覆满黄褐色皱纹，有龟裂裂痕。菌柄细短，圆柱形，黑褐色。

生长习性：夏、秋季于针叶林或阔叶林枯树干上单生或丛生。

国内分布：湖北、浙江、广东、广西、海南、云南等省份。

经济价值：不详。

061 毛鞭炭角菌

***Xylaria ianthinovelutina* (Mont.) Fr.1835**

Xylaria xanthinovelutina (Mont.) Fr.1851

Xylosphaera ianthinovelutina (Mont.) Dennis 1958

中文别称： 毛炭角菌、暗紫毛炭角菌、毛黑鞭、毛黑鞭炭角菌、毛黑鞭炭棒。

形态特征： 子实体一般较小，圆柱形或棒形，高4–7 cm，直径0.2–0.3 cm，炭黑色，不分枝或分枝。子囊壳多裸露在外，圆形至稍扁，顶端尖锐，不育，表面因突起的子囊壳及疣状物而显得较粗糙。菌柄退化，外部灰黑色，内部白色，具极纤细绒毛。

生长习性： 夏、秋季于阔叶林腐木或落叶层上散生或群生。

国内分布： 湖北、广东、广西、云南、贵州、海南等省份。

经济价值： 可药用。

062 黑炭角菌

***Xylaria nigrescens* (Sacc.) Lloyd 1918**

Xylaria schweinizii Berk. & M. A. Curtis 1853

形态特征：子实体高2–8.5 cm，头部呈棒状或倒卵圆形，不分枝，略微弯曲，顶部钝圆，表面暗褐色至黑色，有凸起的子囊孔口，内部白色，充实或变空，表面光滑。菌柄圆柱形，短，黑色，有绒毛至光滑。

生长习性：夏、秋季于针叶林或阔叶林枯树干上单生或群生。

国内分布：湖北、江西、福建、广东、广西、海南、云南、西藏等省份。

经济价值：不详。

063 黑柄炭角菌

Xylaria nigripes **(Klotzsch) Sacc. 1891**

Sphaeria nigripes Klotzsch 1832

Podosordaria nigripes (Klotzsch) P. M. D. Martin 1976

中文别称： 黑壳黑柄菌、乌灵参。

形态特征： 子座通常单生，但有时有分枝，分散或丛生于地上，高3.5–16 cm，早期白色，后变黑色。菌柄长1–1.5 cm，直径1–5 mm；头部有纵行皱纹。假根从柄基部延伸至地下，长可达23 cm，末端连接着菌核。菌核卵圆形，暗褐色至黑色，长5–6.8 cm，直径3.5–5 cm，地下部分连接着白蚁窝。

生长习性： 夏、秋季于针叶林或阔叶林枯树干上单生或群生。

国内分布： 湖北、浙江、江西、江苏、广东、广西、四川、海南、福建、台湾、贵州、河南、云南、西藏等省份。

经济价值： 可药用。

064 多形炭角菌

Xylaria polymorpha **(Pers.) Grev. 1824**
Sphaeria polymorpha Pers.1797
Xylosphaera polymorpha (Pers.) Dumort.1822

中文别称：炭棒、多形炭棒菌。

形态特征：子实体一般中等大，单生或几个在基部连在一起，干时质地较硬，上部呈棒形、圆柱形、椭圆形、哑铃形、近球形或扁球形，高3–12 cm，直径0.5–2.2 cm，内部肉色；表皮多皱，暗色或黑褐色至黑色，无不育顶部。菌柄一般较细，长短不一，生腐木上者较生土中腐木或腐木裂缝中的要细长，直接生腐木上者往往基部有绒毛。

生长习性：夏季和秋季于林间倒腐木及树桩的树皮或裂缝间单生、群生或丛生。

国内分布：湖北、北京、河北、河南、安徽、江苏、浙江、福建、台湾、香港、广东、广西、江西、云南、四川、西藏、甘肃、海南等省份。

经济价值：可药用。

065 触须炭角菌

***Xylaria tentaculata* Berk. & Broome 1875**

Xylaria tentaculata Ravenel ex Berk.1868

形态特征： 子座树枝状，生于菌核上。菌柄棒状，深褐色至黑色，高15–20 mm；顶端及分枝浅灰色至灰色，顶端渐细，分枝长0.5–1.6 cm，呈轮状排列。

生长习性： 夏、秋季于栎树等树木落叶或腐烂的木材上单生或散生。

国内分布： 湖北、四川、台湾、江西、海南等省份。

经济价值： 不详。

第二章

担子菌门

Basidiomycota

（十七）蘑菇科 Agaricaceae | 蘑菇属 *Agaricus*

066 褐顶银白蘑菇

Agaricus argyropotamicus **Speg.1898**
Psalliota argyropotamica (Speg.) Herter 1933

形态特征： 子实体较小。菌盖初期半球形，后呈扁半球形，直径2–6 cm，表面白色，有毡状绒毛，中部具褐色近毛状鳞片，边缘表皮延伸并有明显菌幕残片。菌肉白色，伤处略变淡红褐色，有蘑菇香气。菌褶粉红色，后变黑褐色，离生，密，不等长。菌柄圆柱形，长2–5.5 cm，直径0.3–1.3 cm，白色，菌环以下具纤毛状鳞片且易脱落。菌环白色，单层，易脱落，生于菌柄之上。

生长习性： 夏、秋季于林中地上单生或群生。

国内分布： 湖北、广东、澳门、香港、云南等省份。

经济价值： 不详。

067 假根蘑菇

***Agaricus radicatus* Schumach. 1803**
Agaricus radicatus (Vittad.) Romagn. 1938
Agaricus bresadolanus Bohus 1969

中文别称： 布莱萨蘑菇。

形态特征： 子实体小或中等大。菌盖初半球形，后平展，直径4.5–8.5 cm，污白色，中部有黄褐色或浅褐色的平伏鳞片，向外渐稀少。菌肉白色，较厚，伤处稍变暗红色。菌褶初期白色、粉红色，后渐变为褐色到黑褐色，较密，离生，不等长。菌柄长5–7 cm，直径0.6–1 cm，白色，实心到空心；菌环以下有纤毛形成的白色鳞片，渐变褐色，后期脱落；基部膨大，具短小假根，伤变浅黄色，干后色褪尽。菌环单层，白色，膜质，较易脱落，生于菌柄上部。孢子印深褐色。

生长习性： 秋季于林中地上单生或散生。

国内分布： 湖北、河北、北京、山西、浙江、台湾、内蒙古、云南等省份。

经济价值： 食用菌。

068 昆明蘑菇

Agaricus kunmingensis **R. L. Zhao 2016**

形态特征：子实体较小。菌盖近圆形、钟形至近脐突起处展开，顶部平坦，直径3–5 cm，具鳞片，表面干燥，棕色至淡棕色，或白底带红棕色，边缘色较淡，肉质，边缘整齐至多内卷。菌肉近柄处厚3–6 mm，白色，伤不变色，气味宜人。菌褶密集，宽3–6 mm，直生，浅棕色、棕色至深棕色，不等长。菌柄中生，棍棒形，长9–12 cm，近柄顶直径5–9 mm，基部直径9–13 mm，初期白色，成熟后红棕色、棕色至深棕色，中空，菌环上平滑无附属物，菌环下被白色绒毛或褐色蛇纹，纤维质。菌环直径9–12 mm，薄膜状，上位，可活动，白色或浅棕色，表面光滑或具白色絮状层。

生长习性：夏、秋季于阔叶林中地上散生。

国内分布：湖北、云南、广东等省份。

经济价值：不详。

069 橙黄蘑菇

Agaricus perrarus **Schulzer 1879**

Agaricus augustus Fr. 1838

形态特征：子实体较大。菌盖初半球形，后渐平展，直径5–17 cm，有黄褐色密集的丛毛状鳞片，边缘逐渐变浅而呈现橙黄色。菌肉白色，伤变暗黄色。菌褶后期黑褐色，两端渐尖、密、离生、不等长。菌柄棒状，基部略膨大，长8–13 cm，直径2.5–3.5 cm，菌环以上污白色，菌环以下有纤毛状鳞片，伤变暗黄色，内部松软。菌环生于柄上部，宽大，薄、膜质、易消失。孢子印黑褐色。

生长习性：夏、秋季于云杉林及针阔混交林中地上单生或群生。

国内分布：湖北、台湾、新疆、西藏、山西、内蒙古等省份。

经济价值：食用菌。

070 双环林地蘑菇

***Agaricus placomyces* Peck 1878**
Fungus placomyces (Peck) Kuntze 1898
Psalliota placomyces (Peck) Lloyd 1899

中文别称：双环菇、双环蘑菇。

形态特征：子实体较小至中等大。菌盖初期扁半球形，后平展，直径3–14 cm，近白色，中部淡褐色到灰褐色，覆有纤毛组成的褐色鳞片，边缘有时纵裂或有不明显的纵沟。菌肉白色，较薄，具有双孢蘑菇气味。菌褶初期近白色，很快变为粉红色，后呈褐色至黑褐色，稠密，离生，不等长。菌柄圆柱形，长4–10 cm，直径0.4–1.5 cm，白色，光滑，内部松软，后变中空，基部稍膨大，伤变淡黄色，后恢复原状。菌环边缘成双层，白色，后渐变为淡黄色，膜质，表面光滑，下面略呈海绵状，生于菌柄中上部，干后有时附着在菌柄上，易脱落。

生长习性：夏季和秋季于林中地上或杨树根部上单生、散生、丛生或群生。

国内分布：湖北、河北、山西、黑龙江、江苏、安徽、湖南、贵州、云南、青海、西藏、香港、河南、浙江、山东、甘肃、陕西、广东、广西、福建、台湾、辽宁、吉林、内蒙古、海南等省份。

经济价值：食用、药用菌。

071 林地蘑菇

***Agaricus silvaticus* Schaeff. 1774**

Agaricus sylvaticus Schaeff. 1774

Agaricus sanguinarius P. Karst. 1882

形态特征： 子实体中等或稍大。菌盖扁半球形，逐渐伸展，直径5–12 cm，近白色，中部覆有淡褐色或红褐色鳞片，向外渐稀，干燥时边缘呈辐射状裂开。菌肉白色，较薄。菌褶初白色，渐变粉红色，后栗褐色到黑褐色，稠密，离生，不等长。菌柄长6–12 cm，直径0.8–1.6 cm，白色，菌环以下有白色纤毛状鳞片，填充到中空，基部略膨大，伤变污黄色。菌环单层，白色，膜质，生于菌柄上部或中部，易脱落。孢子印深褐色。

生长习性： 夏、秋季于针叶或阔叶林中地上单生或群生。

国内分布： 湖北、黑龙江、吉林、辽宁、河北、山西、江苏、安徽、浙江、新疆、四川、云南、贵州、西藏等省份。

经济价值： 食用菌。

072 白林地蘑菇

***Agaricus sylvicola* (Vittad.) Peck 1872**

Agaricus silvicola (Vittad.) Peck 1872

Psalliota sylvicola (Vittad.) Richon & Roze 1885

中文别称： 林生伞菌。

形态特征： 子实体中等至稍大。菌盖初扁半球形，后平展，直径6.5–11 cm，白色或淡黄色，有时中部浅褐色，覆有平伏的丝状纤毛，边缘时常开裂。菌肉白色，稍厚。菌褶初白色，渐变粉红色、褐色、黑褐色，密，离生，不等长。菌柄近圆柱形，长7–15 cm，直径0.6–1.5 cm，污白色，松软到中空，基部稍膨大，伤变黄色，尤其基部更明显。菌环单层，白色，膜质，生于菌柄上部，上表面平滑，下表面呈棉绒状，大，易脱落。孢子印深褐色。

生长习性： 夏季和秋季于林中地上单生、散生或群生。

国内分布： 湖北、河南、河北、山西、黑龙江、吉林、辽宁、甘肃、青海、四川、云南、台湾等省份。

经济价值： 食用菌。

073 麻脸蘑菇

Agaricus urinascens **(Jul. Schäff. & F. H. Møller) Singer 1949**

Agaricus villaticus Brond. 1829

Psalliota urinascens Jul. Schäff. & F. H. Møller 1938

中文别称：麻脸菇、淡茶色蘑菇。

形态特征：子实体大或较大。菌盖初球形、扁半球形，后平展，直径10–15 cm，淡黄色，具平伏的褐色细鳞片，形似麻点。菌肉白色，厚。菌褶初近白色，渐变为粉红色到黑褐色，密，离生，不等长。菌柄长6–8 cm，直径1.5–2.5 cm，白色，具淡黄色细鳞片，内部松软到中实，基部稍膨大，向上渐细。菌环单层，白色，膜质，较大而厚，生于菌柄中部至上部，不易脱落。孢子印深褐色。

生长习性：春季至秋季于草原上单生、群生。

国内分布：湖北、新疆、吉林、西藏、山西、内蒙古、甘肃、四川、青海等省份。

经济价值：食用菌。

鬼伞属 *Coprinus*

074 小射纹鬼伞

***Coprinus patouillardii* Quél. 1883**

Agaricus patouillardii (Schaeff.) Fr. 1762

Narcissea patouillardii (Quél.) D. Wächt. & A. Melzer 2020

形态特征：子实体伞状，较小。菌盖半球形至扁平，直径1–2.3 cm，很薄，表面污白色或带浅黄褐色，有绒絮状鳞片及明显的放射状条棱。菌褶稀，初期污白色，后变黑色，最终液化。菌柄圆柱形，长3–5 cm，直径0.1–0.2 cm，似半透明，常常弯曲。

生长习性：春季至秋季于林中潮湿落叶和食草动物的粪便上单生或群生。

国内分布：湖北、河北、河南、黑龙江等省份。

经济价值：不详。

075 白斑鬼伞

***Coprinus ebulbosus* Peck 1895**

形态特征： 子实体较小。菌盖初期钟形，直径4-6 cm，表面深棕灰色，有表皮龟裂形成的白色斑块；后期边缘撕裂反卷，有长条棱。菌肉薄，白色。菌褶离生，狭窄，密，不等长，灰色变至黑色及自溶为墨汁状。菌柄中空管状，细长，长7-16 cm，直径0.5-1 cm，白色，向下渐粗，有丝样光泽。

生长习性： 夏、秋季在树桩基部周围丛生和群生。

国内分布： 湖北、河北、江苏、浙江、黑龙江、辽宁等省份。

经济价值： 幼嫩时可食用。

囊皮伞属 *Cystoderma*

076 金粒囊皮伞

Cystoderma fallax **A. H. Sm. & Singer 1945**

Cystoderma carcharias var. *fallax* (A. H. Sm. & Singer) I. Saar 2009

中文别称： 颗粒囊皮伞。

形态特征： 子实体较小，黄色或黄褐红色。菌盖初期扁半球形，后期稍平展，直径2–5 cm，表面密被金黄色或黄褐色颗粒，边缘无明显条纹。菌肉稍厚，黄白色，伤不变色。菌褶延生，密，近白色至奶黄色，不等长。菌柄中生，近圆柱形，长3–7.5 cm，直径0.4–0.6 cm，菌环以上乳白至黄褐色，近光滑，菌环以下有颗粒，基部稍膨大，内部松软。菌环膜质，上表面黄白色，下表面与菌柄同色且有颗粒，易脱落。孢子印白色。

生长习性： 夏、秋季于在针阔混交林地上散生，往往生于苔藓之间。

国内分布： 湖北、吉林、宁夏等省份。

经济价值： 食用菌。

077 疣盖囊皮伞

***Cystoderma granulosum* (Batsch : Fr.) Fayod 1889**

Agaricus granulosus Batsch 1783

Lepiota granulosa (Batsch) Gray 1821

中文别称：疣皮蜜环菌、疣盖小囊皮菌。

形态特征：子实体小型。菌盖初期近卵圆形，渐扁半球形至平展，往往中部突起，直径2–5 cm，表面干燥，土褐色至红褐色，密被同色小疣且中部较稠密，边缘附有白色菌幕残片。菌肉白色，薄。菌褶白色至乳黄色，密，直生，不等长。菌柄近圆柱形，长2–9 cm，直径0.3–0.7 cm，肉红色，菌环以上光滑或有小颗粒，菌环以下密被褐色至红褐色鳞片，内部松软至中空。菌环生于菌柄上部，膜质，易脱落。孢子印白色。

生长习性：夏季至秋季于在针阔混交林地上或草丛中单生、散生或群生。

国内分布：湖北、黑龙江、吉林、江苏、山西、香港、新疆、甘肃、西藏等省份。

经济价值：食用菌。

囊小伞属 *Cystolepiota*

078 哈氏囊小伞

Cystolepiota hetieri **(Boud.) Singer 1973**
Lepiota hetieri Boud. 1902
Cystoderma hetieri (Boud.) Singer 1939

形态特征：子实体较小。菌盖钟形至凸镜形，直径1–3 cm，乳白色，触碰后带淡红色，表面有白色或粉色颗粒。菌肉较薄，白色，伤后带红色，有强烈菌菇气味。菌褶白色，离生，紧密，伤后变为红色。菌柄圆柱形，长2–4 cm，直径0.2–0.5 cm，与菌盖同色，表面被白色细毛，中空。菌环不明显，或有较多较大白色鳞毛。

生长习性：夏、秋季于针阔混交林中地上生长。

国内分布：湖北、台湾、宁夏、河北等省份。

经济价值：不可食，可能有毒。

环柄菇属 *Lepiota*

079 栗色环柄菇

Lepiota castanea **Quél. 1881**

形态特征： 子实体小。菌盖幼时近钟形至扁平，后平展而中部下凹，中央凸起，直径2–4 cm，表面土褐色至浅栗褐色，中部色暗，表皮开裂后形成粒状小鳞片。菌肉污白色，薄。菌褶离生，白色带黄色，不等长，较密。菌柄圆柱形，细，长2–4 cm，直径0.2–0.4 cm，菌环以上近光滑，污白色，菌环以下与菌盖同色，有细小鳞片且往往呈环状排列，内部松软至变空心。菌环不是很明显。孢子印白色。

生长习性： 夏、秋季于林中或林缘地上群生或散生。

国内分布： 湖北、河北、河南、山东、青海、宁夏等省份。

经济价值： 极毒菌。

080 盾形环柄菇

Lepiota clypeolaria **(Bull.) P. Kumm. 1871**

Agaricus clypeolarius Bull. 1789

中文别称： 环柄菇、细环柄菇、绒柄环柄菇。

形态特征： 子实体较小至中等大，伞状。菌盖初期呈半球形，后渐平展，中部突起，直径2.5–5.5 cm，中部呈土黄色或红褐色，向边缘渐变浅，表面开裂呈絮状鳞片，中间较密、边缘较稀，鳞片呈白色，开裂处呈白色。菌肉呈白色，较薄。菌褶呈白色，较密，离生，不等长。菌柄圆柱形，长4–8 cm，直径0.3–0.6 cm，上部白色，向基部渐黄，菌环以上光滑，菌环以下有黄色或白色絮状鳞片，基部有时稍膨大。菌环生于菌柄上部，白色，絮状，松软。

生长习性： 夏、秋季于针阔混交林内草地上散生或群生。

国内分布： 湖北、黑龙江、吉林、辽宁、江苏、河南、云南、广东、新疆、西藏等省份。

经济价值： 食用菌。

081 冠状环柄菇

Lepiota cristata **(Bolton) P. Kumm. 1871**
Agaricus cristatus Bolton 1788
Lepiota subfelinoides Bon & P. D. Orton 1985

中文别称： 小环柄菇。

形态特征： 子实体小。菌盖初期卵形，后钟形至突起或扁平，直径2–4 cm，表面干燥，白色，表皮初期红褐色或暗红褐色，后中央以外破裂为近同心斑纹的丛毛鳞片，中部至边缘有红褐色鳞片，盖缘鳞片少，边缘近齿状。菌肉白色，薄。菌褶白色，密，离生，不等长。菌柄细长，柱形，长3–6 cm，直径0.2–0.6 cm，表面光滑，基部稍膨大，空心。

生长习性： 夏季至秋季于林中腐叶层及草丛或苔藓间单生、散生或群生。

国内分布： 湖北、安徽、广东、海南、广西、河南、河北、青海、福建、江苏、山西、湖南、吉林、黑龙江、香港、辽宁、云南、贵州、西藏等省份。

经济价值： 毒菌。

082 梭孢环柄菇

***Lepiota magnispora* Murrill 1912**

Lepiota ventriosospora D. A. Reid 1958

Lepiota magnispora var. *fulva* (Bon) Valade 2014

中文别称： 腹鼓孢环柄菇。

形态特征： 子实体较小至中等大，伞状。菌盖初期半球形或扁半球形，后期近平展或边缘稍微向上翘起，直径3–7 cm，中部呈深黄色，向边缘渐变浅，边缘白色，锯齿状。菌盖表面开裂，有黄色或黄褐色鳞片。菌肉呈白色，较薄或中部稍厚。菌褶纯白色或污白色，离生，不等长，较密。菌柄粗长，长4–8 cm，直径0.3–0.8 cm，黄色，菌环之上光滑，菌环以下粗糙，有毛状鳞片，基部稍微膨大，生有大量白色菌丝。菌环生于菌柄中上部位，白色。

生长习性： 夏季至秋季于林中、林缘以及草地上单生或散生。

国内分布： 湖北、黑龙江、内蒙古、四川、云南、西藏、香港、广东等省份。

经济价值： 食用菌。

083 小环环柄菇

Lepiota parvannulata (Lasch) Gillet 1874

Agaricus parvannulatus Lasch 1828

Lepiota nigrescentipes G. Riousset 1992

形态特征： 子实体一般中等大，伞状。菌盖平展，直径1.0–1.3 cm，灰白色，中央浅灰褐色，干，上被绒毛，易碎，边缘有条纹。菌肉白色，极薄，无味道。菌褶白色带黄色，不等长，离生。菌柄棒形，长1.8–2 cm，直径约0.2 cm，中生，白色，被绒毛。菌环位于菌柄中部，单环，白色，不脱落，不活动。

生长习性： 夏、秋季于阔叶林或针阔混交林中地上群生。

国内分布： 湖北、广东等省份。

经济价值： 不详。

084 红鳞环柄菇

Lepiota squamulosa **T. Bau & Yu Li 2004**

Cystolepiota squamulosa (T. Bau & Yu Li) Zhu L. Yang 2017

形态特征：子实体较小，伞状。菌盖初期半球形，后近扁平，中部凸起，直径0.5–2 cm，灰白色，密被粉红色鳞片，边缘具外菌幕残余片。菌肉白色，薄。菌褶白色，稍密，不等长，弯生。菌柄圆柱形，白色，长1.8–3.5 cm，直径0.1–0.2 cm，向下渐变粗，纤维质，中下部密被与菌盖表面颜色相同的鳞片，上部白色。菌环上位，易脱落。

生长习性：夏季于枯枝落叶上单生。

国内分布：湖北、内蒙古、北京等省份。

经济价值：不详。

白环蘑属 *Leucoagaricus*

085 红盖白环蘑

leucoagaricus rubrotinctus **(Peck) Singer 1948**

Agaricus rubrotinctus Peck 1884

Lepiota rubrotincta Peck 1891

中文别称：染红白环蘑、红盖环柄菇、红白环柄菇、红盖环蘑。

形态特征：子实体较小，伞状。菌盖初期半球形，后近扁平，中部稍凸起，直径3–7 cm，灰白色，中央呈褐色，有暗红色鳞片和条纹，边缘污白色，后期边缘撕裂状。菌肉白色，薄。菌褶白色或淡黄色，稍密，不等长，离生。菌柄圆柱形，白色，向下渐变粗，长4–8 cm，直径0.3–0.6 cm，菌环以下有絮状或毛状鳞片。菌环位于菌柄中上部，白色、膜质。孢子印白色。

生长习性：夏季至秋季于针叶林中地上单生、散生、群生。

国内分布：湖北、北京、山东、福建、重庆、内蒙古、云南、辽宁、山西、吉林、香港等省份。

经济价值：毒菌。

白鬼伞属 *Leucocoprinus*

086 纯黄白鬼伞

***Leucocoprinus birnbaumii* (Corda) Singer 1962**

Agaricus birnbaumii Corda 1839

Bolbitius birnbaumii (Corda) Sacc. & Traverso 1910

中文别称： 黄色白鬼伞、黄白伞菇、黄环柄菇。

形态特征： 子实体较小，柠檬黄色。菌盖初期呈钟形或斗笠形，后期稍平展，直径2–5 cm，表面有一层柠檬黄色粉末，边缘具细长条棱。菌肉黄白色，薄，质脆。菌褶淡黄至白黄色，离生，不等长，稍密，边缘粗糙。菌柄长4–8 cm，直径0.2–0.5 cm，向下渐粗，表面被一层柠檬黄色粉末，内部空心，质脆。菌环膜质，薄，生于菌柄上部，易脱落。孢子印白色。

生长习性： 夏季至秋季在林地、道旁、田野等地上散生或群生。

国内分布： 湖北、四川、福建、广东、云南、海南、香港等省份。

经济价值： 毒菌。

087 白鬼伞

Leucocoprinus cepistipes **(Sowerby) Pat. 1889**
Agaricus cepistipes Sowerby 1796
Lepiota cepistipes (Sowerby) P. Kumm. 1871

中文别称：肥白鬼伞、肥脚白鬼伞、肥环柄菇、粗柄白鬼伞。

形态特征：子实体较小，白色，有菌环而无菌托。菌盖扁半球形，开伞后中央凸起，直径2–5 cm，具有细小、松软易脱落的污白色鳞片，中部浅朽叶色，边缘有条棱。菌肉白色，味苦，很薄。菌褶白色，离生，稍密，不等长。菌柄细长，长3–5 cm，直径0.3–0.5 cm，白色，内部空心，基部膨大呈球形，直径可达0.8–1.2 cm。菌环生于菌柄中部。

生长习性：常在园林草地上或稀疏的林地上群生或近丛生。

国内分布：湖北、山西、广东、海南、香港、河北、湖南、浙江等省份。

经济价值：不可食，据资料记载有毒，其毒性不明。

（十八）鹅膏科 Amanitaceae ｜ 鹅膏属 *Amanita*

088 窄褶鹅膏

Amanita angustilamellata **(Höhn.) Boedijn 1951**

Amanitopsis vaginata var. *angustilamellata* Höhn. 1914

中文别称：窄褶灰鹅膏。

形态特征：菌盖平展，直径4–7 cm，灰褐色，光滑无菌幕残余，盖缘具明显长条纹或浅沟纹（0.5 *R*，*R*表示菌盖半径，0.5 *R*表示占菌盖半径的一半）。菌肉黄白色。菌褶白色，较稀疏，不等长，离生。菌柄近圆柱形，长8–12 cm，直径0.5–1.5 cm，污白色、浅灰色至浅褐色，近光滑至被细小的丝状鳞片，中空。无菌环。菌托白色，袋状或杯状，高2–3 cm，直径1–2 cm，外表面污白色至浅灰色，内表面污白色。

生长习性：夏、秋季于阔叶林中地上散生或单生。

国内分布：湖北、广东、云南、海南等省份。

经济价值：不详。

089 暗褐鹅膏

Amanita atrofusca **Zhu L. Yang 1997**

形态特征： 菌盖扁半球形至平展，中央明显凸起，直径5–15 cm，深褐色至近黑色，盖缘具明显长条纹或浅沟纹（0.2–0.3 *R*），沟纹内侧末端色深呈环状。菌褶初期白色至污白色，成熟后变为污灰色至灰色，不等长，短菌褶近柄端多平截，褶缘灰色、淡褐色至深褐色。菌柄长9–20 cm，直径0.8–2.5 cm，表面污白色，密被灰色、深灰色、深至近黑色的糠麸状至蛇皮纹状鳞片。无菌环。菌托袋状，外表面污白色、浅灰色至淡褐色，并常有黄褐色小斑，内表面淡褐色至灰褐色。

生长习性： 夏、秋季于针叶林或针阔混交林中地上单生。

国内分布： 湖北、四川、云南、甘肃、西藏等省份。

经济价值： 不详。

090 雀斑鳞鹅膏

***Amanita avellaneosquamosa* (S. Imai) S. Imai 1959**

Amanitopsis avellaneosquamosa S. Imai 1933

中文别称：雀斑鹅膏。

形态特征：子实体中等大小。菌盖半球形至平展，中间无凸起或有时稍凸起，直径4–8 cm，表面污白色，被淡褐色至褐色破布状或纤丝状菌幕残余，边缘沟纹较长（0.1–0.3 *R*），有时有絮状物。菌褶白色，干后为淡灰色、灰褐色、淡褐色至巧克力褐色，较稀疏，不等长，短菌褶近柄端多平截。菌柄长7–12 cm，直径0.8–2 cm，白色至污白色，被有细小鳞片。菌环易破碎，常呈细小鳞片残存于菌柄上部。菌托袋状，外表面污白色，内表面近白色。

生长习性：夏、秋季于阔叶林或针阔混交林中地上散生或单生。

国内分布：湖北、湖南、台湾、广东、海南、四川、云南等省份。

经济价值：药用菌，有毒。

091 橙黄鹅膏

***Amanita citrina* (Schaeff.) Pers. 1797**

Agaricus citrinus Schaeff. 1774

Amanitina citrina (Pers.) J. Gilbert 1941

中文别称： 柠檬黄伞、淡黄毒伞、黄臭伞。

形态特征： 子实体一般中等大。菌盖幼时半球形至近扁半球形，开伞后平展，直径5–7 cm，表面黄色至淡黄色，中央颜色稍深，被米色、淡黄色至黄色斑块或近似颗粒状鳞片，往往后期易脱落，边缘具不明显的条棱。菌柄细圆柱形，长8–12 cm，直径0.8–2 cm，菌环之上白色，菌环之下白色至米色，被淡褐色鳞片或纤毛，内部松软至空心，白色带黄色。菌环上位，黄色至淡黄色。菌托与膨大的菌柄基部结合，似浅杯状。

生长习性： 夏、秋季于林中地上单生或散生。

国内分布： 湖北、吉林、江苏、云南、西藏、河南、黑龙江、广东、四川等省份。

经济价值： 不详。

092 显鳞鹅膏

***Amanita clarisquamosa* (S. Imai) S. Imai 1959**

Amanitopsis clarisquamosa S. Imai 1933

形态特征：菌盖初期扁半球形，后平展，中央一般无凸起，直径4–10 cm，表面污白色，中央带黄褐色，被灰褐色、淡褐色、褐色破布状或膜状至纤丝状菌幕残余，菌盖边缘常有絮状物，沟纹短浅。菌褶白色，较密，不等长，离生，短菌褶近菌柄端多平截。菌柄近圆柱形或向上稍细，长6–13 cm，直径0.5–1 cm，白色，上半部有灰褐色糠麸状至絮状鳞片。菌环易破碎，常呈污白色至灰褐色膜状、粉末状鳞片残存于菌柄上半部。菌托袋状，肉质，与菌柄基部相连，内外表面均为污白色。

生长习性：夏、秋季于含有壳斗科和松科植物的林中地上生长。

国内分布：湖北、广东、江苏、四川、贵州、云南、福建等省份。

经济价值：有毒。

093 小托柄鹅膏

Amanita farinosa **Schwein. 1822**
Vaginata farinosa (Schwein.) Murrill 1912
Amanitopsis farinosa (Schwein.) Peck 1989

中文别称： 小托柄菇。

形态特征： 子实体较小，无菌环。菌盖初扁半球形，后平展至中部稍下陷，直径2–6 cm，表面灰褐色至棕灰色，中部多密集灰褐色粉质小鳞片，边缘色淡并有明显条棱（0.4–0.6 *R*）。菌肉白色，薄。菌褶白色，宽、离生，不等长。菌柄近圆柱形或向上逐渐变细，长3–8 cm，直径0.3–0.7 cm，白色，向下部分近灰黄白色，内部松软，后变空心，基部膨大，近球形至卵形。无菌环。菌托小，退化仅残留菌柄基部末端，呈暗灰色，与菌柄有不明显的界限。

生长习性： 夏、秋季常于针叶林或针阔混交林中地上单生或群生。

国内分布： 湖北、河南、江苏、浙江、安徽、福建、湖南、广东、广西、香港、云南、贵州、西藏等省份。

经济价值： 有毒。

094 格纹鹅膏

***Amanita fritillaria* (Berk.) Sacc. 1891**

Amanitopsis fritillaria Sacc. 1887

Amanita fritillaria (Sacc.) Sacc. 1891

中文别称： 角鳞鹅膏、块鳞灰鹅膏。

形态特征： 子实体中等大。菌盖初期近半球形，后扁平至平展，直径5–10 cm，浅灰色、褐灰色至浅褐色，中部色较深，具辐射状隐生纤丝花纹，被深灰色至近黑色鳞片。菌肉白色，受伤后不变色。菌褶离生至近离生，白色，较密，不等长。菌柄近圆柱形或向上稍变细，长5–10 cm，中部直径0.6–1.5 cm，白色至污白色，被灰色至褐色鳞片，内部实心至松软，基部膨大呈近球状、陀螺状至梭形，直径1–2.5 cm，其上半部有深灰色、鼻烟色至近黑色鳞片，絮状至疣状，成环状排列成数圈。菌环上位至近顶生，膜质，上表面近白色、浅灰色至灰色，下表面淡灰色至灰色，有时淡褐色。

生长习性： 夏、秋季于针叶林或阔叶林中地上散生或群生。

国内分布： 湖北、四川、吉林、江苏、安徽、湖南、台湾、广东、广西、海南、贵州、西藏、云南、福建等省份。

经济价值： 微毒菌。

095 赤褐鹅膏

Amanita fulva **(Schaeff. : Fr.) Pers. ex Sing. 2011**
Agaricus fulvus Schaeff. 1774
Amanita fulva (Schaeff.) Fr. 1815

中文别称：棕褐鹅膏菌、赤褐托柄菇、鹅毛冠、褐托柄鹅膏、赤褐鹅膏。

形态特征：子实体小至中等大，伞状，土黄色至淡土黄褐色。菌盖初期卵圆形至钟形，后渐平展，中部稍凸起，直径6–11 cm，栗褐色，光滑，稍黏，边缘具明显条纹，常附有外菌幕残片。菌肉白色或乳白色，较薄。菌褶白色至乳白色，较密，离生，不等长，褶缘稍粗糙。菌柄圆柱形，较细长，长9–18.5 cm，直径0.9–2 cm，较菌盖色淡，光滑或有粉质鳞片，脆，内部松软至空心。菌托较大，苞状，浅土黄色至白色。

生长习性：夏、秋季于林中地上散生或群生。

国内分布：湖北、河南、黑龙江、福建、海南、西藏、广西、云南、四川、甘肃、吉林、江苏、湖南、安徽、广东、贵州等省份。

经济价值：食用菌。容易与有毒的片鳞鹅膏菌 *A. agglutinata* 相混，后者子实体具近白色至土褐色粉末或菌盖具片状粉质鳞片。在欧洲曾有中毒报道。与栎、栗等树木形成外生菌根。

096 灰褶鹅膏

Amanita griseofolia **Zhu L. Yang 2004**

中文别称： 圈托鹅膏。

形态特征： 子实体中等大。菌盖幼时半球形，后平展，成熟后边缘上翻，中央无凸起或稍有凸起，直径3–7 cm，灰色至灰褐色，被深灰色易脱落的粉质颗粒状至毡状菌幕残余，中部鳞片多而色深，光滑，边缘具明显棱纹。菌肉薄，白色、污白色至米黄色，干后纸质。菌褶白色至米色，褶缘颜色较深，较密，离生，不等长。菌柄圆柱形，长7–16 cm，直径0.6–1.5 cm，污白色至浅褐色，下部常被灰色纤毛状鳞片，空心，肉质。菌托袋状至杯状，灰色至灰褐色，粉状或絮状颗粒不规则排列，有时排列呈带状。无菌环。

生长习性： 夏、秋季于阔叶林中地上单生。

国内分布： 湖北、重庆、北京、吉林、河南、湖南、海南、云南、四川、西藏、台湾、广东等省份。

经济价值： 食用、药用菌。

097 红黄鹅膏

***Amanita hemibapha* (Berk. & Broome) Sacc. 1887**

中文别称：浅橙黄鹅膏、橙盖鹅膏菌、花柄橙红鹅膏菌、黄罗伞、黄鹅蛋菌、鸡蛋菌。

形态特征：子实体较大，菌盖初期卵圆形至钟形，后渐平展，中间稍凸起，直径6–10 cm，鲜橙黄色至橘红色，光滑，稍黏，边缘具明显条纹。菌肉黄白色，中部稍厚。菌褶浅黄色或柠檬黄色，较厚，离生，不等长。菌柄圆柱形，长8–25 cm，直径0.8–2 cm，淡黄色，往往具橙黄色花纹或鳞片，内部松软至空心。菌环生于菌柄上部，淡黄色，膜质，下垂，具细条纹。菌托大而厚，苞状，白色，有时破裂成片附着在菌盖表面。

生长习性：夏、秋季于林中地上散生或群生。

国内分布：湖北、河北、内蒙古、黑龙江、安徽、福建、湖南、河南、四川、云南、台湾、广东、西藏、吉林、辽宁、北京、海南等省份。

经济价值：食用、药用菌。

098 假球基鹅膏

Amanita ibotengutake **T. Oda, C. Tanaka & Tsuda 2002**

形态特征： 子实体较大。菌盖幼时球形至扁半球形，成熟后凸镜形至平展，直径6–15 cm，表面光滑，湿时黏，布满白色至灰白色块状鳞片，老时或雨后部分脱落，边缘具条纹，烟褐色至褐灰色。菌褶白色至污白色，密，离生，不等长。菌柄圆柱形，长7–12 cm，直径1–2 cm，污白色，表面被纤维状鳞片，幼时粗壮、实心，老熟后内部松软至空心，基部膨大呈球形。菌环膜质，污白色，生于柄上部。菌托呈环带状，位于菌柄基部膨大处，污白色。

生长习性： 夏、秋季于阔叶林或针阔混交林中地上单生或散生。

国内分布： 湖北、吉林等省份。

经济价值： 毒菌。树木外生菌根菌。

099 长棱鹅膏

***Amanita longistriata* S. Imai 1938**

Amanitopsis longistriata (S. Imai) E.-J. Gilbert 1940

Amanita rhodophylla Imaz. & Toki 1955

中文别称： 长条棱鹅膏、长条纹鹅膏菌。

形态特征： 子实体小至中等大。菌盖幼时近卵圆形至近钟形，后期近平展，往往中央稍凸，直径3–9 cm，边缘灰色、浅灰色或浅黄色，有时略带粉色，中间棕灰色至褐色，边缘有放射状长条棱（0.3–0.5 *R*）。菌肉薄，污白色，近表皮处色暗。菌褶污白色至微带粉红色，稍密，离生，不等长，短菌褶似刀切状。菌柄近圆柱形，长6–10 cm，直径0.5–1.5 cm，上部渐细，初期粉红色，后污白色，表面平滑，内部松软至中空。菌环上位，膜质，较小，污白色。菌托苞状，污白色。

生长习性： 夏季至秋季于阔叶林、针叶林或针阔混交林中地上散生或群生。

国内分布： 湖北、湖南、广东、陕西、海南、四川、云南、河南、辽宁等省份。

经济价值： 据记载为毒菌。

100 欧氏鹅膏

Amanita oberwinklerana **Zhu L. Yang & Yoshim. Doi 1999**

中文别称： 白毒伞。

形态特征： 子实体小至中等大。菌盖初期半球形，后期扁平至平展，有时边缘上翘，形状规则，直径3–6 cm，白色，中部有时米黄色，光滑，幼嫩时有珍珠般光泽，偶被白色膜质菌幕残余，湿时稍黏，边缘平滑无棱纹。菌肉白色，伤后不变色。菌褶离生，白色，老时米色至浅黄色，稠密，不等长。菌柄近圆柱形或向上稍变细，长5–7 cm，直径0.5–1.5 cm，白色，光滑或被白色纤毛状或反卷状鳞片，基部近球形至萝卜状，直径1–2 cm。菌环上位，膜质，白色，表面有辐射状细沟纹。菌托浅杯状至苞状，膜质，白色。

生长习性： 夏季至秋季于阔叶林、针叶林或针阔混交林中地上生长。

国内分布： 湖北、广东、四川、贵州、海南、福建、台湾等省份。

经济价值： 毒菌。

101 东方褐盖鹅膏

Amanita orientifulva **Zhu L. Yang, M. Weiss & Oberw. 2004**

形态特征：菌盖平展或略为平展，直径5–15 cm，深褐色或灰红褐色，中部色较暗或较深，常有暗褐色外菌幕残余，边缘有明显的沟纹或裂纹。菌肉白色，伤不变色。菌褶离生，稍稀至稍密，白色，不等长。菌柄长8–15 cm，直径0.5–1.5 cm，污白色至浅褐色，密被红褐色至灰褐色鳞片。无菌环。菌托大，高4–6 cm，直径1.5–5 cm，袋状，白色，常有灰红褐色至锈色斑。

生长习性：夏季至秋季于针叶林、针阔混交林或阔叶林中地上生长。

国内分布：湖北、湖南、广东、海南、浙江、安徽、广西、云南、四川、贵州、西藏、福建、黑龙江、吉林等省份。

经济价值：毒性不明，不能食用。树木外生菌根菌。

102 红褐鹅膏

Amanita orsonii **Ash. Kumar & T. N. Lakh. 1990**

形态特征： 子实体小至中等大。菌盖初期半球形，后平展，直径3–12 cm，浅红褐色、红褐色，中间色较深，被污白色、浅灰色至灰褐色的近锥状、疣状、颗粒状至絮状鳞片，边缘有不明显条纹。菌肉白色，伤后变淡红褐色。菌褶白色，伤后渐变浅红褐色，不等长，稍密，离生。菌柄圆柱形，长5–13 cm，直径0.5–1.5 cm，与菌盖同色，具白色纤维状鳞片，上部有花纹；基部膨大，近球形。菌环上位，下垂，上表面白色，下表面灰褐色或近浅红褐色，膜质，易脱离。菌托不明显，由灰褐色絮状鳞片组成。

生长习性： 夏、秋季于林中地上散生或群生。

国内分布： 湖北、四川、云南、贵州、吉林、西藏、台湾、广东等省份。

经济价值： 毒菌。

103 卵孢鹅膏

Amanita ovalispora **Boedijn 1951**

形态特征：子实体小至中等大。菌盖幼时钟形，后期扁平，中央有时稍凸，直径3–7 cm，灰色至暗灰色，边缘有长条棱纹，表面平滑或偶有白色菌幕残片。菌肉白色，较薄。菌褶污白色，离生，密，不等长，干后常呈灰色或浅褐色，小菌褶平截状。菌柄近圆柱形，长6–10 cm，直径0.8–1 cm，白色至浅灰色，上半部分常被白色粉状鳞片，内部松软至中空，基部不膨大。无菌环。菌托苞状或袋状，高2–4 cm，外侧白色，内侧白色至灰色，膜质。

生长习性：夏、秋季于阔叶林或针叶林中地上散生。

国内分布：湖北、云南、江苏、江西、广东、辽宁、河南、贵州、广西、台湾、海南等省份。

经济价值：食毒不明。树木外生菌根菌。

104 环盖鹅膏

Amanita pachycolea **D. E. Stuntz 1982**

形态特征：子实体中等至较大。菌盖近半球形至扁平或平展，中央稍凸起，直径5–13 cm，褐色或灰褐色，往往有浅色和深色环带，黏，平滑，边缘色较浅，具长条纹。菌肉白色。菌褶污白色，边缘浅黄色，离生，稍密，不等长。菌柄长10–18 cm，直径0.8–1.5 cm，白色，有纤毛状小鳞片或深色花纹，向下渐粗，松软至空心。菌托污白色或部分带黄褐色，苞状，厚膜质。

生长习性：夏、秋季于针阔混交林中地上单生或散生。

国内分布：湖北、广西、山东、河南等省份。

经济价值：可食用。但与有毒种东方黄盖鹅膏*A. orientigemmata*、长棱鹅膏*A. longistriata*等不易区别。

105 豹斑鹅膏

Amanita pantherina **(DC.) Krombh. 1846**
Agaricus pantherinus DC. 1815
Amanitaria pantherina (Gonn. & Rabenh.) E. J. Gilbert 1941

中文别称：豹斑毒鹅膏、满天星、豹斑毒伞、白芝麻菌、假芝麻菌、斑毒菌、黄豹斑毒鹅膏菌。

形态特征：子实体中等大。菌盖初期扁半球形，后期渐平展，直径7.5–14 cm，表面浅黄色至黄褐色，有时污白色，散布白色至污白色的小斑块或颗粒状鳞片，老时部分脱落，菌盖边缘有明显的条棱，湿润时黏。菌肉白色，薄。菌褶白色，离生，不等长。菌柄圆柱形，长5–17 cm，直径0.8–2.5 cm，表面有小鳞片，内部松软至空心，基部膨大。菌环一般生于菌柄中下部，白色，膜质，易脱落。菌托近杯状或呈环带。

生长习性：夏、秋季于阔叶林或针叶林中地上群生。

国内分布：湖北、黑龙江、吉林、河北、河南、安徽、福建、广东、广西、海南、四川、云南、贵州、西藏、青海等省份。

经济价值：毒菌。

106 假黄盖鹅膏

Amanita pseudogemmata **Hongo 1974**

形态特征：菌盖扁平至平展，直径4–9 cm，表面污黄色至浅黄褐色，边缘颜色稍淡，被褐色至橄榄黄色的粉末状菌幕残余，偶尔在菌幕残余表面有白色膜状物，菌盖边缘有沟纹（0.2–0.4 *R*）。菌褶离生，米色，较密，短褶近菌柄端平截。菌柄长6–10 cm，直径0.5–1.5 cm，米色至白色，基部膨大呈杵状至浅杯状，上部边缘常有白色至淡黄色菌幕残余。菌环上位，膜质。

生长习性：夏季至秋季于阔叶林中地上单生、散生或群生。

国内分布：湖北、河南、广东、云南等省份。

经济价值：食毒不明，慎食。树木外生菌根菌。

107 假灰托鹅膏

Amanita pseudovaginata **Hongo 1983**

Amanitopsis pseudovaginata (Hongo) Wasser 1988

形态特征：菌盖扁半球形至扁平，中部有时稍突起、有时稍凹，直径3–6 cm，灰色、浅灰色，有时有褐色调，边缘色较淡，有时整个菌盖近白色，表面光滑或有毡状、破布状至疣状的淡灰色至污白色菌幕残余，边缘有较长的沟纹（0.2–0.4 *R*）。菌褶离生，白色，干后呈淡灰色，短褶近菌柄端平截。菌柄长5–12 cm，直径0.5–1.5 cm，白色至污白色。无菌环。菌托袋状至杯状，易破碎，外表面白色至污白色，有黄褐色斑纹，内表面淡灰色，有时近白色。

生长习性：夏季至秋季于针阔混交林中地上单生、散生或群生。

国内分布：湖北、河南、江苏、湖南、四川、广东、广西、云南、贵州、甘肃、陕西、西藏等省份。

经济价值：食毒不明，慎食。树木外生菌根菌。

108 赭盖鹅膏

***Amanita rubescens* Pers. 1797**

Limacium rubescens (Pers.) J. Schröt. 1889

Amplariella rubescens (Pers.) E.-J. Gilbert 1941

形态特征：子实体中等大。菌盖扁半球形至平展，中部有突起，直径3.5–8 cm，浅土黄色或浅红褐色，灰褐色至蛋壳褐色，被白色破布状至毡状鳞片，边缘有不明显的条纹。菌肉白色，伤后稍变红褐色，薄。菌褶白色至近白色，渐变红褐色，离生，稍密，不等长。菌柄圆柱形，长6–12 cm，直径0.5–1 cm，与菌盖同色，具纤毛状鳞片，内部松软变至空心，菌柄上部有花纹，基部膨大至近球形。菌环上位，膜质，下垂，上表面白色，下表面灰褐色，易脱落。菌托由灰褐色絮状鳞片组成。

生长习性：夏、秋季于针叶林或针阔混交林中地上单生或散生。

国内分布：湖北、河南、河北、吉林、湖南、广东、广西、四川、云南、甘肃、新疆、西藏、浙江等省份。

经济价值：据报道有毒。

109 中华鹅膏

***Amanita sinensis* Zhu L. Yang 1997**

Amanita sinensis var. *subglobispora* Zhu L. Yang, T. H. Li & X. L. Wu 2001

中文别称： 油麻菌、芝麻菌（广西）、麻丝菇（福建）。

形态特征： 子实体中等至大型。菌盖初期钟状、半球形，后扁半球形至平展，直径7–12 cm，灰白色至浅灰色，中部浅灰色至深灰色，边缘几乎无至有较明显棱纹，菌幕残余灰色、深灰色至灰褐色，在菌盖中部形成疣状至颗粒状鳞片，直径2–4 mm，高1.5–3 mm，至边缘渐呈小疣状至絮状鳞片，有时毡状。菌肉较薄，白色。菌褶离生至近离生，白色，较密，不等长，褶缘有细齿，呈粉末状或絮状，短菌褶近菌柄端多平截。菌柄近圆柱形或向上渐细，长10–15 cm，直径1–2.5 cm，污白色至浅灰色，有浅灰色、灰色至深灰色粉状至絮状鳞片，内部松软至中空，基部棒状至近梭形，与菌柄本身无明显界线，直径2–3.5 cm，有时有短假根。菌环顶生至近顶生，上表面白色，有细的辐射状沟纹，下表面被浅灰色粉质至纤丝状鳞片，膜质，但在菌盖伸展过程中易撕破而脱落。

生长习性： 夏季至秋季于针叶林或阔叶林中地上单生、散生或群生。

国内分布： 湖北、湖南、重庆、四川、广东、广西、贵州、福建、云南等省份。

经济价值： 食用菌。

110 角鳞白鹅膏

Amanita solitaria **(Bull. : Fr.) Karst. 1879**
Agaricus solitarius Bull. 1781
Amanita solitaria (Bull.) Fr.1836

中文别称： 高脚排、角鳞白伞。
形态特征： 子实体较大，白色。菌盖初期近半球形至半球形，开伞后近平展，边缘有时上翘，直径5–25 cm，表面布满角状鳞片。菌肉白色。菌褶离生，较密，不等长。菌柄圆柱形，较粗壮，长8–20 cm，直径1–3 cm，基部膨大可达2.5–5.3 cm，有时向下延伸似假根，内部实心。菌环下垂，生于菌柄的上部。菌托由片状至近似角状鳞片组成。
生长习性： 夏、秋季于阔叶林中地上单生。
国内分布： 湖北、安徽、江苏、福建、云南、贵州、广东、广西、四川、浙江等省份。
经济价值： 毒菌。

111 角鳞灰鹅膏

***Amanita spissacea* S. Imai 1933**

中文别称： 黑芝麻菌、麻子菌、麻子菇。

形态特征： 子实体中等大，全体灰色至灰褐色。菌盖初期半球形，后渐平展，直径3–11 cm，湿时稍黏，边缘平滑或有不明显的条棱，表面具有黑褐色角锥状或颗粒状鳞片，往往呈环带状分布，易脱落。菌肉白色。菌褶白色，离生，较密，不等长。菌柄圆柱形，长4–12 cm，直径0.6–2 cm，顶部色深，菌环以下灰色并有深灰色花纹及鳞片，基部膨大。菌环上位，膜质，上表面白色而下表面灰色，边缘灰黑色。菌托由4–7圈黑褐色颗粒状鳞片组成。

生长习性： 春季至秋季于针叶林或针阔混交林中地上单生或群生。

国内分布： 湖北、河北、河南、江苏、安徽、广东、香港、江西、湖南、浙江、广西、四川、云南等省份。

经济价值： 据记载有毒。

112 条缘鹅膏

Amanita spreta **(Peck) Sacc. 1887**
Amanita spretus Peck 1880

中文别称：条缘毒鹅膏、条缘毒伞、纹缘鹅膏、鞘苞鹅膏。

形态特征：子实体中等大，白色。菌盖初期半球形，后逐渐平展，直径5–9 cm，外包被渐脱落，表面黏，光滑，边缘上翘且有条纹，中部呈灰褐色，边缘呈灰白色。菌肉白色，伤后不变色，无明显气味，稍厚。菌褶白色，或带黄白色，离生，不等长，褶缘粗糙，有粉粒。菌柄圆柱形，长6–11 cm，直径1–1.5 cm，白色，纤维质，空心，上细下粗，基部膨大。菌托白色或黄褐色，苞状，较大。菌环生于菌柄上部，膜质，单层，下垂，白色，易破碎而脱落。

生长习性：夏、秋季于针阔混交林中地上散生。

国内分布：湖北、四川、江苏、安徽、湖南、陕西、广东、云南、浙江、吉林、西藏、广西、福建、香港、山西、海南等省份。

经济价值：毒菌，毒性强。

113 亚球基鹅膏

***Amanita subglobosa* Zhu L. Yang 1997**

中文别称：球基鹅膏。

形态特征：菌盖扁平至平展，直径4–10 cm，表面淡褐色、皮革褐色至琥珀褐色，中部色较深，被角锥状至疣状鳞片，白色至淡黄色，常易脱落，菌盖边缘有沟纹（0.1–0.4 *R*）。菌褶离生至近离生，白色至米色，短菌褶近柄端多平截。菌柄圆柱形，长5–15 cm，直径0.5–2 cm，米色至白色，柄基部近球形，直径1.5–3.5 cm，上部被白色、有时淡黄色至淡褐色的小颗粒至粉末状菌幕残余，在菌柄下部与球状体过渡的地方残余常呈领口状。菌环膜质，黄白色，生于菌柄中部至中上部。

生长习性：夏季于针阔混交林中地上单生或散生。

国内分布：湖北、湖南、云南、贵州、广东等省份。

经济价值：有毒。

114 芥黄鹅膏

Amanita subjunquilea **S. Imai 1933**

中文别称：黄鹅膏菌、黄盖鹅膏、芥橙黄鹅膏。

形态特征：子实体较小。菌盖初期近圆锥形、半球形至钟形，开伞后扁平至平展，中部稍凸或平，直径2.5–9 cm，污橙黄色至芥土黄色，边缘色较浅，表面平滑或有似放射状、纤毛状条纹，边缘似有不明显条棱，湿时黏，有时附白色菌托残片。菌肉白色，近表皮处带黄色，较薄。菌褶离生，近白色，稍密。菌柄柱形，长12–18 cm，直径0.5–1.6 cm，上部渐细，黄白色，有纤毛状鳞片，内部松软至变空心。菌环膜质，黄白色，生于菌柄上部。菌托苞状，大，灰白色。

生长习性：夏季于林中地上单生或散生。

国内分布：湖北、河南、北京、辽宁、西藏等省份。

经济价值：剧毒。

115 长褐鹅膏

Amanita tenuifulva **Y. Y. Cui, Q. Cai & Zhu L. Yang 2018**

中文别称：长柄褐盖鹅膏。

形态特征：菌盖初期近卵圆形，开伞后近平展，中部稍凸，直径5–6 cm，中部表面红褐色至深褐色，边缘褐色、黄褐色，盖边缘似有长沟纹。菌肉白色，较薄。菌褶离生，近白色，稍密，不等长。菌柄长棒状，长6–9 cm，直径0.8–1.2 cm，上部渐细，污白色至淡褐色，内部松软至变空心。无菌环。菌托袋状，高2 cm，白色。

生长习性：夏季于阔叶林中地上单生。

国内分布：湖北、浙江等省份。

经济价值：食毒不明。树木外生菌根菌。

116 灰鹅膏

***Amanita vaginata* (Bull.) Lam. 1783**
Agaricus vaginatus Bull. 1783
Amanitopsis vaginata (Bull.) Roze 1876

中文别称：灰托柄菇、灰托鹅膏、松柏菌、大水菌、伞把菇。

形态特征：子实体中等至较大。菌盖初期近卵圆形，开伞后近平展，中部稍凸起，直径7–11.5 cm，边缘有明显的长条棱，湿润时黏，光滑，表面有时附着菌幕残片，瓦灰色或灰褐色至鼠灰色。菌肉白色，薄，脆。菌褶白色至污白色，离生，稍密，不等长。菌柄圆柱形，长5–10 cm，直径0.4–2.4 cm，向下渐粗，污白色或灰色，近光滑或被浅灰色至浅褐色的纤丝状鳞片。无菌环。菌托较大，呈袋状或苞状，白色。

生长习性：春季至秋季于针叶林、阔叶林或针阔混交林中地上单生或散生。

国内分布：湖北、黑龙江、吉林、河北、江苏、浙江、广东、广西、湖南、海南、福建、台湾、辽宁、四川、云南、贵州、西藏、甘肃、山西、青海、陕西、香港等省份。

经济价值：毒菌。

117 白毒鹅膏

***Amanita verna* (Bull. : Fr.) Pers. ex Vitt. 1783**

Amanita verna Bull. ex Lam. 1783

Amanitina verna (Bull. ex Lam.) E.-J. Gilbert 1940

中文别称：春生鹅膏菌、白毒伞、毁灭天使。

形态特征：子实体中等大，纯白色。菌盖初期呈卵形，后期平展，直径7–12 cm，表面光滑，纯白色，无条纹。菌肉白色，较厚。菌褶白色，较密，离生，不等长。菌柄圆柱形，长9–12 cm，直径2–2.5 cm，白色，基部膨大呈球形，实心或松软。菌环生于菌柄上部。菌托肥厚，近苞状或浅杯状，白色。

生长习性：夏季至秋季于针阔混交林、针叶林、阔叶林中地上单生或散生。

国内分布：湖北、山西、河南、河北、吉林、辽宁、江苏、福建、安徽、陕西、甘肃、湖南、广西、广东、四川、云南、西藏等省份。

经济价值：极毒，主要对肝、肾、血管内壁细胞及中枢神经系统损害极为严重。患者多以肝功能衰竭致死，死亡率高达90%，甚至100%。

118 锥鳞白鹅膏

Amanita virgineoides **Bas 1969**

中文别称： 白刺头鹅膏菌。

形态特征： 子实体大。菌盖半球形至近平展，直径7-15 cm，表面有白色圆锥状到角锥状鳞片，中部鳞片稍多，易脱落，幼时边缘向内卷曲，湿润时表面稍黏，边缘常常悬垂有絮状物。菌肉白色，中部较厚，伤不变色。菌褶白色，后期稍带黄色，不等长，离生，较宽，稍密，边缘似粉状。菌柄长5-10.5 cm，直径0.5-2.5 cm，被白色絮状至粉末状鳞片，基部膨大，腹鼓状至卵形，被白色疣状至颗粒状的菌托，内部实心，近纤维质。菌环生于菌柄上部，白色，膜质，上表面有辐射状条纹，下表面有角锥状小鳞片，菌环破碎后悬挂于盖缘或残存于菌柄上或消失。

生长习性： 夏、秋季于针叶林或针阔混交林中地上生长。

国内分布： 湖北、广东、香港、海南、四川、江苏、安徽、江西、湖南、贵州、云南、福建、台湾、浙江等省份。

经济价值： 据记载有毒。

119 鳞柄白鹅膏

Amanita virosa **(Fr.) Bertill. 1866**
Agaricus virosus var. *virosus* Fr. 1838
Amanitina virosa Fr. 1838

中文别称： 鳞柄白毒伞、致命小天使。

形态特征： 菌盖初期圆锥形至钟形，后期平展，中央常有钝凸，直径2.4–5.3 cm，纯白色，钝凸呈米色，表面光滑，通常无菌幕残余，湿时表面有黏性，干时有光泽，边缘有不明显条纹，内卷，有时具灰色调。菌肉白色，较厚。菌褶白色至米色，较密，离生，不等长。菌柄圆柱形，长8–16 cm，直径0.7–2.0 cm，白色，表面有显著的白色鳞片及花纹，基部稍膨大至近球形，直径2–3 cm。菌环生于菌柄上部或顶部，白色，膜质，下垂，不易脱落。菌托白色，较大，较厚，浅杯状或袋状。

生长习性： 夏、秋季于针阔混交林地上单生或散生。

国内分布： 湖北、河南、吉林、广东、四川、浙江等省份。

经济价值： 毒菌。毒性极强，会损坏肝脏，致死率极高。

（十九）珊瑚菌科 Clavariaceae | 珊瑚菌属 *Clavaria*

120 虫形珊瑚菌

Clavaria fragilis **Holmsk. 1790**
Clavaria cylindrica Gray 1821
Clavaria vermicularis Fr. 1821

中文别称： 白珊瑚菌、豆芽菌、脆珊瑚菌。

形态特征： 子实体较小，圆柱形或长棱形，似蠕虫，不分枝，高2.5–10 cm，直径2–6 mm，白色至乳白色，老时变浅黄白色或浅黄色，且往往从尖端开始变色，稍弯曲；后期稍扁平且具沟槽，顶端尖锐，后变平钝，顶部稍带淡黄色，内实，后变中空，肉质脆，易破碎。菌柄不明显。

生长习性： 夏、秋季于林中草地或林中地上丛生。

国内分布： 湖北、河南、吉林、江苏、浙江、福建、四川、海南、西藏、广东、广西、香港、云南、贵州等省份。

经济价值： 可食用，因子实体小，往往食用价值不大。

121 堇紫珊瑚菌

***Clavaria zollingeri* Lév. 1846**

Clavaria lavandula Peck 1910

中文别称： 淡紫珊瑚菌、左林格珊瑚菌、紫豆芽菌。

形态特征： 子实体较小，肉质，高 1.5–7.5 cm，最高可达 15 cm，密集成丛，丛宽 1–5 cm，基部相连，通常不分枝，有时顶部分为两叉或多分叉的短枝，呈齿状，新鲜时具艳丽的堇紫色、水晶紫色，通常向基部渐褪色。菌肉脆，浅紫色，味道温和，无异味。

生长习性： 夏、秋季于针叶林中地上丛生或群生。

国内分布： 湖北、福建、台湾、辽宁、浙江、四川、吉林等省份。

经济价值： 食用、药用菌。

拟锁瑚菌属 *Clavulinopsis*

122 怡人拟锁瑚菌

Clavulinopsis amoena **(Zoll. & Moritzi) Corner 1950**
Clavaria amoena Zoll. & Moritzi 1844
Clavaria cardinalis Boud. & Pat. 1888

中文别称： 黄豆芽菌。

形态特征： 子实体黄色至橙色，不分枝，细长，梭形至长纺锤形或披针形，高 1.5–8 cm，直径 2–6 mm，扁平或有纵皱纹，有时扭曲，顶端尖锐，数枚生长在一起，有时上部稍粗，光滑。菌肉黄色，内部实心，后变空心。菌柄不明显，基部有白色细毛。

生长习性： 夏季至秋季于针叶林、阔叶林及竹林中地上单生或丛生。

国内分布： 湖北、河南、江苏、浙江、福建、广东、广西、四川、贵州、云南等省份。

经济价值： 食用、药用菌。

123 金赤拟锁瑚菌

Clavulinopsis aurantiocinnabarina **(Schwein.) Corner 1950**

Clavaria aurantiocinnabarina Schwein. 1832

中文别称： 金肉桂拟锁瑚菌、橘红珊瑚菌、红豆芽菌。

形态特征： 子实体较小，高1.2–6.0 cm，直径0.5–2 mm，直立或稍弯曲，不分枝或少许分枝，橘红色，棒状，中空，枝端尖或微瓣裂，有纵沟与皱纹。菌柄不明显，基部带红色。菌肉黄褐色，伤不变色。

生长习性： 夏季于阔叶林中地上单生、丛生至簇生。

国内分布： 湖北、广东、贵州、河北、吉林、江苏、浙江、云南等省份。

经济价值： 不详。

124 角拟锁瑚菌

***Clavulinopsis corniculata* (Schaeff.) Corner 1950**

Clavaria corniculata Schaeff. 1774

Ramaria corniculata (Schaeff.) Gray 1821

中文别称： 黄珊瑚菌。

形态特征： 子实体树枝状，高6–9 cm，上端枝丛整体宽3–3.5 cm。主枝多不增粗，肉质，表面光滑，暗赭色，顶端的分枝向上呈现辐射状，微扁，或有细沟纹。分枝高4–5 cm，宽约0.3 cm，分枝稀疏，近等粗，枝末渐尖细，色泽近光亮。

生长习性： 夏、秋季于阔叶林或针阔混交林中地上近丛生。

国内分布： 湖北、河南、四川、贵州、湖南、云南、浙江等省份。

经济价值： 食用菌。

125 梭形拟锁瑚菌

Clavulinopsis fusiformis **(Sowerby) Corner 1967**
Clavaria fusiformis Sowerby 1799
Ramariopsis fusiformis (Sowerby) R. H. Petersen 1978

中文别称： 梭形黄拟锁瑚菌、锁瑚菌。

形态特征： 子实体近梭形，鲜黄色至橙黄色，顶端钝，直立，不分枝或少有分枝，高 5-15 cm，直径 2-7 mm。表面光滑，顶端狭尖处成熟后易枯萎，并呈黄褐色。菌体中空，呈管状。

生长习性： 夏、秋季于针阔混交林中草地上丛生。

国内分布： 湖北、江苏、台湾、广东、四川、云南、西藏、山西、河南等省份。

经济价值： 食用菌。

拟枝瑚菌属 *Ramariopsis*

126 白色拟枝瑚菌

Ramariopsis kunzei **(Fr.) Corner 1950**
Clavulina kunzei Fr.1821

中文别称：白珊瑚菌、白色锁瑚菌、孔策拟枝菌。

形态特征：子实体小，多分枝，乳白色至象牙白色，高2–6 cm，柄长0.5–1 cm，直径0.2–0.3 cm，有细微绒毛，主枝3–5个，其上3–6回叉状分枝，小枝直立，圆柱形，顶端尖锐。子实层生于分枝上部表面。

生长习性：夏、秋季于林中地上生长，有时也于倒腐木或枕木上生长。

国内分布：湖北、浙江、黑龙江、辽宁、吉林、广东、海南、广西、西藏等省份。

经济价值：可食用。可分解纤维素。

（二十）丝膜菌科 Cortinariaceae | 丝膜菌属 *Cortinarius*

127 阿美尼亚丝膜菌

***Cortinarius armeniacus* (Schaeff.) Fr. 1838**
Agaricus armeniacus Schaeff. 1774
Cortinarius armeniacus (Schaeff.) Zawadzki 1835

中文别称： 亚美丝膜菌、亚美尼亚丝膜菌。

形态特征： 子实体中等至稍大。菌盖半球形至近平展，中部稍凸或钝，直径3–10 cm，表面光滑，湿时肉桂色，干时土黄褐色至赭色，初期边缘内卷，后近平展且附有白色丝膜残迹。菌肉中部厚，白色，无特殊气味。菌褶淡褐色至锈褐色，直生至近弯生，中等密，宽，薄，不等长。菌柄圆柱形，长4.5–10 cm，直径1–1.5 cm，基部明显膨大，污白色，有毛状鳞片，实心。丝膜白色，易消失。孢子印锈褐色。

生长习性： 夏、秋季于在针阔混交林地上群生。

国内分布： 湖北、黑龙江、吉林、辽宁、四川、内蒙古、西藏、浙江等省份。

经济价值： 食用菌。与铁杉、松和栎等树木形成外生菌根。

128 淡灰紫丝膜菌

***Cortinarius caerulescens* (Schaeff.) Fr. 1838**
Cortinarius caesiocyaneus Britzelm. 1895
Phlegmacium mairei M. M. Moser 1953

形态特征： 子实体中等至较大。菌盖初期呈半球形，后渐扁平，中部稍圆凸，直径5–11 cm，淡紫色或红褐色，有内生白色纤毛，边缘明显向里收。菌肉呈淡紫色，较厚，有香气味。菌褶呈灰紫色至暗红色，直生至弯生，较密，不等长。菌柄圆柱形，粗长，长5–9 cm，直径1–2 cm，上部暗红色，向下渐变污白色，有丝膜痕迹，基部膨大，有大量白色菌丝，实心。

生长习性： 夏季至秋季于阔叶林枯木、草地上单生或丛生。

国内分布： 湖北、山西等省份。

经济价值： 食用菌。

129 青黄丝膜菌

Cortinarius citrinoolivaceus **M. M. Moser 1952**

中文别称： 黄绿丝膜菌。

形态特征： 子实体较小。菌盖半球形至扁平，后期近平展，中部稍凸，直径4–6 cm，表面青黄绿色，后呈橄榄褐色，中部往往色深，有平伏纤毛。菌肉污白色带黄绿色，较厚。菌褶浅黄褐色至褐锈色，直生，不等长。菌柄长3–6.5 cm，直径0.5–0.7 cm，向基部渐膨大至近球形，上部有菌幕残迹，下部被反卷鳞片，污黄褐色，实心。

生长习性： 秋季于云杉林及杜鹃林或针阔混交林中地上单生、散生或丛生。

国内分布： 湖北、河北、山西、四川、青海、云南、西藏有等省份。

经济价值： 食毒不明。树木外生菌根菌。

130 黄花丝膜菌

***Cortinarius crocolitus* Quél. 1879**
Cortinarius triumphans Fr. 1838
Phlegmacium triumphans (Fr.) A. Blytt 1905

形态特征： 子实体较小至中等大。菌盖初期扁球形，后渐变扁平，中部平凸，直径4–6 cm，表面近光滑，中央色较深、呈土黄色，有不明显的放射状条纹，边缘呈淡黄色、有丝膜状物。菌肉较厚，呈淡黄色。菌褶直生或弯生，稍密，不等长，初期呈褐黄色，后呈褐红色或锈红色。菌柄近柱形，长5–9 cm，直径0.5–1 cm，呈浅黄白色，基部稍膨大并稍延伸，有纤毛状鳞片。

生长习性： 秋季于阔叶林或针阔混交林中地上单生或散生。

国内分布： 湖北、山西、四川、甘肃等省份。

经济价值： 食毒不明。树木外生菌根菌。

131 尖顶丝膜菌

Cortinarius gentilis **(Fr.) Fr. 1838**
Agaricus gentilis Fr. 1821
Agaricus gentilis var. *gentilis* Fr. 1821

形态特征： 子实体较小。菌盖初期呈圆锥形，后渐展开，顶部明显凸尖，直径4–6 cm，呈红褐色，表面粗糙具粉粒，有辐射状条纹，边缘内卷。菌肉呈肉色或红褐色，中部稍厚。菌褶初期呈粉色，后期呈锈褐色，较稀，直生至弯生，不等长。菌柄圆柱形，细长，长5–9 cm，直径0.5–1 cm，上部初期呈浅紫色，后期呈红褐色，下部呈棕褐色，内部松软至空心。

生长习性： 夏、秋季于针叶林中地上单生或散生。

国内分布： 湖北、山西、青海、甘肃等省份。

经济价值： 毒菌。树木外生菌根菌。

132 伪异状丝膜菌

Cortinarius nothoanomalus **M. M. Moser & E. Horak 1975**

形态特征：子实体较小。菌盖初期钟形，后平展，中央突起，直径1.3–3 cm，不黏，紫罗兰色至紫色，上有绒毛，肉质，边缘一圈呈淡紫色至近白色，边缘整齐至撕裂状。菌肉薄，紫色。菌褶紫色，直生至短延生，不等长，菌褶边缘锯齿状。菌柄圆柱形，长4–5.5 cm，直径0.2–0.5 cm，约等粗或基部稍微膨大，有条纹和锈褐色绒毛，肉质至纤维质，空心。

生长习性：夏、秋季于阔叶林中地上单生或散生。

国内分布：湖北、广东等省份。

经济价值：据记载有毒。

133 橄榄棕丝膜菌

***Cortinarius olivaceofuscus* Kühner 1955**

Cortinarius schaefferi Bres. 1930

Dermocybe olivaceofusca (Kühner) Quadr. 1985

形态特征：子实体较小至中等大。菌盖半球形，顶部稍凸，直径4–6 cm，橄榄绿色或棕红色。菌肉色浅。菌褶与菌盖同色或稍浅，离生，稍密，不等长。菌柄长而细，长2.5–6 cm，直径1–2 cm，与菌盖同色，基部污白色带黄绿色，有白色绒毛和纤毛，有时扭曲，向下部膨大，实心。

生长习性：夏、秋季于林中地上近丛生。

国内分布：湖北、内蒙古等省份。

经济价值：不详。

134 紫丝膜菌

***Cortinarius purpurascens* Fr. 1838**

Agaricus purpurascens Fr. 1818

Cortinarius purpurascens var. *largusoides* Cetto 1991

中文别称： 紫色丝膜菌。

形态特征： 子实体中等至偏大。菌盖初期扁半球形，后展平，直径5–12 cm，紫褐色，边缘带淡紫褐色，湿润时有黏性。菌肉紫色，较厚，伤后变深紫色。菌褶近弯生，不等长，初期灰紫色或堇紫色，后期土黄色至锈褐色。菌柄圆柱形，粗长，长5–9 cm，直径1–2 cm，表面初期淡堇紫色，后变淡灰褐色，有丝膜，基部膨大。

生长习性： 秋季于针叶林、阔叶林或针阔混交林内地上散生或群生。

国内分布： 湖北、湖南、黑龙江、吉林、青海、江西、安徽、四川、贵州、云南、西藏等省份。

经济价值： 食用、药用菌。柳树外生菌根菌。

135 荷叶丝膜菌

Cortinarius salor Fr. 1838

中文别称： 蓝紫丝膜菌、芋头菌、圆孢丝膜菌。

形态特征： 子实体中等大。菌盖初期扁半球形，后展平，边缘部分向上翘起，呈荷叶状，直径6–11 cm，紫褐色带点褐色，边缘淡紫褐色，湿润时黏。菌肉紫色，较厚。菌褶直生至近弯生，不等长，初期灰紫色，后期深褐色。菌柄圆柱形，粗长，长4–6 cm，直径0.8–2 cm，与菌盖相连处紫褐色，菌柄中间部分初期深褐色，后变淡灰褐色，有丝膜，基部膨大。

生长习性： 夏、秋季于针叶林或阔叶林地上丛生。

国内分布： 湖北、云南、安徽、浙江、甘肃、青海、西藏、江西、四川、黑龙江等省份。

经济价值： 食用、药用菌。

136 血红丝膜菌

***Cortinarius sanguineus* (Wulfen) Fr. 1821**

Agaricus sanguineus Wulfen 1781

Dermocybe sanguinea (Wulfen) Wünsche 1877

中文别称： 红丝膜菌。

形态特征： 子实体小。菌盖扁半球形，后平展，直径0.6–4 cm，有毛状细小鳞片，暗血红色。菌肉薄，淡红色。菌褶弯生到直生，稍宽，不等长，初期暗血红色，后变锈褐色。菌柄圆柱形，长4.5–7 cm，直径0.2–0.6 cm，与菌盖同色，内部松软，后变中空，有时扭曲，有近纤维状绒毛。

生长习性： 秋季于林中苔藓间群生。

国内分布： 湖北、湖南、青海、云南、陕西、黑龙江、辽宁、吉林、四川、西藏、安徽等省份。

经济价值： 食用、药用菌。

137 紫绒丝膜菌

***Cortinarius violaceus* (L.) Gray 1821**
Agaricus violaceus L. 1753
Gomphos violaceus (L.) Kuntze 1898

中文别称：蓝丝膜菌、堇紫丝膜菌。

形态特征：子实体中等至较大。菌盖扁半球形，直径4–8.5 cm，表面光滑或初期被绒毛状物，易脱落，呈深堇紫色，边缘稍内卷，丝膜易消失或挂有残迹，表面不黏，密被绒毛和成簇的小鳞片，在菌盖中部更密。菌肉呈深堇紫色，水浸状。菌褶贴生或弯生，较稀，紫色，后期褐紫色至深褐色。菌柄棒形，长而粗，长9–15 cm，直径0.9–2.5 cm，与菌盖同色或稍淡，表面具纵长条纹，向下部稍膨大，基部渐细，具白色丝状细毛，内部松软。

生长习性：秋季于针叶林或针阔混交林中地上单生或散生。

国内分布：湖北、安徽、浙江、山西、云南、吉林、黑龙江、青海、辽宁、贵州、新疆、西藏等省份。

经济价值：食用、药用菌。

圆头伞属 *Descolea*

138 黄环圆头伞

Descolea flavoannulata **(Lj. N. Vassiljeva) E. Horak 1971**

Rozites flavoannulatus Lj. N. Vassiljeva 1950

中文别称：黄环罗鳞伞、黄环鳞伞。

形态特征：子实体中等大小。菌盖初期半球形，渐扁半球形至平展，直径6–8 cm，表面干燥，淡黄色、黄褐色至暗褐色，密被黄褐色细小鳞片，边缘有辐射状条纹。菌肉与菌盖同色，伤不变色或稍暗色。菌褶初期黄色，后为褐色至锈褐色。菌柄圆柱形，长5–10 cm，直径0.5–2 cm，淡黄色至黄褐色，幼时上部近白色，下部色深，基部有残余菌幕。菌环上位，膜质，黄色，菌环上表面有明显条纹。

生长习性：夏、秋季于在林地上群生。

国内分布：湖北、四川、辽宁、内蒙古、贵州、西藏等省份。

经济价值：食用菌。

（二十一）粉褶菌科 Entolomataceae ｜ 斜盖菇属 *Clitopilus*

139 斜盖伞

***Clitiopilus prunulus* (Scop.) P. Kumm. 1871**
Agaricus prunulus Scop. 1772
Paxillus prunulus (Scop.) Quél. 1886

中文别称：漏斗斜盖伞。

形态特征：菌盖扁半球形至扁平或平展，中部稍下凹，直径2-7 cm，纯白色至污白色，幼时边缘内卷且有绒毛，表面有稀疏近辐射状皱棱纹。菌肉白色。菌褶白色、乳黄色至带粉红色，延生，密。菌柄近圆柱形，长1.5-6 cm，直径0.3-0.7 cm，常弯曲，白色或带污白色，光滑或有时有细绒毛。

生长习性：夏、秋季于林中地上近丛生或群生。

国内分布：湖北、云南、福建、香港等省份。

经济价值：食用菌。

粉褶菌属 *Entoloma*

140 白方孢粉褶菇

Entoloma album **Hiroë 1939**

Rhodophyllus murrayi f. *albus* (Hiroë) Hongo 1954

中文别称：白粉褶菌、白方孢粉褶菌、白黄粉褶蕈。

形态特征：子实体一般较小。菌盖锥形、钟形至半球形，顶部具尖凸，直径1.5–3 cm，污白色或粉白色，表面平滑。菌肉白色，薄。菌褶粉红色，近直生，稀，窄，不等长。菌柄圆柱形，细长，长3–8 cm，直径0.2–0.4 cm，中生，直立，白色至污白色，基部稍膨大或有细绒毛，内实至松软。

生长习性：夏、秋季于阔叶林中地上散生或群生。

国内分布：湖北、香港、福建、广东、海南、广西、四川、浙江、贵州、云南等省份。

经济价值：不详。

141 蓝鳞粉褶菌

Entoloma azureosquamulosum **Xiao L. He & T. H. Li 2012**

中文别称：蓝鳞粉褶蕈。

形态特征：子实体中等大。菌盖直径1–6 cm，幼时半球形，后中凸至平展，表面干燥，具浓密的小鳞片，深蓝色。菌褶直生，较密，初白色，后呈粉红色，不等长。菌柄圆柱状，长4–5 cm，直径0.4–0.8 cm，灰蓝色，表面粗糙，脆，中空。菌肉薄，白色至淡褐色，气味不明显。

生长习性：夏季至秋季于阔叶林或针阔混交林地上单生、散生或群生。

国内分布：湖北、浙江、贵州、广东等省份。

经济价值：不详。

142 棉絮状粉褶菌

Entoloma byssisedum **(Pers.) Donk 1949**
Agaricus byssisedus Pers. 1800
Crepidotus byssisedus (Pers.) P. Kumm. 1871

中文别称： 棉絮状粉褶蕈、棉絮粉褶菌。

形态特征： 子实体较小。菌盖扇形，直径2–3.5 cm，白色、灰色至灰褐色，肉质，表面有白色棉絮状绒毛。菌肉白色，薄。菌褶白色，较稀，直生，不等长，边缘薄。菌柄无或具短柄，有菌柄时，菌柄基部有白色棉絮状绒毛。

生长习性： 夏、秋季于苔藓丛中的铁杉和槭树皮上单生或散生。

国内分布： 湖北、云南等省份。

经济价值： 不详。

143 蓝黑粉褶菌

***Entoloma cyanonigrum* (Hongo) Hongo 2010**

Entoloma subnitidum f *cyanonigrum* Hongo 1951

Rhodophyllus subnitidus f *cyanoniger* (Hongo) Hongo 1954

中文别称：蓝黑粉褶蕈。

形态特征：子实体中等大。菌盖初圆锥形至扁半球形，后平展，中央凸，直径3–7 cm，表面蓝黑色，光滑或有蓝黑色小鳞片。菌肉白色，表皮下带蓝色，中部厚，边缘薄。菌褶白色，稍带肉粉色，弯生或离生。菌柄扁柱形，中生，光滑，空心，表面有纤维状印纹，与菌盖同色。

生长习性：夏季至秋季于阔叶林、竹林或针阔混交林中地上散生。

国内分布：湖北、广西、广东、贵州、福建、浙江等省份。

经济价值：不详。

144 亨利奇粉褶菌

***Entoloma henricii* E. Horak & Aeberh. 1983**

Entoloma henrici var. *aberrans* E. Ludw. 2007

中文别称： 亨利奇粉褶蕈。

形态特征： 子实体小。菌盖幼时半球形至近钟形、凸镜形，后平展，成熟后边缘上翻，土灰色至灰褐色，具灰色细微绒毛，中间有一较宽的凸起。菌褶直生或近离生，较密，初白色，后粉色至灰褐色，腹鼓状，薄，宽达7 mm，边缘不规则，锯齿状或者波状。菌柄圆柱状，长4.5–6.5 cm，直径0.4–0.6 cm，空心，浅灰褐色，具灰色或白色纤毛，具纵条纹，基部具白色菌丝。菌肉薄，白色至淡褐色，气味不明显。

生长习性： 于壳斗树林下空旷的草地上或针阔混交林地上生长。

国内分布： 湖北、河南等省份。

经济价值： 不详。

145 穆雷粉褶蕈

Entoloma murrayi **(Berk. & M. A. Curtis) Sacc. & P. Syd. 1899**
Agaricus murrayi Berk. & M. A. Curtis 1859
Rhodophyllus murrayi (Berk. & M. A. Curtis) Singer 1942

中文别称： 方孢粉褶蕈、穆雷粉褶菌、尖顶粉褶菌、默里粉褶蕈。

形态特征： 子实体较小。菌盖斗笠形至圆锥形，顶部具明显的凸尖，直径2–4 cm，黄色至橙黄色，有时带柠檬黄色，表面丝光发亮，湿润时边缘可见细条纹。菌肉薄，近无色。菌褶近粉黄色至带粉红色，稍稀，不等长，具小菌褶，弯生至近离生，边缘近波状。菌柄细长柱形，长4–8 cm，直径0.2–0.4 cm，黄白色，光滑或有丝状细条纹，内部空心，基部稍膨大。

生长习性： 夏季至秋季于针阔混交林地上单生、散生或群生。

国内分布： 湖北、四川、湖南、江西、云南、辽宁、浙江、台湾、安徽等省份。

经济价值： 药用菌，有毒。

146 沟纹粉褶菌

Entoloma sulcatum **(T. J. Baroni & Lodge) Noordel. & Co-David 2009**

中文别称： 沟纹粉褶蕈。

形态特征： 菌盖平展或平展中凹，直径0.7–1.5 cm，被少量绒毛或纤毛，初奶油色或近白色，后变为粉色或橙白色，幼时有轻微沟纹，成熟后无条纹或有不明显沟纹。菌肉白色，薄。菌褶白色至粉色，稀，直生至短延生，不等长。菌柄圆柱形，长1.5–3 cm，直径0.5–2 mm，中生，光滑，与菌盖同色，常半透明，基部有白绒毛。

生长习性： 夏季于阔叶林地上散生。

国内分布： 湖北、广西、湖南、江西、海南等省份。

经济价值： 不详。

147 灰紫粉褶菌

Entoloma violaceus **(Murrill) Singer 1947**

Entoloma violaceum Murrill 1917

Rhodophyllus violaceus (Murrill) Singer 1947

形态特征：子实体中等大。菌盖初扁半球形，后平展，中部稍圆凸，直径2–5 cm，深灰紫色至紫罗兰色，表面裂为细小鳞片。菌肉薄，近无色。菌褶白色至稍带粉红色，稍稀，不等长，具小菌褶，直生或弯生至近离生，褶缘有黑褐色颗粒。菌柄细长柱形，长4–8 cm，直径0.3–0.6 cm，灰紫色或紫蓝色，有纵纹或紫灰色颗粒状鳞片，基部稍膨大且被白色菌丝。

生长习性：夏、秋季于针阔混交林地上单生或散生。

国内分布：湖北、浙江、河北等省份。

经济价值：不详。

（二十二）牛舌菌科 Fistulinaceae ｜ 牛舌菌属 *Fistulina*

148 牛舌菌

Fistulina hepatica **(Schaeff.) With. 1801**
Boletus buglossum Retz. 1769
Boletus hepaticus Schaeff. 1774

中文别称：肝色牛排菌、牛排菌、肝脏菌。

形态特征：子实体肉质，无柄或具短柄，软而多汁，半圆形、匙形或舌形，暗红色至红褐色。菌盖直径5–25 cm，厚可达3 cm，黏，有辐射状条纹及短柔毛。菌肉厚，淡红色，剖面可见条纹。子实层生于菌管内。孔口初近白色或土黄色，后变为红色或淡红色。菌管各自可分离，无共同管壁，密集排列在菌盖下面。

生长习性：春季至秋季于栲树、米槠、橡树等老树的枯干基部或树洞中单生。

国内分布：湖北、河南、广东、广西、福建、台湾、浙江、贵州、云南、四川、甘肃、海南等省份。

经济价值：食用、药用菌。

（二十三）轴腹菌科 Hydnangiaceae | 蜡蘑属 *Laccaria*

149 紫晶蜡蘑

***Laccaria amethystea* (Bull. Gray) Murr. 1914**
Omphalia amethystea Gray 1821
Clitocybe amethystea (Bull.) Sacc. 1915

中文别称： 假花脸蘑、紫皮条菌、紫蜡蘑、紫皮蜡蘑。

形态特征： 子实体较小，伞状。菌盖初扁球形，后渐平展，中央下凹成脐状，直径2–5 cm，蓝紫色或藕粉色至灰紫色，湿润时似蜡质，色深，干燥时灰白色带紫色，后期边缘波状或瓣状并有粗条纹，常有细小鳞片，不黏。菌肉与菌盖同色，薄，无明显气味。菌褶蓝紫色，直生或近弯生，宽，稀疏，不等长，老时褪为黄褐色。菌柄近圆柱形，长3–8 cm，直径0.2–0.8 cm，有绒毛，纤维质，实心，下部常弯曲，与菌盖同色。

生长习性： 夏、秋季于针叶林或阔叶林中地上单生或群生，有时近丛生。

国内分布： 湖北、广西、四川、西藏、山西、甘肃、陕西、河南、云南、江苏、浙江、安徽、福建、湖南、海南、贵州、河北、香港、吉林、江西、青海等省份。

经济价值： 食用、药用菌。

150 双色蜡蘑

***Laccaria bicolor* (Maire) P. D. Orton 1960**

Laccaria laccata var. *bicolor* Maire 1937

Laccaria proxima var. *bicolor* (Maire) Kühner & Romagn. 1953

形态特征：子实体小，伞状。菌盖初期扁半球形，后期稍平展，中部平或稍下凹，边缘内卷，直径2–5 cm，浅赭色或暗粉褐色至皮革褐色，水浸状，干燥时色变浅，表面平滑或稍粗糙，边缘有条纹。菌肉污白色或浅粉褐色，无明显气味。菌褶浅紫色至暗色，干后色变浅，直生至稍延生，不等长，厚，宽，边缘稍呈波状。菌柄细长，柱形，常扭曲，长6–15 cm，直径0.3–1 cm，与菌盖同色，带浅紫色，基部稍粗且有淡紫色或灰白色绒毛，具长的条纹和纤毛，内部松软至变空心。

生长习性：秋季于阔叶林或针阔混交林地上群生或散生。

国内分布：湖北、香港、西藏、四川、云南、浙江、山西等省份。

经济价值：食用、药用菌。

151 红蜡蘑

Laccaria laccata **(Scop.) Cooke 1884**
Agaricus laccatus Scop. 1772
Collybia laccata (Scop.) Quél. 1888

中文别称： 漆蜡蘑、红皮条菌、假陡斗菌、漆亮杯伞、一窝蜂、蜡蘑。

形态特征： 子实体一般小，伞状。菌盖近扁半球形，后渐平展，中央下凹成脐状，直径1–5 cm，薄，新鲜时肉红色至淡红褐色，湿润时水浸状，干燥时呈蛋壳色，光滑或近光滑，边缘波状或瓣状并有粗条纹。菌肉与菌盖同色或粉褐色，薄。菌褶与菌盖同色，直生或近延生，稀疏，宽，不等长，附有白色粉末。菌柄圆柱形或稍扁圆，长3–8 cm，直径0.2–0.8 cm，下部常弯曲，与菌盖同色，纤维质，韧，内部松软。

生长习性： 夏、秋季于针叶林或阔叶林中地上或腐枝层上散生或群生，有时近丛生。

国内分布： 湖北、江西、江苏、浙江、河北、福建、台湾、湖南、广东、广西、山西、海南、西藏、青海、四川、云南、新疆等省份。

经济价值： 食用、药用菌。

（二十四）蜡伞科 Hygrophoraceae | 湿伞属 *Hygrocybe*

152 粉灰紫湿伞

Hygrocybe calyptraeformis **Fayod 1889**

形态特征：子实体小至中等大，伞状。菌盖幼时近圆锥形，后呈钟形至斗笠形，顶部尖凸，直径2.5–8 cm，初期呈灰紫色，后期顶部紫色褪去，呈堇粉红色或带褐色，湿时边缘有细小条纹，黏，色彩鲜艳。菌肉薄，白色带粉红色。菌褶近直生，白色、淡粉红色，不等长，褶间有横脉，密或稍稀，稍窄。菌柄呈圆柱形或稍扁圆形，长7–12 cm，直径0.5–0.8 cm，等粗，脆，光滑或有纵条纹或纵裂，有时扭曲，浅肉粉色或带堇紫粉色，基部色浅，内部松软至变空心。

生长习性：夏季至秋季于阔叶林或针阔混交林中地上散生、群生或丛生。

国内分布：湖北、河南、山西、广东、陕西、西藏、浙江等省份。

经济价值：食用菌。

153 舟湿伞

Hygrocybe cantharellus **(Schwein.) Murrill 1911**
Hygrophorus cantharellus (Schwein.) Fr. 1838
Hygrocybe lepida Arnolds 1986

中文别称：鸡油菌状蜡伞、鸡油蜡伞、鸡油湿伞。

形态特征：子实体小，伞状。菌盖扁半球形至平展，后中部下凹呈近漏斗形，直径2–4.5 cm，脆，土黄色、橘黄色至橘红色，老时变淡，菌盖表面初期绢状，后中部具细小鳞片，边缘贝壳形或波状。菌肉薄，污白色至橙黄色。菌褶延生，厚，稀，宽，橘黄色，不等长。菌柄圆柱形，往往稍扁或扭曲，长5–12 cm，直径0.3–0.9 cm，光滑，松软至中空，上部橘黄色，基部白色至淡黄色。

生长习性：夏、秋季于林中地上单生或群生。

国内分布：湖北、江苏、吉林、安徽、西藏、云南、山西、贵州、香港、河南、黑龙江等省份。

经济价值：食用菌。

154 硫黄湿伞

Hygrocybe chlorophana **(Fr.) Wünsche 1877**
Agaricus chlorophanus Fr. 1821
Hygrophorus chlorophanus (Fr.) Fr. 1838

中文别称： 硫磺湿伞、硫磺蜡伞、蜡黄蜡伞。

形态特征： 子实体一般小，伞状。菌盖初期半球形到钟形，后平展，直径2-5 cm，硫黄色至金黄色，表面光滑而黏，边缘有细条纹或常开裂。菌肉淡黄色，薄，质脆。菌褶与菌盖同色或稍浅，直生至弯生，稍稀，薄。菌柄圆柱形，稍弯曲，长4-8 cm，直径0.3-0.8 cm，与菌盖同色，表面平滑，黏，往往有纵裂纹。

生长习性： 夏季至秋季于林中、林缘及草地上群生。

国内分布： 湖北、河南、吉林、云南、四川、黑龙江等省份。

经济价值： 食用菌。

155 绯红湿伞

Hygrocybe coccinea **(Schaeff.) P. Kumm. 1871**

Agaricus coccineus Schaeff. 1762

Hygrophorus coccineus (Schaeff.) Fr. 1836

中文别称： 黏红湿蜡伞、猩红蕈、猩红蜡伞、义红蜡伞。

形态特征： 子实体较小，伞状。菌盖初期近半球形，顶部凸起似钟形，边缘内卷，后期近扁平，中部钝凸，直径0.8–2 cm，湿时表面黏，红色至亮橘红色，光滑无毛，有时边缘有细条纹。菌肉颜色与菌盖接近或淡红色，脆而薄，无明显气味。菌褶近直生至弯生，密或稍稀，较宽，厚，橙红色或橙黄色，不等长，褶缘平滑。菌柄圆柱形或扁压或扭曲，长3–8 cm，直径0.4–8 cm，光滑或有纤毛状条纹，脆，与菌盖同色或下部色浅至黄色，基部具白色菌丝，内部实心至空心。

生长习性： 春至秋季于针阔混交林或针叶林中草地上散生或群生。

国内分布： 湖北、四川、湖南、西藏、贵州、云南、广东、广西、浙江、安徽、福建、台湾、江西、江苏、吉林等省份。

经济价值： 食用菌。

156 变黑湿伞

Hygrocybe conica **(Schaeff.) P. Kumm. 1871**
Agaricus conicus Schaeff. 1774
Hygrophorus conicus (Scop.) Fr. 1838

中文别称： 锥形蜡伞、锥形赤山菌、锥形湿伞、变黑蜡伞。

形态特征： 子实体较小，伞状，受伤处易变黑色。菌盖初期圆锥形，后呈斗笠形，直径2–7 cm，表面蜡质，幼时中部红棕色、橙红色、橙黄色或鲜红色，边缘色淡，成熟后橄榄灰色至黑色，伤后迅速变为黑色，边缘具条纹，波浪状，常开裂上翘。菌肉薄，淡红色或淡黄色，渐变黑色。菌褶白色至浅黄色，老时黑色，离生，稍密，不等长。菌柄圆柱形，长4–12 cm，直径0.5–1.2 cm，蜡质，扭曲，不黏，表面带橙色并有纵条纹，后内部变空心，上部暗红色或橙黄色，基部污白色，伤后和老时变黑色。

生长习性： 夏、秋季于针叶林或阔叶林中地上群生或散生。

国内分布： 湖北、河南、黑龙江、吉林、河北、福建、广西、湖南、四川、云南、贵州、台湾、浙江、西藏、新疆、宁夏等省份。

经济价值： 毒菌。

157 凸顶橙红湿伞

Hygrocybe cuspidata **(Peck) Murrill 1916**

Hygrophorus cuspidatus Peck 1897

Hygrocybe cuspidata (Peck) Roody 2003

中文别称： 尖顶橙红湿伞、突顶橙红湿伞、具尖湿伞。

形态特征： 子实体小，伞状。菌盖锥形、钟形至斗笠形，后期近平展，中部凸尖，直径2–5 cm，猩红色，边缘近橙黄色至黄色，边缘具条纹，成熟后边缘常上翘或裂为瓣状或呈波浪状，湿时黏。菌肉薄，白色至淡黄色，近表皮下呈红色，伤后变黑色或带灰色。菌褶白色至黄色，离生，稀而宽。菌柄柱形，长3–8 cm，直径0.4–1 cm，直立，与菌盖同色或稍暗，表面被有纤毛，内部松软至空心。

生长习性： 夏、秋于针叶林或阔叶林中地上群生或散生。

国内分布： 湖北、香港、山西、河南、浙江等省份。

经济价值： 不详。

158 朱红湿伞

***Hygrocybe miniata* (Fr.) P. Kumm. 1871**

Agaricus miniatus Fr. 1821

Hygrophorus miniatus (Fr.) Fr. 1838

中文别称：小红湿伞、朱红蜡伞、小红蜡伞。

形态特征：子实体小，伞状。菌盖扁半球形，后平展，成熟后中部下凹或脐状，直径2–4 cm，干，有微细鳞片或近光滑，初期橘红色至朱红色，盖缘湿时微见透明条纹或不明显，老时稍开裂。菌肉薄，淡黄色，脆，蜡质。菌褶直生至近延生，鲜黄色，蜡质，厚，稍稀。菌柄圆柱形，长0.5–5 cm，直径0.2–0.4 cm，光滑，上部橙色略带红棕色，下部色淡，初内实，后中空。

生长习性：夏、秋季于阔叶林林缘地上或草地上散生或群生。

国内分布：湖北、河南、吉林、江苏、安徽、广西、台湾、广东、西藏、甘肃、湖南、浙江、江西、海南、贵州、黑龙江等省份。

经济价值：食用菌。

159 青绿湿伞

Hygrocybe psittacina **(Schaeff.) P. Kumm. 1871**

Agaricus psittacinus Schaeff. 1774

Hygrophorus psittacinus (Schaeff.) Fr. 1838

中文别称： 青绿蜡伞、鹦鹉蜡伞、鹦鹉蜡盖。

形态特征： 子实体小，伞状。菌盖半球形至扁半球形，往往中部稍凸起，直径1–4 cm，幼时暗绿色，后变至带红色或黄色或褐色，初覆以绿色黏液，湿时表面黏，初期边缘有细条纹。菌肉薄，颜色与菌盖近似，质脆。菌褶初期带绿色，后期带红色或黄色，直生，稍稀，不等长。菌柄近圆柱形，细，稍弯曲，长3–8 cm，直径2–5 mm，表面光滑，初期黄绿色，后变至黄色或橙黄色，老时变红，表面黏，基部色淡。

生长习性： 夏、秋季于林中或草地上群生或散生。

国内分布： 湖北、河南、山西、福建、云南、黑龙江、贵州等省份。

经济价值： 食用菌。

蜡伞属 *Hygrophorus*

160 金蜡伞

Hygrophorus aureus **Arrh. 1863**

形态特征： 子实体较小，黄色。菌盖扁半球形至近平展，直径2–4 cm，亮金黄色至鲜黄色或中部带红色，表面黏而光滑。菌肉白色或带黄色，薄。菌褶淡黄色，稀，直生或近延生。菌柄圆柱形，长4–7 cm，直径0.4–0.7 cm，颜色与菌盖近似或上部淡至白色，表面黏而光滑，内部松软。孢子印白色。

生长习性： 夏、秋季于针阔混交林地上散生。

国内分布： 湖北、黑龙江、青海、西藏等省份。

经济价值： 食用菌。

161 柠檬黄蜡伞

Hygrophorus lucorum **Kalchbr. 1874**

Limacium lucorum (Kalchbr.) Henn. 1898

Hygrophorus lucorum f. *amathysteus* Candusso 1997

中文别称： 柠檬蜡伞、小黄蘑、黄蜡蘑。

形态特征： 子实体小。菌盖幼时半球形，后平展且中部稍凸起，直径2–4.5 cm，表面平滑，柠檬黄色，有厚的一层黏液而胶黏，盖缘初期内卷，后期平展。菌肉白色或带黄色，中部厚，味柔和。菌褶幼时白色，后期淡黄色，延生，稍稀。菌柄圆柱形，向下稍粗，长3–9 cm，直径0.3–1 cm，白色或带黄色，有一层黏液，内部实心变至空心。孢子印无色。

生长习性： 秋季于云杉等针叶林地上群生或散生。

国内分布： 湖北、辽宁、四川、山西、黑龙江、吉林、西藏、甘肃等省份。

经济价值： 可食用。树木的外生菌根菌。

162 红菇蜡伞

Hygrophorus russula **(Schaeff. ex Fr.) Kauffman 1918**

Agaricus russula Schaeff. ex Fr. 1774

Gymnopus russulus (Fr.) Gray 1821

中文别称： 淡红蜡伞、紫罗盘。

形态特征： 子实体中等至大型，伞状。菌盖初期扁半球形至近平展，直径8–17 cm，污粉红色至暗紫红色，一般不黏，湿时黏，中部常具细小的块状鳞片，边缘内卷、开裂。菌肉厚，白色，近表皮处带粉红色。菌褶初期近白色，常常有紫红色至暗紫红色斑点，较密，直生至延生，有时近弯生，不等长，蜡质。菌柄圆柱形，长6–11 cm，直径1.5–4 cm，污白色至暗紫红色，具细条纹，上部近粉状，实心。

生长习性： 秋季于针阔混交林地上群生或形成近似蘑菇圈。

国内分布： 湖北、河北、黑龙江、吉林、辽宁、西藏、山西、新疆、福建、台湾、广东、广西、海南、云南等省份。

经济价值： 食用菌。

（二十五）丝盖伞科 Inocybaceae ｜ 靴耳属 *Crepidotus*

163 褐毛靴耳

Crepidotus badiofloccosus **S. Imai 1939**

中文别称： 褐毛锈耳、基绒靴耳。

形态特征： 子实体小。菌盖近扇形或近半圆形，边缘内卷，直径1–5 cm，黄白色至污白黄色，表面密被褐色或深褐色毛状小鳞片，基部密集污白黄色或黄褐色细毛。菌肉白色，近基部较厚。菌褶黄白色至污黄白色，后呈褐黄色至灰褐色。菌柄无或近无。孢子印土黄褐色。

生长习性： 夏、秋季于阔叶树枝上或腐木上群生。

国内分布： 湖北、山西、甘肃、湖南、江西、广西、贵州、台湾、海南、内蒙古等省份。

经济价值： 不详。

164 朱红靴耳

Crepidotus cinnabarinus **Peck 1895**

中文别称：软锈耳、黏锈耳。

形态特征：子实体小，无柄。菌盖扇形至贝壳形，直径1–3 cm，朱红色，被细小毛状鳞片，边缘内卷。菌肉薄，表皮下似胶质，污白色至粉红色。菌褶稍密，米色至粉红色，褶缘朱红色。菌柄侧生，短，近白色。

生长习性：夏、秋季于腐木上单生或群生。

国内分布：湖北、台湾、黑龙江等省份。

经济价值：不详。

165 软靴耳

Crepidotus mollis **(Schaeff.) Staude 1857**
Agaricus mollis Schaeff. 1774
Pleuropus mollis (Schaeff.) Zawadzki 1835

中文别称： 软锈耳、黏锈耳、黏靴耳。

形态特征： 子实体小，无柄。菌盖半圆形、扇形至广楔形，直径1–6 cm，水浸后半透明，黏，干后全部纯白色或黄褐色至褐色，稍带土黄色，有绒毛和灰白色粉末，易脱落至光滑，基部有一丛白毛，初期边缘内卷。菌肉薄，表皮下似胶质，近白色。菌褶稍密，从菌盖基部辐射状生出，不等长，初白色，后变为褐色、深肉桂色或淡锈色。

生长习性： 夏、秋季于腐木上叠生或群生。

国内分布： 湖北、河北、山西、江苏、吉林、浙江、湖南、福建、河南、广东、香港、陕西、贵州、青海、四川、云南等省份。

经济价值： 可食用，但个体较小，食用意义不大。

丝盖伞属 *Inocybe*

166 赭色丝盖伞

***Inocybe assimilata* Britzelm. 1881**
Inocybe umbrina Bres. 1884
Astrosporina umbrina (Bres.) Rea 1927

形态特征：子实体较小。菌盖初期钟形至半球形，后呈斗笠状或平展，盖中央有明显的突起，有时边缘上翻，直径1.5–2 cm，深褐色至暗褐色，颜色均一，表面粗纤丝状，边缘具微细裂缝至开裂。菌肉白色。菌褶密，直生，初期乳白色，后橄榄灰色，成熟后淡褐色，褶缘色变浅，近菌柄处狭窄，向菌盖边缘渐宽。菌柄圆柱形，长3–4 cm，直径0.2–0.3 cm，淡褐色至带肉色，上下等粗或向下稍粗，基部膨大且具白色菌丝，实心。
生长习性：夏、秋季于林中地上散生。
国内分布：湖北、云南、黑龙江等省份。
经济价值：不详。

167 毛丝盖伞

Inocybe caesariata **(Fr.) P. Karst. 1879**

Agaricus albus var. *caesariatus* Fr. 1838

中文别称： 毛丝盖菌、丝盖伞、毛锈伞。

形态特征： 子实体较小。菌盖扁半球形，伸展后中央凸起，直径1.5–4 cm，深肉桂色至锈褐色，有毛状鳞片，边缘不开裂。菌肉白色。菌褶直生至近延生，淡锈色，褶缘白色。菌柄圆柱形，长1.5–4 cm，直径0.2–0.5 cm，幼时白色，成熟后锈褐色，内部实心，表面有褐色鳞片。

生长习性： 夏、秋季于林中地上群生。

国内分布： 湖北、河北、吉林、江苏、山西、四川、云南、甘肃、新疆等省份。

经济价值： 据记载有毒，不可轻易采食。

168 黄褐丝盖伞

Inocybe flavobrunnea **Y. C. Wang 1973**

形态特征：子实体较小。菌盖初期钟形，后呈斗笠形，直径3–4 cm，黄色至褐色，中央色深，边缘色浅，表面具丝状纤毛，老时边缘开裂。菌肉污白色，薄。菌褶浅褐色，较密，弯生，不等长。菌柄柱形，长6–14 cm，直径0.4–0.8 cm，污白色或浅褐色，脆，内部实心，表面具纤毛，基部膨大呈杵状。

生长习性：夏、秋季于针叶林或阔叶林地上或苔藓间单生或群生。

国内分布：湖北、山西、四川、浙江、西藏、云南、广东、宁夏等省份。

经济价值：据记载有毒。

169 具纹丝盖伞

Inocybe grammata **Quél. & Le Bret. 1880**

Inocybe albipes Gillet 1884

Astrosporina grammata (Quél.) Lebedeva 1949

形态特征：子实体较小。菌盖初期呈钟形或锥形，后逐渐展开呈扁平状，中央具明显钝状凸起，直径2–3.5 cm，表面光滑、干燥，肉粉色至粉褐色，无细裂缝。菌肉白色带粉色，有较浓的土腥味。菌褶宽可达5 mm，初期灰白色，后变灰褐色带肉粉色，密，直生，近菌柄处渐狭，褶片较薄，褶缘微锯齿状，边缘完整。菌柄圆柱形，细长，长4–4.5 cm，直径0.3–0.4 cm，上下等粗，基部稍膨大，实心，肉粉色，表面被细密白霜状绒毛。

生长习性：秋季于针叶林或阔叶林中地上单生或群生。

国内分布：湖北、云南、河北等省份。

经济价值：毒菌。

170 斑纹丝盖伞

***Inocybe maculata* Boud. 1885**

Inosperma maculatum (Boud.) Matheny & Esteve-Rav. 2019

中文别称：斑点丝盖伞。

形态特征：子实体较小。菌盖扁半球形、钟形至斗笠形，顶部凸起，直径2–6 cm，表面带有黄褐色至红褐色或黄褐棕色纤毛状长条纹，湿润时略有黏性，边缘开裂。菌肉污白色，较薄。菌褶直生，密集，不等长，初为白色，后逐渐变为灰褐色至褐黄色。菌柄圆柱形，长3–8 cm，直径0.5–1 cm，污白色至浅黄褐色，表面有纤维状条纹，弯曲，基部稍膨大，内部松软至实心。孢子印紫褐色。

生长习性：夏、秋季于林中地上单生或散生。

国内分布：湖北、河北、浙江、宁夏、甘肃、云南等省份。

经济价值：毒菌。

171 茶褐丝盖伞

Inocybe umbrinella **Bres. 1905**

Agaricus fastigiatus Schaeff. 1774

Inocybe rimosa var. umbrinella (Bres.) Bizio & M. Marchetti 1998

形态特征：子实体较小。菌盖顶部茶褐色，边缘黄棕色。菌盖初期钟形或斗笠形，后伸展，中部凸起，顶部茶褐色，边缘黄棕色，直径3.5–6 cm，表面有纤毛和放射状条纹，往往边缘开裂。菌肉污白色。菌褶浅黄褐色，密，弯生，不等长。菌柄圆柱形，长4.5–5.5 cm，直径0.4–0.5 cm，纤维质，空心，幼时污白色，后呈淡褐色，上部色浅，表面有丝光，基部膨大。

生长习性：夏、秋季于林中地上单生或散生。

国内分布：湖北、河北、河南、浙江、山西、吉林、宁夏、四川、新疆、广东、香港、云南、贵州、内蒙古、西藏等省份。

经济价值：毒菌。

172 虎斑纹丝盖伞

***Inocybe tigrina* R. Heim 1931**

Inocybe tigrina f. *brevipes* R. Heim 1931

Inocybe tigrina var. *curta* Carteret & Reumaux 2012

形态特征：子实体小。菌盖近圆形或扁半球形至近扁平，顶部稍凸，直径2–5 cm，被褐黄色或带褐红色花纹状鳞片，中部色深。菌肉污白黄色。菌褶直生，污白黄色至粉红褐色，密，不等长。菌柄圆柱形，长3–6 cm，直径0.3–0.6 cm，稍弯曲，浅黄白色至与菌盖同色，被纤毛，内部松软。

生长习性：夏、秋季于针叶林中地上单生或散生。

国内分布：湖北、山西、宁夏等省份。

经济价值：不详。

（二十六）离褶伞科 Lyophyllaceae | 丽蘑属 *Calocybe*

173 香杏丽蘑

Calocybe gambosa **(Fr.) Donk 1962**
Agaricus gambosus Fr. 1821
Tricholoma gambosum (Fr.) P. Kumm. 1871

中文别称： 虎皮香杏、黄皮口蘑、香杏蘑。

形态特征： 子实体一般中等大。菌盖半球形至平展，直径5–14 cm，表面光滑，不黏，近白色或淡土黄色至淡土红色，边缘内卷。菌肉白色，肥厚。菌褶白色，或稍带黄色，稠密，窄，弯生，不等长。菌柄长3.5–10 cm，直径1.5–4 cm，白色，或稍带黄色，具条纹，内实。孢子印白色。

生长习性： 夏季至秋季于阔叶林腐殖质地上或草原上群生、丛生或形成蘑菇圈。

国内分布： 湖北、河北、河南、山西、甘肃、内蒙古、吉林、黑龙江等省份。

经济价值： 食用、药用菌。

（二十七）小皮伞科 Marasmiaceae | 老伞属 *Gerronema*

174 黄褐老伞

***Gerronema strombodes* (Berk. & Mont.) Singer 1962**

Agaricus strombodes Berk. & Mont. 1856

Omphalia strombodes (Berk. & Mont.) Sacc. 1887

中文别称： 陀螺老伞。

形态特征： 子实体较小。菌盖平展凸镜形，中部凹陷，直径2–11 cm，表面干燥，褐色至灰褐色，具明显条纹和细小鳞片，边缘内卷或波浪状。菌肉薄，污白色。菌褶延生，具横脉，稀，暗黄色，边缘小菌褶较多。菌柄圆柱形，长3–10 cm，直径2–8 mm，等粗或中间略细，表面干燥，淡黄色至灰黄色，空心，脆。

生长习性： 夏季至秋季于林内腐木上散生、群生。

国内分布： 湖北、广东、浙江等省份。

经济价值： 不详。

小皮伞属 Marasmius

175 伯特路小皮伞

Marasmius berteroi **(Lév.) Murrill 1915**
Heliomyces berteroi Lév. 1844

中文别称： 伯特洛小皮伞。

形态特征： 子实体较小。菌盖钟形至凸镜形，中部稍下凹，直径0.7–2 cm，橙色、橙红色、橙褐色至金黄褐色，干，被短绒毛，具较长的沟纹。菌肉白色，很薄，无味道。菌褶白色至浅黄色，不等长，直生至弯生，无项圈。菌柄细长，长2–4 cm，直径0.5–1.3 mm，上部色较淡，下部与菌盖同色，有光泽，不插入基质内，基部具菌丝体。

生长习性： 夏、秋季于针阔混交林落叶层上单生或群生。

国内分布： 湖北、广东、贵州、海南等省份。

经济价值： 不详。

176 污黄小皮伞

Marasmius epidryas **Kühner 1936**

Marasmius epidryas Kühner ex A. Ronikier 2009

Rhizomarasmius epidryas (Kühner ex A. Ronikier) A. Ronikier & Ronikier 2011

形态特征： 子实体较小。菌盖半球形，中部稍下凹，后期平展，直径0.5–1.5 cm，浅黄白色，中央呈红褐色。菌肉乳黄色，很薄。菌褶浅乳黄色至乳白色，直生。菌柄细长，长2–4 cm，直径0.5–1.5 mm，直立，暗褐色或黑褐色，空心。

生长习性： 夏、秋季于林中地上单生或群生。

国内分布： 湖北、河南、浙江、黑龙江等省份。

经济价值： 不详。

177 红柄小皮伞

Marasmius erythropus **(Pers.) Fr. 1838**
Agaricus erythropus Pers. 1801
Collybia erythropus (Pers.) P. Kumm. 1871

中文别称： 红柄裸伞。

形态特征： 子实体较小。菌盖初期半球形至扁半球形，后期稍扁平，直径1–4 cm，光滑或有时稍有皱纹，浅黄褐色，中部褐黄色，边缘色浅。菌肉近无色，薄。菌褶细密，窄，不等长，白色至浅黄褐色，近直生。菌柄近柱形或稍扁，细长，长4–7.5 cm，直径0.2–0.35 cm，深红褐色，顶部色浅而向下色深，基部有暗红色绒毛。孢子印白色。

生长习性： 夏、秋季于阔叶林中地上群生或近丛生。

国内分布： 湖北、河南、河北、江苏、台湾、浙江、云南、西藏等省份。

经济价值： 可食用。

178 草生小皮伞

Marasmius graminum **(Lib.) Berk. 1860**
Agaricus graminum Lib. 1832
Androsaceus graminum (Lib.) Pat. 1887

中文别称： 马尾小皮伞。

形态特征： 子实体小型。菌盖半球形或钟形，具脐凹，脐凹中部有小突起，直径0.4–0.6 cm，初期污白色至浅黄色，后期黄褐色、深橙色至褐色，有不明显的绒毛或无，有放射状、深沟状条纹或沟纹。菌肉白色，薄，无味道。菌褶白色或淡黄色，离生而有一项圈，稀，不等长。菌柄纤细，长0.2–1 cm，直径0.5–1 mm，初期上部淡黄色，下部或后期全部橙褐色至暗褐色。

生长习性： 夏、秋季于阔叶林草本植物和落叶上单生或群生。

国内分布： 湖北、广东、内蒙古等省份。

经济价值： 不详。

179 大盖小皮伞

Marasmius maximus **Hongo 1962**

中文别称： 大皮伞、大型小皮伞、大小皮伞。

形态特征： 子实体一般中等大，伞状。菌盖初期近钟形、扁半球，后近平展，中部下陷而中央稍凸起，直径3.5–10 cm，浅粉褐色、淡土黄色，中央色深，干时表面黄白色，有明显的放射状沟纹，稀疏。菌肉白色，薄，似革质。菌褶弯生至近离生，褶片宽大而稀疏，不等长，与菌盖同色。菌柄柱形，细长，长5–10 cm，直径0.2–0.4 cm，质韧，表面有纵条纹，近光滑或近粉绒状，基部有白色菌丝，内部初实心，后空心。

生长习性： 春季至秋季于针叶林腐枝落叶层上散生、近丛生或群生。

国内分布： 湖北、香港、广西、浙江、山西、福建、海南、贵州、云南等省份。

经济价值： 食用、药用菌。

180 紫红小皮伞

Marasmius pulcherripes **Peck 1872**

Chamaeceras pulcherripes (Peck) Kuntze 1898

中文别称： 红美小皮伞、玫瑰红小皮伞、褐红小皮伞、红盖小皮伞。

形态特征： 子实体较小。菌盖初为钝或尖的圆锥形、钟形，渐为凸镜形，中央有乳状突起，后扁半球形至近扁平，直径0.5–1.8 cm，浅粉红色至紫红色，有的呈土黄色，表面光滑，遇水能恢复原状，有明显沟条纹。菌肉极薄。菌褶初黄粉色，后为白色，直生近离生，菌褶稀疏。菌柄细长，长4–8 cm，直径0.1–0.15 cm，较硬韧，黑褐色，上部近白色。

生长习性： 春季至秋季于松、桦林枯树桩和落枝叶上群生。

国内分布： 湖北、江西、广东、云南、贵州、浙江、内蒙古、香港、福建等省份。

经济价值： 食毒不明。肉质坚韧，不建议食用。

181 干小皮伞

***Marasmius siccus* (Schwein.) Fr. 1822**

Agaricus siccus Schwein. 1822

中文别称： 琥珀小皮伞。

形态特征： 子实体小。菌盖扁半球形至近球形，直径0.5–2 cm，深肉桂色、琥珀色或褐黄色，中部色深，中央下陷，膜质，薄，韧，干，光滑，具从中部至边缘的长条纹。菌肉薄，白色至乳黄色。菌褶污白色，弯生至近离生，稀，宽1–1.5 mm，有或无小菌褶，边缘带菌盖颜色。菌柄圆柱形，长2.5–6.5 cm，直径0.5–1.5 mm，角质，光滑，顶部白色，向下渐呈黄褐色至黑色，有漆样光泽，基部有白色至黄白色菌丝体。

生长习性： 夏季至秋季于阔叶林或针叶林中地上或腐枝落叶层上单生、散生或群生。

国内分布： 湖北、山西、甘肃、陕西、江苏、江西、吉林、贵州、四川、青海、广西、西藏等省份。

经济价值： 食毒不明。个体很小，不建议食用。

大金钱菌属 *Megacollybia*

182 杯伞状大金钱菌

Megacollybia clitocyboidea **R. H. Petersen, Takehashi & Nagas. 2008**

中文别称：宽褶大金钱菌、杯状奥德蘑、杯盖大金钱菌、宽褶菇。

形态特征：子实体中等大。菌盖初扁半球形，后平展至中部脐凹，直径6–13 cm，灰黑色或褐黄色，中央通常呈暗褐色至近黑色，表面被辐射状纤毛，老时边缘开裂。菌肉白色或污白色，薄，无味道和气味。菌褶幼时白色，老熟后灰白色，稀或较稀，不等长，直生至近延生。菌柄圆柱形，中生，长6–12 cm，直径5–15 mm，上部白色，下部灰褐色，或与菌盖同色，基部色深、膨大，表面绒毛状或呈粉状，软骨质或纤维质，初实心，后变中空，在柄基部形成白色菌索，常与地下侧根相连。

生长习性：夏、秋季于针阔混交林腐木上单生或散生。

国内分布：湖北、黑龙江、吉林、辽宁、青海、江苏、浙江、江西、山西、四川、贵州、云南、西藏、福建、安徽、台湾、广东、海南等省份。

经济价值：食用、药用菌。也有报道认为有毒。

183 宽褶大金钱菌

Megacollybia platyphylla **(Pers.) Kotl. & Pouzar 1972**
Collybia platyphylla (Pers.) P. Kumm. 1871
Oudemansiella platyphylla (Pers.) M. M. Moser 1983

中文别称： 宽褶菇。

形态特征： 子实体中等至较大。菌盖幼时钟形，成熟后平展至边缘上翻，中部稍下凹，直径5–13 cm，灰褐色至黄褐色，中央常呈暗褐色至近黑色，表面覆盖细小鳞片，常具深色细条纹，成熟后边缘往往裂开。菌肉污白色，薄。菌褶近白色，稀，初期直生，后变弯生或近离生，不等长。菌柄圆柱形，长5–12 cm，直径0.3–1.5 cm，白色至灰白色，实心，基部膨大，基部菌丝体白色。

生长习性： 夏、秋季于腐木上单生或散生。

国内分布： 湖北、黑龙江、江苏、浙江、安徽、福建、山西、四川、青海、西藏、海南、云南、吉林、辽宁等省份。

经济价值： 药用菌。也有报道认为有毒。

（二十八）小菇科 Mycenaceae | 小菇属 *Mycena*

184 血红小菇

Mycena haematopus **(Pers.) P. Kumm. 1871**
Agaricus haematopus Pers. 1800
Galactopus haematopus (Pers.) Earle 1909

中文别称： 血柄小菇、红叶小菇、红汁小菇、红紫柄小菇。

形态特征： 子实体小，伞状。菌盖初卵形，后变钟形或圆锥形，直径1–2.5 cm，幼时暗红色，成熟后稍淡，中部酒红色，干后变褐色，具放射状条纹，常开裂呈较规则的锯齿状；幼时表面有白色粉末状颗粒，后变光滑，伤后流出红色汁液。菌肉薄，白色至酒红色。菌褶直生或近弯生，白色至灰白色，有时可见暗红色斑点，较稀。菌柄柱形，长3–6 cm，直径0.2–0.4 cm，软骨质，中空，与菌盖同色或稍淡，被白色细粉状颗粒，伤后流出红色汁液，基部有灰白色绒毛。

生长习性： 夏季至秋季于针叶林或阔叶林内腐木或枯枝上单生、丛生或簇生。

国内分布： 湖北、黑龙江、吉林、辽宁、河南、河北、内蒙古、甘肃、西藏、青海、浙江、江西、福建、山东、广东、云南、贵州等省份。

经济价值： 药用菌，也可食用，但个体小，食用价值不大。

185 洁小菇

Mycena pura **(Pers.) P. Kumm. 1871**
Agaricus purus Pers. 1794
Gymnopus purus (Pers.) Gray 1821

中文别称：粉紫小菇。

形态特征：子实体较小。菌盖幼时半球形，后平展至边缘稍上翻，直径2.5–5 cm，具条纹，幼时紫红色，成熟后稍淡，中部色深，边缘色淡，并开裂呈较规则的锯齿状。菌肉灰紫色，薄。菌褶白色至灰白色，有时呈淡紫色，较密，直生或近弯生，通常在菌褶之间形成横脉，不等长。菌柄圆柱形或扁圆柱形，长3–6 cm，直径0.3–0.5 cm，等粗或向下稍粗，污白色至紫罗兰色，或稍带粉紫色、淡褐色至褐色，光滑或白色纵条纹，具少量绒毛状鳞片，中空，软骨质，基部被白毛状菌丝。

生长习性：夏、秋季于林中地上和腐枝层或腐木上单生或散生。

国内分布：湖北、北京、黑龙江、辽宁、吉林、内蒙古、山西、陕西、青海、甘肃、新疆、四川、贵州、西藏、台湾、广东、海南、香港等省份。

经济价值：药用菌。

扇菇属 *Panellus*

186 鳞皮扇菇

Panellus stipticus **(Bull.) P. Karst. 1879**
Panus stipticus (Bull.) Fr. 1838
Pleurotus stipticus (Bull.) P. Kumm. 1871

中文别称： 山葵菌、止血扇菇。

形态特征： 子实体革质或半革质，韧。菌盖扇形至肾形，干时边缘内卷，湿时恢复原状，直径1–3 cm；表面干，浅土黄色、淡肉桂色或木材色，褪色后带白色，表皮裂成麸皮状细鳞片，往往在中部或基部有凹陷的同心环纹；边缘稍内卷。菌肉韧肉质，白色，味辣。菌褶黄褐色至肉桂色，稠密，褶幅窄，薄，褶间有横脉。菌柄短，侧生，长0.2–1.5 cm，直径2–5 mm，稍弯曲，很强韧，中实，与菌盖表面同色，被致密短毛。孢子印白色。有的晚上可发光，有的不发光，因所在地区而异。

生长习性： 夏、秋季于阔叶树腐木或树桩上群生。

国内分布： 湖北、黑龙江、吉林、河北、山西、陕西、内蒙古、福建、台湾、广东、广西、香港、湖南、贵州、甘肃、云南、青海、西藏等省份。

经济价值： 毒菌、药用菌。

干脐菇属 *Xeromphalina*

187 铃形干脐菇

Xeromphalina campanella **(Batsch) Kühner & Maire 1934**
Garicus campanella Batsch 1783
Omphalia campanella (Batsch) P. Kumm. 1871

中文别称： 黄干脐菇、钟形脐菇、钟形干脐菇、黄白干脐菇、铃形干脐蘑、黄白干脐菇。

形态特征： 子实体较小，伞状至喇叭状。菌盖初期半球形，中部下凹呈脐状，后期边缘展开近似漏斗状，直径1–2.5 cm，最大不超过3 cm，表面湿润，光滑，橙黄色至橘黄色，边缘具明显条纹。菌肉很薄，膜质，黄色。菌褶初黄白色，后呈污黄色，直生至明显延生，密至稍稀，不等长，稍宽，褶间有横脉相连。菌柄长1–3.5 cm，直径0.2–0.3 cm，往往上部稍粗且呈黄色，下部暗褐色至黑褐色，基部有浅色毛，内部松软至空心。

生长习性： 夏、秋季于林中腐朽木桩上大量群生。

国内分布： 湖北、西藏、甘肃、新疆、黑龙江、辽宁、吉林、山西、江苏、福建、台湾、广西、四川、云南等省份。

经济价值： 食用、药用菌。

（二十九）类脐菇科 Omphalotaceae | 裸脚伞属 *Gymnopus*

188 绒柄裸脚伞

Gymnopus confluens **(Pers.) Antonín, Halling & Noordel. 1997**
Agaricus confluens Pers. 1796
Collybia confluens (Pers.) P. Kumm. 1871

中文别称： 绒柄小皮伞、绒柄裸菇、绒柄裸脚菇、群生裸柄伞、群生金钱菌。

形态特征： 子实体较小，伞状。菌盖初始时呈半球形，随后逐渐展开至扁平，中部略有突起，直径为 2–4.5 cm，表面光滑。在新鲜时，菌盖呈粉红色，干燥后则变为土黄色，中部颜色相对较深，幼时边缘内卷，湿润时边缘处具有短条纹。菌肉非常薄，颜色与菌盖相同。菌褶弯生至离生，稍密至稠密，窄且不等长，浅褐色至米黄色，褶缘为白色。菌柄圆柱形，长 5–12 cm，直径 0.3–0.6 cm，脆骨质，中空，淡红褐色，颜色从顶部至基部逐渐加深，表面被污白色细绒毛，无沟纹。

生长习性： 夏、秋季于林中腐枝层或落叶层上近丛生或群生。

国内分布： 湖北、安徽、甘肃、广东、河北、黑龙江、吉林、江苏、青海、陕西、山西、四川、西藏、云南等省份。

经济价值： 食用、药用菌。

189 栎裸柄伞

Gymnopus dryophilus **(Bull.) Murrill 1916**
Agaricus dryophilus Bull. 1790
Collybia dryophila (Bull.) P. Kumm. 1871

中文别称： 栎金钱菌、栎裸柄菇、栎裸伞、栎裸脚伞。

形态特征： 子实体小至中等大，伞状。菌盖半球形至平展，直径2–7 cm，光滑，黏，淡黄白色或淡土黄色，中部色深，带黄褐色，周围色淡或白色，边缘平整或近波状，水浸状。菌肉近白色或浅黄白色，薄，伤不变色。菌褶白色至浅黄色，密集，离生，不等长，褶缘平滑或有小锯齿。菌柄圆柱形，长3–7 cm，直径0.3–0.5 cm，基部稍膨大，淡黄白色或淡土黄色，基部褐色，具绒毛状菌丝。

生长习性： 夏季至秋季于针叶林、阔叶林或针阔混交林中地上丛生或群生。

国内分布： 湖北、黑龙江、辽宁、河南、贵州、云南、西藏、福建、广西、海南等省份。

经济价值： 药用菌。

190 恶臭裸脚伞

***Gymnopus dysodes* (Halling) Halling 1997**

Collybia dysodes Halling 1983

形态特征： 子实体较小，伞状。菌盖中央凸起且边缘向下弯曲，随后变为平凸形至平展形，偶尔呈钟形，边缘直或上翘，直径0.6–6 cm；表面湿润，无毛，光滑且最初有些许半透明条纹，后很快出现明显褶皱至条纹几乎延伸到中央；颜色均匀，幼时为深红棕色或胡桃褐色、棕褐色，成熟后褪为肉桂棕色或肉桂色、浅粉肉桂色，脊部保持深红棕色，中部为白色；有恶臭气味和老熟洋葱或大蒜的刺鼻气味。菌褶直生至弯生，稀疏，不等长，中等厚度，宽4–6 mm，幼时浅棕色或黄褐色，很快褪为淡紫红色、浅黄褐色或淡粉黄褐色、浅粉肉桂色、紫红黄褐色。菌柄圆柱形至扁平，长1.5–4 cm，直径0.2–0.5 cm，等粗或向基部稍增粗，幼时坚韧，老时脆弱；表面最初整体上被细粉状绒毛，后顶部逐渐无毛，幼时与菌盖同色，老时褪色为浅红棕色或军棕色，最终为紫红黄褐色；内部初为实心，老时为空心。孢子印白色。

生长习性： 夏、秋季于林中地上群生或簇生。

国内分布： 湖北、湖南、云南、广东等省份。

经济价值： 毒菌。

191 厌裸柄伞

Gymnopus impudicus (Fr.) Antonín, Halling & Noordel. 1997
Marasmius impudicus Fr. 1838
Collybia impudica (Fr.) Singer 1943

中文别称： 白裸脚伞。

形态特征： 菌盖呈半球形至扁平钟形，后反卷，边缘呈波浪形，直径1.4–6 cm；表面常凹凸不平，光滑无黏性，有条纹，幼时深红褐色，成熟后从外缘开始褪为白色至黄白色，但中心仍为幼时颜色。菌肉白色，近菌柄处与菌柄同色。菌褶密，宽0.15–0.30 cm，直生，不等长，初期浅褐色，后浅棕褐色至灰白色或白色，有小褶皱。菌柄圆柱形，长2–5 cm，直径0.2–1 cm，初期暗红褐色，成熟后褪为淡褐色至红褐色，有时下部暗红褐色，表面附着白色细粉状绒毛，基部有白色菌丝。

生长习性： 夏季至秋季于针叶腐木及林中地上单生、丛生或群生。

国内分布： 湖北、黑龙江等省份。

经济价值： 不详。

192 密褶裸脚伞

Gymnopus polyphyllus (Peck) Halling 1997
Marasmius polyphyllus Peck 1898
Collybia polyphylla (Peck) Singer ex Halling 1983

中文别称： 密褶裸柄伞。

形态特征： 子实体较小。菌盖初期为凸镜形，后渐平展，边缘反卷，有时呈波浪状，直径3–6 cm，表面干燥、光滑，近中心为暗棕色。菌肉白色，薄。菌褶直生至延生，密，不等长，偶分叉。菌柄近圆柱形，长3–5 cm，直径0.2–0.5 cm，中部常暗棕色，具亮灰色细绒毛，空心。

生长习性： 夏、秋季于针阔混交林地上丛生或群生。

国内分布： 湖北、云南、甘肃、黑龙江、吉林、山西等省份。

经济价值： 毒菌。

微皮伞属 *Marasmiellus*

193 纯白微皮伞

Marasmiellus candidus **(Fr.) Singer 1948**
Marasmius candidus Fr. 1838
Marasmius albus-corticis Singer 1951

中文别称： 白微皮伞、白皮微皮伞、白微小皮伞。

形态特征： 子实体小，纯白色。菌盖初期钟形，后平展，中央略凹陷，直径0.5–3 cm，膜质，白色至灰白色，边缘有明显或不明显的条纹，有时水泽状。菌肉白色，极薄，无气味。菌褶直生至短延生，稀疏，不等长，稍有分叉和横脉，白色。菌柄圆柱形，长3–5 cm，直径0.1–0.2 cm，初白色，下部色暗，后变暗灰色。

生长习性： 夏季于枯枝或腐木上单生、散生或群生。

国内分布： 湖北、河南、吉林、湖南、云南、福建、广东、广西、山西、贵州、海南、内蒙古、香港等省份。

经济价值： 药用菌。

194 枝生微皮伞

Marasmiellus ramealis **(Bull.) Singer 1948**

Agaricus ramealis Bull. 1788

Collybiopsis ramealis (Bull.) Millsp. 1913

中文别称：枝杆微皮伞。

形态特征：子实体小。菌盖幼时扁半球形，后渐平展，往往中部稍下凹，直径0.5–1.5 cm，浅肉色至淡黄褐色，初期边缘内卷，后期有沟条纹。菌肉近白色，薄。菌褶带白色，较稀，近延生，不等长。菌柄细，短，长1–1.5 cm，直径0.1–0.3 cm，色浅，呈淡黄肉色，有粉状小鳞片，弯曲，往往下部色暗，基部有绒毛，内部实心。

生长习性：初夏至秋季于枯枝或草本植物残体上丛生或群生。

国内分布：湖北、河南、江西、浙江、湖南、云南、内蒙古、西藏等省份。

经济价值：食用、药用菌。

（三十）泡头菌科 Physalacriaceae | 密环菌属 *Armillaria*

195 橘黄蜜环菌

Armillaria aurantia **(Schaeff.) Quél. 1872**
Agaricus aurantius Schaeff. 1774
Gyrophila aurantia (Schaeff.) Quél. 1886

形态特征： 子实体中等至较大。菌盖近球形至扁球形或近扁平，中部稍凸，直径5–15 cm，橘黄色或深橙黄色，有鳞片，且幼时较多，老时色浅，湿时稍黏，边缘有不明显条棱或毛状鳞片。菌肉黄色，较厚，质稍脆。菌褶白色至乳白色，弯生，稍密而宽，不等长。菌柄圆柱形，长6–11 cm，直径0.8–1.5 cm，白色，内部实心至松软，中下部有明显环状排列的黄色鳞片。菌环上位，白色，膜质。

生长习性： 夏、秋季于针阔混交林地上散生。

国内分布： 湖北、云南、北京、河北、陕西、吉林、黑龙江等省份。

经济价值： 可食，有记载味辣。

196 蜜环菌

***Armillaria mellea* (Vahl) P. Kumm. 1871**

Armillariella mellea (Vahl) P. Karst. 1881

Clitocybe mellea (Vahl) Ricken 1915

中文别称： 榛蘑、假蜜环菌。

形态特征： 子实体中等大。菌盖初期呈半球形，后渐平展至中央稍凹陷，直径3–9 cm，淡蜜黄色、浅土黄色或栗褐色，有棕色至褐色细鳞片，中部较密，滑润，稍黏，老熟后边缘有放射状条纹，色较中部浅。菌肉近白色或微浅黄色，伤不变色。菌褶近白色，直生或近延生，后期变污黄白色至浅肉桂色，较疏。菌柄近圆柱形，长5–10 cm，直径0.3–1 cm，菌柄基部往往相连，柄表光滑或菌环以下稍有丛卷毛状鳞片，菌环以下呈浅褐色至黄褐色，菌环以上近白色或淡褐色，纤维质或近肉质，初期充实，老时中空。菌环生于菌柄上部，上表面白色，下表面浅褐色。

生长习性： 夏、秋季于针叶或阔叶树等多种树木基部和根部及倒木或活立木上丛生。

国内分布： 湖北、河北、河南、北京、黑龙江、吉林、山西、陕西、浙江、湖南、甘肃、青海、新疆、贵州、四川、云南、西藏、福建、广西、海南等省份。

经济价值： 食用、药用菌。

假密环菌属 *Armillariella*

197 假密环菌

***Armillariella tabescens* (Scop.) Singer 1943**
Clitocybe tabescens (Scop.) Bres. 1900
Armillaria tabescens (Scop.) Emel 1921

中文别称：亮菌、易逝杯伞、发光假密环菌。

形态特征：子实体一般中等大，伞状。菌盖幼时扁半球形，后渐平展，有时边缘稍翻起，直径2.8–8.5 cm，蜜黄色或黄褐色，老时锈褐色，往往中部色深并有纤毛状小鳞片，不黏。菌肉白色或带乳黄色，中部厚，边缘薄。菌褶白色至污白色，或稍带暗肉粉色，稍稀，近延生，不等长。菌柄圆柱形，长2–13 cm，直径0.3–0.9 cm，上部污白色，中部以下灰褐色至黑褐色，有时扭曲，具平伏丝状纤毛，内部松软至空心。无菌环。

生长习性：夏、秋季于阔叶林树干基部或根部丛生。

国内分布：湖北、河南、河北、山西、内蒙古、黑龙江、吉林、陕西、江苏、安徽、浙江、福建、广西、海南、甘肃、四川、贵州、云南等省份。

经济价值：食用、药用菌。

鳞盖菇属 *Cyptotrama*

198 粗糙鳞盖菇

Cyptotrama asprata **(Berk.) Redhead & Ginns 1980**
Armillaria asprata (Berk.) Petch 1910
Xerula asprata (Berk.) Aberdeen 1962

中文别称：金色粗糙小干蘑、粗糙鳞盖伞。

形态特征：子实体较小至中等大。菌盖半球形或扁半球形至近平展，直径0.8–4 cm，橙黄色、柠檬黄色或金黄色，表面被橙红色至橙色锥状鳞片，后期往往有部分鳞片脱落，边缘内卷。菌肉较薄，白色，近表皮处黄色，无明显气味。菌褶白色，直生或弯生，不等长，稀。菌柄柱形，长1–5 cm，直径0.2–0.4 cm，稀少弯曲，内部实心至松软，具明显的鳞片，基部膨大。

生长习性：夏、秋季于阔叶林中腐木上单生或散生。

国内分布：湖北、浙江、甘肃、陕西、山西、西藏、吉林、香港、广东、福建、海南、广西、贵州等省份。

经济价值：据记载有毒。能分解纤维素。

干蘑属 *Xerala*

199 硬毛干蘑

Xerula strigosa **Zhu L. Yang, L. Wang & G. M. Muell. 2008**

形态特征：子实体小。菌盖扁半球形至凸镜形，直径2–5 cm，黄褐色、深褐色至灰褐色，密被黄褐色硬毛。菌肉白色，厚约4 mm。菌褶白色至米色，弯生至直生，稍稀。菌柄圆柱形，中生，长5–10 cm，直径3–6 mm，被黄褐色硬毛。

生长习性：夏季于亚热带至温带林中地上单生或散生。

国内分布：湖北、云南等省份。

经济价值：可食。

（三十一）侧耳科 Pleurotaceae | 侧耳属 *Pleurotus*

200 白黄侧耳

Pleurotus cornucopiae **(Paulet) Rolland 1910**
Dendrosarcos cornucopiae Paulet 1793
Lentinus cornucopioides Klotzsch 1835

中文别称： 姬菇、紫孢侧耳。

形态特征： 子实体中等至较大。菌盖初期扁半球形，伸展后基部略下凹，直径5–10 cm，初期铅灰色，渐成灰白色或带浅褐色，边缘薄，平滑，波状。菌肉白色，稍厚。菌褶宽，稍密，延生，白色。菌柄长2–4 cm，直径0.6–1.5 cm，偏生或侧生，往往基部相连，内实，光滑。孢子印淡紫色。

生长习性： 春季至秋季于阔叶树腐木上近覆瓦状丛生。

国内分布： 湖北、河北、黑龙江、吉林、山东、江苏、四川、安徽、江西、河南、广西、新疆、云南等省份。

经济价值： 食用、药用菌。

201 红侧耳

Pleurotus djamor **(Rumph.) Boedijn 1959**
Agaricus djamor Rumph. ex Fr. 1821
Lentinus djamor (Rumph. ex Fr.) Fr. 1836

中文别称： 淡红侧耳、桃红侧耳、桃红平菇、红平菇。

形态特征： 子实体一般中等大。菌盖初期贝壳形或扇形，边缘内卷，后伸展呈波状，盖直径3–14 cm，表面有细小绒毛至近光滑，幼时粉红色、鲑肉色，后变浅土黄色至灰白色。菌肉较厚，边缘薄。菌褶带粉红色或近似菌盖颜色，稍密，不等长。菌柄一般不明显或很短，长1–2 cm，有白色细绒毛。孢子印带粉红色。

生长习性： 夏、秋季于阔叶树枯朽树干或树桩上丛生。

国内分布： 湖北、四川、浙江、广东等省份。

经济价值： 食用、药用菌。

202 扇形侧耳

Pleurotus flabellatus **(Berk. & Broome) Sacc. 1887**

Agaricus flabellatus Berk. & Broome 1871

形态特征： 子实体一般较小。菌盖侧生，初呈半圆形至扇形，后平展，直径2–7 cm或稍大，近基部下凹处有绒毛，表面其他部分光滑或近光滑，白色，老时稍带黄色，湿润时边缘可见细条纹或开裂。菌肉白色，靠近基部厚。菌褶白色，稍密，不等长，稍宽，在柄上稍交叉成网状。菌柄短，白色，长0.4–3 cm，直径0.5–1 cm，有绒毛，内部实心。孢子印白色。

生长习性： 夏、秋季于树干上近群生或丛生。

国内分布： 湖北、西藏、四川、福建、云南、海南、北京、甘肃、广东等省份。

经济价值： 毒菌。

203 糙皮侧耳

Pleurotus ostreatus **(Jacq.) P. Kumm. 1871**
Agaricus ostreatus Jacq. 1774
Dendrosarcus ostreatus (Jacq.) Kuntze 1898

中文别称：粗皮侧耳、平菇、北风菌、青蘑、桐子菌、侧耳。

形态特征：子实体中等至大型。菌盖初为扁半球形，后平展呈扇形、肾形、贝壳形、半圆形等形状，直径5-10 cm，灰白色至黑褐色，光滑或被纤维状绒毛，湿润时很黏；边缘薄，幼时内卷，后逐渐平展至向外翻，有时开裂，边缘无条纹。菌肉白色，厚，肉质。菌褶白色，稍密至稍稀，不等长，在柄上交织。菌柄短或无，如有则侧生或稍偏生，内实，白色，长1-3 cm，直径1-2 cm，向上渐细，基部常有绒毛。

生长习性：春季、秋季及冬季于阔叶树枯干上丛生或叠生。

国内分布：湖北、河北、山西、内蒙古、黑龙江、海南、吉林、辽宁、江苏、山东、河南、湖南、江西、陕西、甘肃、四川、新疆、西藏、广东、广西、云南、贵州、浙江、安徽、福建、台湾、香港等省份。

经济价值：食用、药用菌。

204 贝形侧耳

Pleurotus porrigens **(Pers.) P. Kumm. 1871**
Agaricus porrigens Pers. 1796
Pleurocybella porrigens (Pers.) Singer 1947

中文别称：贝形圆孢侧耳。

形态特征：子实体小至中等。菌盖贝形、半圆形或近扇形，宽 1–2.5 cm，光滑，水浸状，白色，基部有绒毛，边缘内卷。菌肉白色，肉质。菌褶从基部放射状生出，白色，分叉，窄，中等密，不等长，盖缘处有小褶。菌柄无或基部短缩成似柄状物。孢子印白色。

生长习性：夏季至秋季于针叶林或针阔混交林倒木及腐木上或树桩基部单生、群生、丛生或叠生。

国内分布：湖北、福建、云南、四川、北京、河北、山西、吉林、西藏、海南、甘肃、广东等省份。

经济价值：毒菌。

（三十二）光柄菇科 Pluteaceae | 光柄菇属 *Pluteus*

205 黑边光柄菇

Pluteus atromarginatus **(Konrad) Kühner 1935**
Pluteus cervinus subsp. *atromarginatus* Konrad 1927
Pluteus nigrofloccosus (R. Schulz) J. Favre 1948

形态特征：子实体小至中等大。菌盖钟形至平展，中部凸起，直径6–8 cm，粗糙，淡褐色，具黑褐色近絮状鳞片，边缘具棱纹。菌肉白色，近表皮处褐色，薄。菌褶白色至淡红褐色，较密，宽，离生，不等长，褶缘黑褐色。菌柄圆柱形，长2.5–6 cm，直径0.2–1 cm，与菌盖同色或色较浅，具纤毛状条纹，下部有褐色点状鳞片，扭曲，内实变松软至空心。孢子印粉红色。

生长习性：夏季至秋季于针叶林中腐木上单生、散生或群生。

国内分布：湖北、吉林、甘肃、四川、西藏等省份。

经济价值：可食用，但味道差。树木倒木、伐木、树桩上较常见的木腐菌。

206 网盖光柄菇

***Pluteus thomsonii* (Berk. & Broome) Dennis 1948**

Agaricus thomsonii Berk. & Broome 1876

Entoloma thomsonii (Berk. & Broome) Sacc. 1887

中文别称：同盖光柄菇、汤姆斯光柄菇。

形态特征：子实体中等大，伞状。菌盖初钟形，后扁半球形，中央脐状突起至扁平或平展，直径1–3.6 cm，茶色至深褐色，中部色深，呈黑色或灰色，边缘栗色至白色，被凸起的网状脉纹，边缘有放射状条纹。菌褶离生，密集，初期白色或灰色，成熟时粉色至褐色。菌柄圆柱形，长2.4–6 cm，直径1–6 mm，中实至空心，上部与菌盖同色，下部灰褐色，基部膨大，表面有茶褐色粉状小颗粒。

生长习性：夏、秋季于阔叶林中腐木上单生或群生。

国内分布：湖北、吉林、甘肃等省份。

经济价值：不详。

（三十三）小脆柄菇科 Psathyrellaceae | 小鬼伞属 *Coprinellus*

207 白小鬼伞

Coprinellus disseminatus **(Pers.) J. E. Lange 1938**
Coprinus disseminatus (Pers.) Gray 1821
Coprinarius disseminatus (Pers.) P. Kumm. 1871

中文别称：白假鬼伞、假小鬼伞、小鬼伞、小假鬼伞、簇生类鬼伞、假鬼伞。

形态特征：子实体小，密集丛生或群生。菌盖初期卵圆形，后至钟形，直径4–8 mm，膜质，白色至污白色，顶部呈黄色，中央较深，边缘颜色浅；边缘有折扇状沟纹，几乎达菌盖中央，老时呈黑灰色，有明显的长条棱，表面有细而短的绒毛。菌肉白色，很薄。菌褶直生，灰白色，较稀，不等长，不自溶，成熟后呈暗灰色至墨黑色，半液化或干燥而卷缩。菌柄柱形，有时稍弯曲，长2–3 cm，直径0.1–0.2 cm，中生，白色或灰白色，中空，脆，基部有白色纤毛。

生长习性：夏季至秋季于阔叶林中树桩、腐木上单生或丛生。

国内分布：湖北、河北、西藏、香港、新疆、广东、广西、福建、台湾、山东、山西、云南、湖南、辽宁、江苏、浙江、四川、上海、贵州、海南、黑龙江、吉林、内蒙古等省份。

经济价值：有记载可食，但太小而无人采集食用。木材分解菌。

208 晶粒小鬼伞

Coprinellus micaceus **(Bull.) Vilgalys, Hopple & Jacq. Johnson 2001**
Agaricus micaceus Bull. 1786
Coprinus micaceus (Bull.) Fr. 1838

中文别称： 晶帽鬼伞、晶粒鬼伞、狗尿苔。

形态特征： 子实体小。菌盖初期卵圆形、钟形、半球形、斗笠形，后平展或反卷，直径一般2–4 cm，污黄色至黄褐色，表面有白色颗粒状晶体，中部红褐色，边缘有明显的条纹或棱纹，有时瓣裂。菌肉白色，薄。菌褶初期黄白色，后变黑色并与菌盖一起自溶为墨汁状，离生，密，窄，不等长。菌柄圆柱形，长2–11 cm，直径0.3–0.5 cm，白色，具丝光，脆，中空。

生长习性： 春季至秋季于针叶林或阔叶林树根部地上单生、丛生或群生。

国内分布： 湖北、河北、山西、黑龙江、四川、吉林、辽宁、江苏、河南、湖南、香港、陕西、甘肃、新疆、青海、西藏、广西、浙江、安徽、北京等省份。

经济价值： 食用、药用菌。幼嫩时可食，与酒同食会中毒。

209 辐毛小鬼伞

Coprinellus radians **(Desm.) Vilgalys, Hopple & Jacq. Johnson 2001**
Coprinus radians (Desm.) Fr. 1838
Coprinus similis Berk. & Broome 1865

中文别称：辐毛鬼伞。

形态特征：子实体小。菌盖初期卵圆形，后呈钟形至展开，直径2.5–3.5 cm，表面黄褐色，中部呈红褐色且边缘色浅黄，具白色至浅黄褐色粒状鳞片，且在顶部较密布，有辐射状长条棱。菌肉白色，很薄，表皮下及柄基部带褐黄色。菌褶直生，白色至黑紫色，密，窄，不等长，自溶为黑汁状。菌柄圆柱形，长3–4.5 cm，直径0.4–0.6 cm，白色至稍带淡黄色，基部稍有膨大，表面在初期常有白色细粉末，柄基部的基物上往往出现牛毛状菌丝团。

生长习性：春季至秋季于阔叶林中倒木或树桩上丛生或单生。

国内分布：湖北、浙江、四川、江苏、湖南、甘肃、西藏、河北、山西等省份。

经济价值：食用、药用菌。

210 亚凤仙鬼伞

Coprinellus subimpatiens **(M. Lange & A. H. Sm.) Redhead, Vilgalys & Moncalvo 2001**

Coprinus subimpatiens M. Lange & A. H. Sm. 1953

形态特征：子实体较小。菌盖钟形至圆锥状钟形，直径1–5 cm，黄褐色，边缘淡褐色带紫色，干，肉质，上被绒毛，边缘到中央有深沟纹，撕裂。菌肉近柄处厚，近边缘处消失，紫白色，无味道和气味。菌褶初期白色，后转为淡黑色，不等长，有分叉，弯生。菌柄圆柱形，中生至偏生，长1.5–7 mm，直径2–5 mm，柄基略膨大，白色，上有绒毛和条纹，肉质，空心。

生长习性：春季至秋季于阔叶林中地上群生。

国内分布：湖北、广东等省份。

经济价值：不详。

拟鬼伞属 *Coprinopsis*

211 灰盖拟鬼伞

Coprinopsis cinerea **(Schaeff.) Redhead, Vilgalys & Moncalvo 2001**
Agaricus cinereus Schaeff. 1762
Coprinus cinereus (Schaeff.) Gray 1821

中文别称：灰鬼伞、长根鬼伞、灰盖鬼伞。

形态特征：子实体较小至中等大。菌盖初期钟形或锥形，后平展，直径2–6 cm，褐色，质脆，表皮裂成白色丛毛状鳞片，并有易脱落的毛状颗粒，边缘延伸，反卷，撕裂，有细条纹。菌肉极薄，初白色至褐色，后变成墨黑色。菌褶初白色带褐色，后变黑色且液化为墨汁状，不等长，离生。菌柄圆柱形，细长，长6–11 cm，直径0.2–0.7 cm，白色带褐色，基部杵状，上有白色棉絮状、绒毛状鳞片。

生长习性：夏、秋季于稻草堆及草地上群生。

国内分布：湖北、河南、河北、贵州、云南、广东、海南、浙江等省份。

经济价值：药用菌。

212 费赖斯拟鬼伞

Coprinopsis friesii **(Quél.) P. Karst. 1881**
Coprinus friesii Quél. 1872
Coprinus rhombisporus P. D. Orton 1972

中文别称： 费瑞氏鬼伞。

形态特征： 子实体很小。菌盖卵状、椭圆形，开伞后几乎平展，直径0.5–1 cm，表面初白色，细绒毛状，中央近肉色，后呈灰色，条棱长而明显。菌肉白色，甚薄。菌褶离生，密，窄，初白色，后变褐色至带紫褐色。菌柄长1–2 cm或稍长，直径0.1 cm左右，白色，表面有粉状物，基部膨大呈球状，且有放射状白色菌丝。

生长习性： 夏、秋季于地上草堆等物上群生。

国内分布： 湖北、山西、浙江、河南、吉林、内蒙古等省份。

经济价值： 有一定的药用价值。

小脆柄菇属 *Psathyrella*

213 白黄小脆柄菇

***Psathyrella candolleana* (Fr.) Maire 1937**
Hypholoma candolleanum (Fr.) Quél. 1872
Psathyrella candolleana var. *solitaria* A. H. Sm. 1972

中文别称：黄盖小脆柄菇、花边伞、薄垂幕菇、黄盖脆柄菇、薄花边伞。

形态特征：子实体较小，伞状。菌盖初期钟形，后伸展，常呈斗笠状，直径3–11 cm，水浸状，初期浅蜜黄色至褐色，干时褪为污白色，往往顶部为黄褐色，幼时菌盖边缘附有白色菌幕残片，后渐脱落，展开后常裂开。菌肉白色至灰棕色，较薄，味温和。菌褶污白色、灰白色至褐紫灰色，直生，较窄，密，褶缘齿状，不等长。菌柄圆柱形，长4–13 cm，直径3–8 mm，白色，质脆易断，有纵条纹或纤毛，有时弯曲，中空，基部稍膨大。

生长习性：夏季至秋季于林中、林缘、道旁腐朽木周围及草地上近丛生或群生。

国内分布：湖北、北京、河北、山西、黑龙江、吉林、辽宁、内蒙古、新疆、青海、宁夏、甘肃、四川、云南、福建、台湾、湖南、广西、贵州、西藏、香港等省份。

经济价值：食用、药用菌。

（三十四）须瑚菌科 Pterulaceae | 须瑚菌属 *Pterula*

214 大羽须瑚菌

Pterula grandis **Syd. & P. Syd. 1917**

中文别称： 大羽瑚菌。

形态特征： 子实体较小，多分枝，枝细小，整丛高5–7 cm，宽2–4.5 cm，上半部灰白色至灰黄褐色，向下颜色渐深，呈褐色至黑褐色。菌柄长0.5–1.8 cm，直径0.7–2 cm，多为双叉重复分枝，部分三叉或多叉分枝，分枝处常扁平；菌柄基部弯曲，从基物伸出，常与树叶或其他植物残体连接，分枝直立或略微弯曲，向顶部变细。

生长习性： 夏、秋季于阔叶林中地上群生。

国内分布： 湖北、河南、广东、广西、云南等省份。

经济价值： 不详。

（三十五）裂褶菌科 Schizophyllaceae ｜ 裂褶菌属 *Schizophyllum*

215 裂褶菌

***Schizophyllum commune* Fr. 1815**

Merulius alneus (L.) J. F. Gmel. 1792

中文别称： 白花、白参、白参菌。

形态特征： 子实体小型。菌盖扇形或肾形，具多数裂瓣，直径0.6–4.2 cm，白色至灰白色，上有绒毛或粗毛。菌肉薄，白色。菌褶窄，从基部辐射而出，白色或灰白色，有时淡紫色，沿边缘纵裂而反卷。菌柄短或无。

生长习性： 春季至秋季于阔叶树及针叶树的枯枝倒木或枯死的禾本科植物、竹类或野草上单生至群生。

国内分布： 湖北、河北、山西、黑龙江、吉林、辽宁、山东、江苏、内蒙古、安徽、浙江、江西、福建、台湾、河南、湖南、广东、广西、海南、甘肃、西藏、四川、贵州、云南等省份。

经济价值： 食用、药用菌。

（三十六）球盖菇科 Strophariaceae | 鳞伞属 *Pholiota*

216 金毛鳞伞

Pholiota aurivella **(Batsch) P. Kumm. 1871**
Agaricus aurivellus Batsch 1786
Dryophila aurivella (Batsch) Quél. 1886

中文别称： 金毛环锈伞。

形态特征： 子实体一般中等大，黄色。菌盖初期扁半球形，后期扁平至平展，中部稍凸，直径6–15 cm，湿时黏，干燥时有光泽，金黄色至橘黄色或锈黄色，具明显的近角状鳞片且成圈分布，中部鳞片多而密，向边缘少，老时部分脱落；盖缘初期内卷，附有纤毛状菌幕残片。菌肉浅黄色，菌柄基部菌肉带红褐色。菌褶直生至凹生，密，淡黄色或黄褐色至褐黄色。菌柄圆柱形或基部稍粗似根状，较细长，下部弯曲，长6–15 cm，直径0.7–1.5 cm，上部黄色，下部锈褐色，初期菌环以下具环状排列的反卷鳞片，后期消失，实心。菌环上位，近丝膜状，易消失。孢子印锈色。

生长习性： 夏、秋季于林中腐木上单生或群生。

国内分布： 湖北、四川、云南、山西、陕西、吉林、内蒙古、西藏等省份。

经济价值： 食用菌。可分解纤维素。

217 黄褐鳞伞

***Pholiota spumosa* (Fr.) Singer 1948**
Agaricus spumosus Fr. 1821
Flammula spumosa (Fr.) P. Kumm. 1871

中文别称：黄黏锈伞、黄黏皮伞、泡状火菇、黄褐环锈伞、泡状鳞伞。

形态特征：子实体一般较小。菌盖扁半球形至稍平展，直径2.5–7.5 cm，湿润时黏，黄色至硫黄色，往往带绿色，中部黄褐色，后期表皮破裂成细小鳞片状；边缘初时内卷，挂有黄色棉绒状丝膜，易消失，后期易上翘。菌肉薄，软，黄色至黄褐色。菌褶稍弯生至直生，稍密至密，初期淡黄色至黄色，后期变为褐色至锈褐色，常带绿色。菌柄长2–10 cm，直径0.2–0.6 cm，上下等粗，中生，上部黄白色，下部带褐色，内部实心，后变空心。

生长习性：夏、秋季于针叶林或针阔混交林中地上及腐木上丛生或群生。

国内分布：湖北、黑龙江、吉林、陕西、内蒙古、山西、青海、福建、台湾、甘肃、河南、湖南、四川、云南、西藏等省份。

经济价值：食用、药用菌。

（三十七）口蘑科 Tricholomataceae | 松苞菇属 *Catathelasma*

218 梭柄松苞菇

Catathelasma ventricosum **(Peck) Singer 1940**

Armillaria ventricosa (Peck) Peck 1907

Biannularia ventricosa (Peck) Pomerl. 1980

中文别称： 娃娃菌、老人头、纱罗包、松苞菇、罗汉菌、松杉苞、梭柄乳头蘑。

形态特征： 子实体较大。菌盖初期扁半球形，后伸展近扁平，宽7–20 cm，灰白色至淡褐色，光滑，发亮，湿时黏，成熟后有时开裂，边缘内卷。菌肉白色，肥厚，伤不变色。菌褶白色至米色，延生，有时分叉，稍密，窄，不等长。菌柄圆柱形至近梭形，粗长，长5–15 cm，直径2.5–5.5 cm，污白色至淡黄褐色，向下变细，内实。菌环白色，厚，膜质，生于菌柄中部。

生长习性： 夏季至秋季于松林、杉林或针阔混交林中地上单生。

国内分布： 湖北、黑龙江、四川、贵州、云南、西藏、宁夏等省份。

经济价值： 食用菌。

杯伞属 *Clitocybe*

219 白霜杯伞

Clitocybe dealbata **(Sowerby) P. Kumm. 1871**
Clitocybe dealbata (Sowerby) Gillet 1874

中文别称： 象牙白陡头、出汗蘑菇、象牙漏斗。

形态特征： 子实体较小。菌盖初期半球形，后中部稍下凹，有时呈漏斗状，边缘内卷或呈波浪状，直径3–4 cm，表面白色或浅黄色或浅黄褐色。菌肉白色，具强烈的淀粉味。菌褶延生，稍密，白色或稍带黄色，不等长。菌柄圆柱形，长2–3.5 cm，直径0.2–0.6 cm，基部稍膨大，纤维质，内部松软。孢子印白色。

生长习性： 夏、秋季于林中地上群生或丛生。

国内分布： 湖北、山西、云南、甘肃、青海、辽宁、内蒙古等省份。

经济价值： 毒菌。

220 粉肉色杯伞

Clitocybe leucodiatreta Bon 1980

形态特征： 子实体较小。菌盖幼时半球形，表面干，后期近平展，中部稍下凹似漏斗状，直径3–7.5 cm。表面近平滑，湿润，肉褐色，质脆。菌肉浅黄褐色或浅乳白色。菌褶稍宽，污白色至浅白黄色，直生至延生。菌柄柱形，长4–5 cm，直径0.5–1 cm，与菌盖同色，具条纹或白绒毛，实心。

生长习性： 夏、秋季于林中地上近丛生或群生。

国内分布： 湖北、河北、山西、内蒙古、云南、西藏等省份。

经济价值： 不宜食用，但也有可食用的记载。

香蘑属 *Lepista*

221 花脸香蘑

Lepista sordida **(Schumach.) Singer 1951**
Agaricus sordidus Schumach. 1803
Tricholoma sordidum (Fr.) P. Kumm. 1871

中文别称：紫晶香蘑、花脸蘑、紫花脸。

形态特征：子实体中等大小，伞状。菌盖扁半球形至平展，有时中部稍下凹，直径4–8 cm，湿润时半透明状或水浸状；新鲜时紫罗兰色，失水后颜色渐淡至黄褐色；边缘内卷，具不明显的条纹，常呈波状或瓣状。菌肉淡紫罗兰色，薄。菌褶淡蓝紫色，稍稀，直生或弯生，有时稍延生，不等长。菌柄圆柱形，长4.0–6.5 cm，直径0.3–1.2 cm，与菌盖同色，靠近基部常弯曲，内实。

生长习性：夏、秋季于林中地上近丛生或群生。

国内分布：湖北、内蒙古、黑龙江、河南、甘肃、青海、四川、新疆、西藏、山西、吉林、浙江、贵州等省份。

经济价值：食用菌。

222 紫丁香蘑

***Lepista nuda* (Bull.) Cooke 1871**

Agaricus nudus Bull. 1790

Tricholoma nudum (Bull.) P. Kumm. 1871

中文别称： 裸香蘑、裸口蘑、紫晶蘑、紫蘑菇。

形态特征： 子实体一般中等大，伞状。菌盖半球形至平展，有时中部下凹，直径3.5–10 cm，亮紫色或丁香紫色至褐紫色，光滑，湿润，边缘内卷，无条纹。菌肉淡紫色，较厚。菌褶紫色，密，直生至稍延生，不等长。菌柄近圆柱形，长4–9 cm，直径0.5–2 cm，与菌盖同色，初期上部有絮状粉末，下部光滑或具纵条纹，内实，基部稍膨大。

生长习性： 秋季于林中地上单生、近丛生或群生。

国内分布： 湖北、黑龙江、福建、青海、新疆、西藏、云南、甘肃、山西等省份。

经济价值： 食用、药用菌。

黏脐菇属 *Myxomphalia*

223 黏脐菇

***Myxomphalia maura* (Fr.) Hora 1960**

Agaricus maurus Fr. 1821

Myxomphalia maura (Fr.) H. E. Bigelow 1959

形态特征： 子实体小，肉质。菌盖扁半球形，中央下陷，直径2–5 cm，暗灰色至暗褐色，辐射状隐生丝纹，湿时黏，色深。菌肉薄，灰白色、近白色或半透明。菌褶稍下延，污白色至淡灰色。菌柄圆柱形，长3–5 cm，直径3–5 mm，与菌盖同色，光滑。

生长习性： 夏、秋季于林中地上或腐木上单生或散生。

国内分布： 湖北、广东、宁夏、浙江、黑龙江等省份。

经济价值： 不详。

口蘑属 *Tricholoma*

224 松口蘑

Tricholoma matsutake **(S. Ito & S. Imai) Singer 1943**
Armillaria matsutake S. Ito & S. Imai 1925
Tricholoma nauseosum (A. Blytt) Kytöv. 1989

中文别称：松茸菌、松茸、大花菌、松菌、松蘑、松树蘑。

形态特征：子实体较大。菌盖扁半球形至近平展，中央稍突起，直径5–20 cm，污白色，具黄褐色至栗褐色、平伏的纤毛状鳞片，表面干燥，边缘内卷。菌肉初白色，后为淡褐色，肥厚而致密，有特殊的清香气。菌褶白色或稍带乳黄色，较密，弯生，不等长。菌柄圆柱形，较粗壮，长6–14 cm，直径2–2.6 cm，菌环以下具栗褐色纤毛状鳞片，内实，基部稍膨大。菌环上位，纤维状，上面白色，下面与菌柄同色。孢子印白色。

生长习性：秋季于松林或针阔混交林地上单生、群生、散生，有时形成蘑菇圈。

国内分布：湖北、内蒙古、甘肃、山西、贵州、吉林、辽宁、黑龙江、云南、四川、西藏、安徽、广西、青海、福建、台湾等省份。

经济价值：食用、药用菌。松属、栎属植物的外生菌根菌。

225 杨树口蘑

***Tricholoma populinum* J. E. Lange 1933**

Agaricus stans f. *campestris* Fr. 1874

Tricholoma populinum f. *campestre* (Fr.) Bon 1976

形态特征：子实体中等至较大。菌盖扁半球形至平展，直径4–15 cm，表面黏，浅红褐色，中部红褐色，向边缘色渐变浅，被棕褐色细小鳞片；边缘初内卷，后伸展成波状；气味香。菌肉较厚，污白色，伤处色变暗。菌褶密，较窄，污白色带浅红褐色，不等长，伤处色变暗。菌柄比较粗壮，长3–8 cm，直径1–3.5 cm，上下等粗，有的下部膨大，白色，伤后变浅红褐色，内部实心至松软。孢子印白色。

生长习性：夏、秋季于杨树林地上散生或群生。

国内分布：湖北、山西、内蒙古、河北、黑龙江等省份。

经济价值：食用、药用菌。

226 黄绿口蘑

Tricholoma sejunctum **(Sowerby) Quél. 1872**

Agaricus sejunctus Sowerby 1799

Gyrophila sejuncta (Sowerby) Quél. 1896

中文别称： 丝盖口蘑。

形态特征： 子实体中等大。菌盖初期近锥形，后近平展至平展，中部凸起，直径3–9 cm，表面湿润时稍黏，带黄绿色，中部色深，表面具暗绿色纤毛状条纹，边缘平滑或波状。菌肉稍厚，白色且近表皮处带黄色，稍带苦味。菌褶白色带淡黄色，直生至弯生，密，较宽，不等长。菌柄圆柱形，长4.5–12 cm，直径0.6–2.5 cm，上下等粗，有时基部稍粗，上部白色，向下渐变浅黄色，基部有时呈粉红色，实心至松软，上部表面具粉状物，下部具细小纤毛状物。孢子印白色。

生长习性： 秋季于针阔混交林地上群生。

国内分布： 湖北、四川、甘肃、西藏、内蒙古、吉林等省份。

经济价值： 食用、药用菌。

拟口蘑属 *Tricholomopsis*

227 赭红拟口蘑

Tricholomopsis rutilans **(Schaeff.) Singer 1939**
Tricholoma rutilans (Schaeff.) P. Kumm. 1871
Gyrophila rutilans (Schaeff.) Quél. 1886

中文别称： 赭红口蘑。

形态特征： 子实体中等至较大。菌盖初期扁半球形，后平展或中部圆凸，边缘稍内卷，直径4–15 cm，有短绒毛组成的鳞片，浅砖红色或紫红色至褐紫红色，往往中部色深。菌褶淡黄色至黄色，弯生或近直生，密，不等长，褶缘锯齿状。菌肉白色带黄色，中部厚。菌柄圆柱形，长6–11 cm，直径0.7–3 cm，上部黄色，下部稍暗，具红褐色或紫红褐色小鳞片，内部松软至空心，基部稍膨大。

生长习性： 夏、秋季于针叶树腐木上或腐树桩上丛生或群生。

国内分布： 湖北、河北、甘肃、陕西、山西、江苏、浙江、福建、台湾、广东、广西、四川、贵州、云南、吉林、辽宁、黑龙江、青海、西藏、新疆、香港等省份。

经济价值： 毒菌，但也有人食用后无中毒反应。

（三十八）木耳科 Auriculariaceae | 木耳属 *Auricularia*

228 褐黄木耳

Auricularia fuscosuccinea **(Mont.) Farl. 1905**
Hirneola fuslosuccinea Mont. 1856
Auricularia fuslosuccinea (Mont.) Henn. 1893

中文别称：褐琥珀木耳、琥珀木耳、紫耳、水耳。

形态特征：子实体一般较小，直径一般4–5 cm，最大可达12 cm，厚0.5–0.8 cm，平伏耳片状，平滑或稍有脉状皱纹，胶质至角质，暗褐色、红褐色、琥珀褐色，薄而透明，干后色变深，呈棕褐色，强烈收缩呈硬而脆的角质至近革质。背面被绒毛，污白色至淡黄褐色。

生长习性：夏季至秋季于槭、桦、栎等多种阔叶树倒地树木枝干上单生或群生。

国内分布：湖北、河北、云南、西藏、广东、广西、贵州、海南、福建、台湾等省份。

经济价值：食用、药用菌。

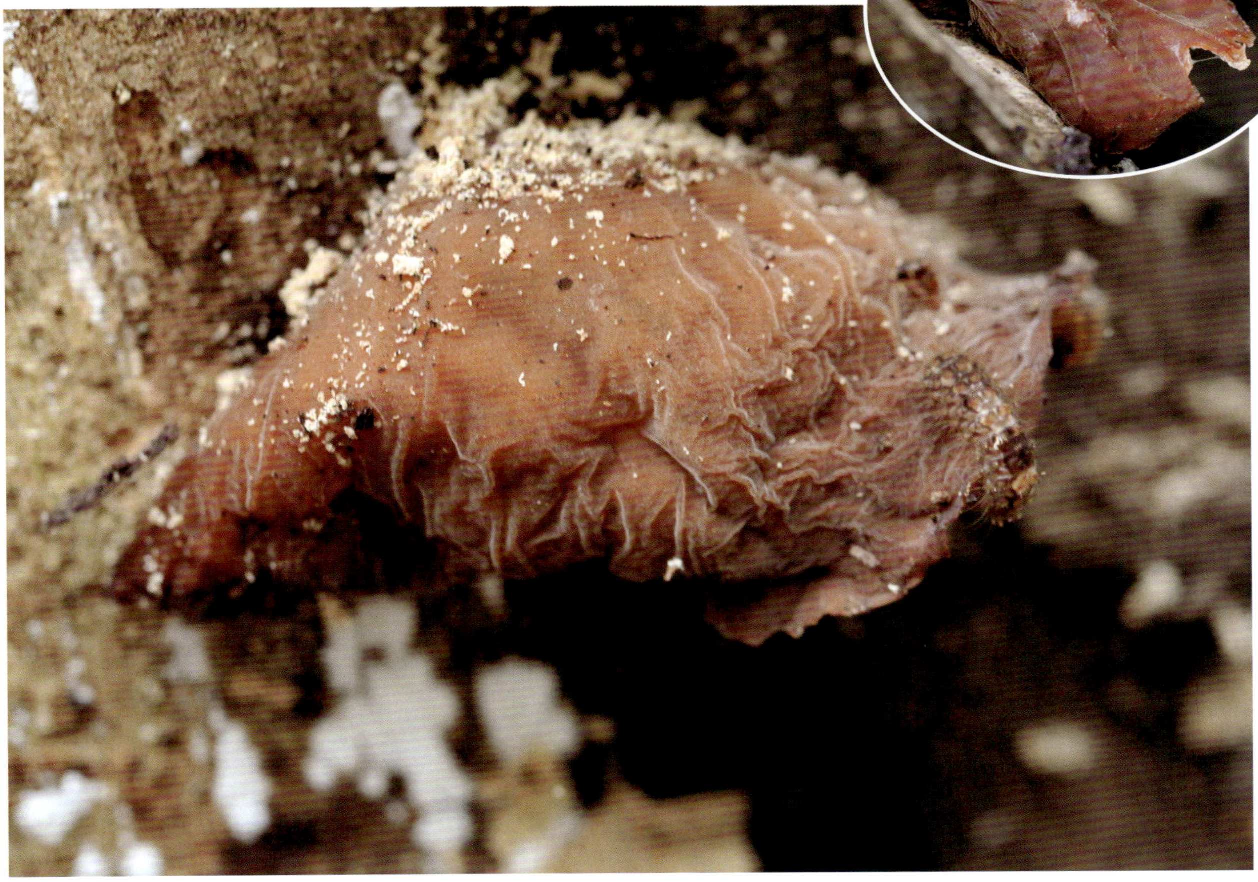

229 黑木耳

Auricularia heimuer **F. Wu, B. K. Cui, Y. C. Dai 2014**

中文别称：黑菜、黑木耳、云耳。

形态特征：子实体小至中等大，宽2-12 cm，厚0.5-1 mm，往往初期呈耳状或杯状，后为叶状或花瓣状，中凹，有弹性，胶质，半透明，红褐色或黑褐色，表面近平滑或有脉状皱纹，干后强烈收缩，变为黑色、硬而脆的角质至近革质。子实层深褐色至黑色，表面平滑或有褶状隆起。不孕面暗青褐色，密被短绒毛，成熟后可见白色霜状物。

生长习性：夏季至秋季于桦、栎等多种阔叶树枯死的枝干上覆瓦状叠生或群生。

国内分布：湖北、黑龙江、吉林、辽宁、河北、河南、陕西、宁夏、甘肃、江苏、湖南、四川、贵州、云南、西藏、福建、台湾、广东、广西、海南等省份。

经济价值：食用、药用菌。

230 毛木耳

***Auricularia polytricha* (Mont.) Sacc. 1885**
Exidia polytricha Mont. 1834
Auricularia auricula-judae var. *polytricha* (Mont.) Rick 1958

中文别称：粗木耳、黄背木耳、白背木耳。

形态特征：子实体中等大，直径2–15 cm，浅圆盘状、耳状、碗状或不规则形，通常群生或覆瓦状叠生，有明显基部，胶质，无柄，基部稍皱；新鲜时软，干后收缩。子实层位于上表面，平滑或稍有皱纹，初期呈赭色、棕褐色至黑褐色，后期变黑色。背面有较长绒毛，无色，仅基部褐色。

生长习性：夏、秋季于柳树、洋槐、桑树等多种树干上或腐木上丛生。

国内分布：湖北、河北、山西、内蒙古、黑龙江、江苏、安徽、浙江、江西、福建、台湾、河南、广西、广东、香港、陕西、甘肃、青海、四川、贵州、云南、海南等省份。

经济价值：食用、药用菌。

（三十九）拟胶瑚菌科 Tremellodendropsidaceae ｜ 拟胶瑚菌属 *Tremellodendropsis*

231 银莲花拟胶瑚菌

Tremellodendropsis tuberosa **(Grev.) D. A. Crawford 1954**
Merisma tuberosum Grev. 1824
Aphelaria tuberosa (Grev.) Corner 1950

中文别称：结节胶瑚菌、拟胶瑚菌。

形态特征：子实体高3–7 cm，直径2–5 cm，珊瑚状。菌柄白色，枝淡灰色，基部有白色菌丝体。分枝两侧扁，米色至淡黄色。顶端钝，两侧扁平，白色。菌肉白色，质地较硬。担子70–110 μm×12–16 μm，顶部十字纵裂。担孢子近杏仁形至种子形，表面光滑，14–20 μm×6–8 μm。

生长习性：夏、秋季于林中地上丛生。

国内分布：湖北、云南、湖南等省份。

经济价值：不详。

（四十）牛肝菌科 Boletaceae ｜ 金牛肝菌属 *Aureoboletus*

232 栗色金牛肝菌

***Aureoboletus marroninus* T. H. Li & Ming Zhang 2015**

形态特征： 子实体小到中等大。菌盖初期钝圆形、凸镜形，后平展，直径1.3–2.2 cm，表面红棕色、褐色至栗褐色，边缘色浅，有明显的皱缩，中部常形成深褐色不规则网纹；边缘近平展，常附有黄白色至透明的菌幕残余。菌肉白色，近表皮处紫红色至洋红色，伤后不变色或略变淡紫色。菌管延生，初期黄白色，渐变淡黄色、粉黄色至橄榄黄色，常带橄榄绿色调，近柄处下凹，孔口变大，伤不变色。菌柄近柱形至棒状，长1.5–2 cm，直径0.2–0.4 cm，中生，上下等粗或基部稍变大，淡黄色、粉红色至紫红色，内部实心，表面光滑无网纹，黏或较黏，基部菌丝体白色。无明显的气味和味道。

生长习性： 夏、秋季于针阔混交林中地上单生或散生。

国内分布： 湖北、云南、广东等省份。

经济价值： 不详。

233 纤细金牛肝菌

Aureoboletus tenuis **T. H. Li & Ming Zhang 2013**

中文别称： 细弱金牛肝菌。

形态特征： 菌盖近半球形至平展，直径1.5–2.5 cm，新鲜时较黏，具有明显的褶皱，橘红褐色、棕红褐色，边缘有时内卷。菌肉白色至浅黄色，伤后轻微变至浅红色或不变色。孔口圆形或多角形，浅黄色，伤不变色。菌管靠近菌柄处下陷，浅黄色。菌柄圆柱形，长4–8 cm，直径0.3–0.7 cm，表面被黏液，棕红色或灰红色，实心。

生长习性： 夏、秋季于林中地上单生或散生。

国内分布： 湖北、浙江、广东、广西等省份。

经济价值： 不详。

234 西藏金牛肝菌

***Aureoboletus thibetanus* (Pat.) Hongo & Nagas. 1980**

Boletus thibetanus Pat. 1895

Suillus thibetanus (Pat.) Kuntze 1898

形态特征： 子实体小。菌盖中央微凸，后期平展，直径1.5–5 cm，栗褐色、土黄色及褐黄色，表面具网纹，或具较浅的凹凸，湿时黏，菌盖边缘表皮微延长。菌肉厚0.5–1.5 cm，白色，伤不变色。子实层金黄色，鲜艳明亮，单孔式。孔口近圆形至多角形，8–12孔/cm。菌管长0.2–0.5 cm，黄色，直生。菌柄细棒形，长3–4 cm，直径0.6–0.8 cm，近等粗，直立，表面光滑，或具不明显的网络，网脊极浅，或仅呈纵长条状，黄色至褐黄色。菌柄基部菌丝体黄色。

生长习性： 夏季至秋季于针阔混交林、针叶林、阔叶林中地上单生或群生。

国内分布： 湖北、西藏、四川、云南等省份。

经济价值： 不详。

235 绒盖金牛肝菌

Aureoboletus tomentosus **G. Wu & Z. L. Yang 2016**

形态特征：菌盖近半球形至平展，直径2–5 cm，湿时黏，橘黄色至金黄色，密被与菌盖同色的细绒毛。菌肉白色，伤不变色。菌管和孔口黄色，伤不变色，孔口多角形。菌柄近圆柱形，长4–8 cm，直径0.3–0.7 cm，与菌盖表面同色，湿时黏，被有纵向条纹或宽网纹和麸糠状颗粒，实心。菌肉白色至浅黄色，伤不变色。

生长习性：夏、秋季于林中地上单生或散生。

国内分布：湖北、广东等省份。

经济价值：不详。

南方牛肝菌属 *Austroboletus*

236 纺锤孢南方牛肝菌

Austroboletus fusisporus **(Kawam. ex Imazeki & Hongo) Wolfe 1980**
Porphyrellus fusisporus Kawam. ex Imazeki & Hongo 1960

中文别称： 梭孢南方牛肝菌。

形态特征： 子实体较小。菌盖初期近球形，后平展，中央常凸起，直径1.5–3.5 cm，干或稍黏，灰褐色至黄褐色，表面有细小鳞片，边缘有灰白色菌幕残片悬垂。菌肉白色，伤后不变色。孔口多角形，与菌管同色。菌管初为白色或灰粉色，后变淡紫红色至紫褐色，近菌柄处下凹至离生。菌柄圆柱形，长3–8 cm，直径0.3–0.5 cm，湿时黏，与菌盖同色，有明显突起的纵向网纹，实心，基部有白色菌丝体。

生长习性： 夏、秋季于针阔混交林中地上单生或散生。

国内分布： 湖北、云南、湖南、台湾、广东等省份。

经济价值： 食毒不明。

条孢牛肝菌属 *Boletellus*

237 金色条孢牛肝菌

Boletellus chrysenteroides **(Snell) Snell 1941**
Boletus chrysenteroides Snell 1936

形态特征：子实体较小。菌盖初期半球形，后渐平展，直径4–6 cm，酱色、淡灰褐色、青灰褐色至紫红褐色，成熟及干燥时常有不规则裂纹，露出近白色微带紫红色菌肉。菌肉白色至黄白色，伤变蓝色，随后带红色。孔口多角形，直径约1 mm。菌管绿黄色，弯生，伤处变蓝色。菌柄圆柱形，长4.5–5 cm，直径5–10 mm，稍弯曲，覆有一层与菌盖同色的粉粒或糠麸状小鳞片，伤处变蓝色，随后带红色，内部实心。孢子印褐色。

生长习性：夏、秋季生于林中地上。

国内分布：湖北、江苏、广东、浙江、云南、贵州、广西、安徽等省份。

经济价值：可食用。与树木形成外生菌根。

238 深红条孢牛肝菌

Boletellus obscurecoccineus **(Höhn.) Singer 1945**

Boletus obscurecoccineus Höhn. 1914

形态特征： 菌盖近半球形至平展，直径3-7 cm，初为绯红色，后转为粉红色；表面微具绒毛，成熟时开裂为小的鳞片。菌肉淡黄色，伤不变色。孔口较大，多角形，黄色。菌管靠近菌柄处下陷，黄色。菌柄圆柱形，长3-10 cm，直径0.3-1 cm，近顶端黄色，中部被浅红色鳞片，基部具白色菌丝体，中实。

生长习性： 夏、秋季生于林中地上。

国内分布： 湖北、安徽、台湾、山东等省份。

经济价值： 不详。

小绒盖牛肝菌属 *Parvixerocomus*

239 青木氏小绒盖牛肝菌

Parvixerocomus aokii **(Hongo) G. Wu, N. K. Zeng & Zhu L. Yang 2015**
Boletus aokii Hongo 1984

中文别称： 小血红牛肝菌、青木氏牛肝菌、青木牛肝菌。

形态特征： 子实体较小。菌盖初半球形，后平展，直径0.9–2.5 cm，表面干燥，微具绒毛，初期微红色至紫红色，成熟时红褐色，常出现细裂纹。菌肉淡黄色，薄，厚2–3 mm，伤后变蓝色。孔口多角形，黄色，近柄处小褶片状，呈不明显放射状排列，黄色或稍带青黄色，伤后变蓝色。菌管直生至稍延生，与孔口同色，伤后变蓝色。菌柄圆柱形，长1–2.2 cm，直径0.2–0.3 cm，表面橙红色至胡萝卜红色，被不明显的纤丝状鳞片，伤后变蓝色，下端稍呈黄色。

生长习性： 夏季至秋季于阔叶林中地上单生、散生、群生。

国内分布： 湖北、广东、浙江、福建等省份。

经济价值： 不能食用。

牛肝菌属 *Boletus*

240 金黄柄牛肝菌

***Boletus auripes* Peck 1898**

中文别称：黄肉牛肝菌、红肉牛肝菌、黄柄牛肝菌。

形态特征：子实体中等至较大。菌盖初期扁半球形，后渐扁平或中部稍下凹，直径6–15 cm，有时更大，暗褐色或棕褐色至橄榄褐色，幼时边缘内卷，有绒毛；表面干，后期有裂纹。菌肉厚，松软，黄色或粉黄色、粉红色。菌管长1–3 mm，直生至近离生，初期黄色，后期变黄绿色，边缘黄褐色。菌柄长7–9 cm，直径1.5–3.5 cm，金黄色，往往下部膨大，中上部有细网纹，下部有暗色细条纹，后期中部以下变暗褐黄色，内部实心，黄色。

生长习性：夏、秋季于林中地上单生或群生。

国内分布：湖北、河北、贵州、云南、四川、吉林等省份。

经济价值：食用菌。树木外生菌根菌。

241 双色牛肝菌

***Boletus bicolor* Peck 1872**

Boletus biocolor Raddi 1806

中文别称：红黄牛肝菌。

形态特征：子实体大。菌盖中凸呈半球形，有时不甚规则，直径5–15 cm，表面干燥，有绒状感，盖边缘有时延伸出很窄的薄缘膜，菌盖初期粉红色至深玫瑰红色，后褪为浅红褐色至污褐色。菌肉黄色，伤后初不变色，后渐渐变蓝色，而后还原。菌管黄色或柠檬黄色，成熟后近污红色，近柄处下陷，伤变蓝色。菌柄长5–10 cm，直径1–3 cm，基部渐膨大，表面光滑，上部黄色，向下渐呈苹果红色，在放大镜下可见在柄的上端多具草黄色颗粒，但无网纹，基部菌丝体污白色。

生长习性：夏、秋季于针阔混交林地上单生或群生。

国内分布：湖北、四川、云南、西藏、福建、陕西、贵州、新疆、青海、广东等省份。

经济价值：食用菌。

242 美味牛肝菌

Boletus edulis **Bull. 1782**

Leccinum edule (Bull.) Gray 1821

中文别称： 牛肝菌、大腿蘑、大脚蘑、网纹牛肝菌、白牛肝菌、粗腿菇。

形态特征： 子实体中等至较大，伞状。菌盖扁半球形，后期稍平展，直径8–25 cm，光滑，不黏，边缘钝，表面常有凹陷，初期肉桂色至暗肉桂色，成熟后变浅色。菌肉白色，较厚，伤后不变色。孔口呈圆形。菌管初期白色或略呈淡黄色，直生或近弯生，或在柄周围凹陷。菌柄近棒状至近圆柱形，长10–18 cm，直径2–4 cm，向下变粗，淡褐色，中部及下部被淡褐色网纹，顶部被污白色网纹，中实，基部近白色。

生长习性： 夏、秋季于林中地上单生或散生。

国内分布： 湖北、河南、河北、黑龙江、吉林、四川、贵州、安徽、江苏、广东、辽宁、云南、内蒙古、陕西、湖南、福建、台湾、西藏、甘肃等省份。

经济价值： 食用、药用菌。

243 甘肃牛肝菌

Boletus gansuensis **Q. B. Wang, T. H. Li & Y. J. Yao 2003**

形态特征：子实体中等大。菌盖半球形至凸镜形，直径6–8 cm，淡红色、淡红褐色至灰红色，中部有时褪为灰橄榄色，表面光滑至具微绒毛，湿时微黏。菌肉白色至浅黄色，受伤后立即变蓝色至深蓝色。孔口淡黄色带红色至红色，不规则多角形，每毫米1–2个，伤后变深蓝色至蓝黑色。菌管淡黄色、黄色至橙黄色，近柄处凹陷。菌柄近圆柱形，长7–12 cm，直径0.6–1.2 cm，紫红至暗紫红色，有糠麸状鳞片。

生长习性：夏、秋季于桦树林中地上单生或散生。

国内分布：湖北、甘肃等省份。

经济价值：不详。

244 斜脚牛肝菌

Boletus instabilis **W. F. Chiu 1948**

形态特征：子实体较小。菌盖半球形，直径6–7 cm，倾斜，肉桂色或赭红色，表面光滑，有时呈龟裂状，边缘有缺刻。菌肉白色，伤后变粉红色。孔口近圆形，与菌管同色。菌管黄色，伤后变蓝色，延生。菌柄偏生至近侧生，长6–7 cm，直径1.5–2.5 cm，灰褐色，有绒毛。

生长习性：夏、秋季于针阔混交林中地上生长。

国内分布：湖北、四川、云南、广东、贵州等省份。

经济价值：据记载可食用。

245 红网牛肝菌

***Boletus luridus* Schaeff. 1774**

Leccinum luridum (Schaeff.) Gray 1821

Suillellus luridum (Schaeff.) Murrill 1909

中文别称：红网柄牛肝菌、褐黄牛肝菌、见手青（四川、云南）、摸青菰（福建）。

形态特征：子实体大，伞状。菌盖初半球形，后平展，直径6–17 cm，浅土褐色至茶褐色，表面干燥或稍带黏性，有细绒毛，常龟裂成小斑块。菌肉淡黄色，伤变蓝色，与菌管接触面带红色。孔口圆形或多角形。菌管离生，黄褐色，伤变蓝色。菌柄近柱形，长3–11.5 cm，直径1.3–2.2 cm，上部橘红色，下部带紫色，有橘红色网纹，基部颜色稍深，肉质，实心，伤变蓝色。

生长习性：夏、秋季于阔叶林或针阔混交林中地上散生或群生。

国内分布：湖北、河北、河南、黑龙江、江苏、安徽、甘肃、新疆、四川、广东、云南、福建等省份。

经济价值：毒菌，也有人采食。与马尾松、疣皮桦、鹅耳枥、山毛榉、栎等树木形成菌根。

246 金柄牛肝菌

Boletus ornatipes **Peck 1878**

Suillus ornatipes (Peck) Kuntze 1898

Retiboletus ornatipes (Peck) Manfr. Binder & Bresinsky 2002

中文别称：粗网柄牛肝菌、网柄牛肝菌。

形态特征：子实体中等。菌盖扁半球形至近扁平，直径4–16 cm，表面干燥、柔软，颜色多变，浅灰色至紫灰色、黄色、橄榄色、黄褐色或橄榄褐色，通常中心最暗，边缘有时色浅。菌肉污黄白色，细嫩，厚，伤后变暗黄色，或变色不明显，味道微苦，有难闻气味或不明显。孔口小，圆形至多角形，每毫米1–2个，与菌管同色，伤后色变暗。菌管直生或稍延生，黄色至暗黄色。菌柄近柱形，长5–10 cm，直径0.5–2.5 cm，较菌盖色浅或同色，近基部色浅，表面有隆起的明显网纹，基部有白色至橙黄色菌丝。孢子印橄榄色至深黄褐色。

生长习性：夏、秋季于阔叶林中地上群生或单生。

国内分布：湖北、广东、四川、江苏、安徽、云南、浙江等。

经济价值：可食用，有的非常苦涩。树木外生菌根菌。

247 网柄牛柄菌

Boletus reticulatus **(Schaeff.) Boudier 1876**
Boletus reticulatus Schaeff. 1774
Boletus edulis f. *reticulatus* (Schaeff.) Vassilkov 1966

中文别称：美网柄牛肝菌、网纹牛肝菌。

形态特征：子实体中等至较大。菌盖初呈半圆形，后平展而中凹，直径3.5–7 cm，表面具绒毛或细颗粒，初微黏，后干燥，有时呈龟裂状，赭褐色、灰褐色、粉褐色。菌肉白色，伤后呈灰白色，渐转成淡黄绿色。菌管贴生至微离生，初白色，成熟后转灰白色、淡黄色，菌盖边缘的孔口往往微现红色。菌柄棒形，长3–6 cm，直径1–1.5 cm，中生，往往中部微膨大，有网状凸起，在中下部较明显，菌柄与菌盖同色。

生长习性：夏、秋季于阔叶落叶林下及草甸上散生。

国内分布：湖北、福建、黑龙江、贵州、云南、四川、河南、河北、广东、甘肃等省份。

经济价值：食用菌。

248 网盖牛肝菌

Boletus reticuloceps **(M. Zang, M. S. Yuan & M. Q. Gong) Q. B. Wang & Y. J. Yao 2005**

Aureoboletus reticuloceps M. Zang, M. S. Yuan & M. Q. Gong 1993

中文别称：黄豆菌。

形态特征：子实体中等至较大。菌盖半球形至扁半球形，直径8–16 cm，表面干燥，褐色、深褐色或红褐色、铜黑色，布满凹凸纹路。菌肉白色，伤后不变色。菌管和孔口白色或污白色，成熟后橄榄黄色，伤不变色。菌柄柱形，粗长，长6–17 cm，直径1.5–3 cm，被污白色至褐色网纹，基部稍膨大，内实，与菌盖同色。

生长习性：夏、秋季于针叶林或阔叶林地上散生或群生。

国内分布：湖北、台湾、四川、云南、西藏等省份。

经济价值：食用菌。

249 血色牛肝菌

Boletus rubellus **Krombh. 1836**

Hortiboletus rubellus (Krombh.) Simonini, Vizzini & Gelardi 2015

中文别称：朱红牛肝菌、血红牛肝菌。

形态特征：子实体中等大。菌盖扁半球形至稍平展，直径4–10 cm，血红色至紫褐红色，有细绒毛，或有龟裂，初期菌盖边缘内卷。菌肉白色至带黄色，靠近表皮下带红色，伤变蓝绿色，味柔和。孔口多角形或近圆形，直径0.5–1 mm。菌管直生或稍延生，黄色，老时变暗，伤变蓝绿色。菌柄近柱形，长3–6 cm，直径0.6–1.6 cm，黄色，下部红褐色，基部稍膨大，黑褐色，顶部有网纹，内实。孢子印黄褐色。

生长习性：夏季至秋季于阔叶林、针叶林地上群生，有时近丛生。

国内分布：湖北、湖南、河南、吉林、辽宁、广东、四川、贵州、云南、西藏等省份。

经济价值：食用、药用菌。树木的外生菌根菌，与云杉、松、栎等树木形成外生菌根。

250 粉盖牛肝菌

Boletus speciosus Frost 1874
Suillus speciosus (Frost) Kuntze 1898
Ceriomyces speciosus (Frost) Murrill 1909

中文别称：华美牛肝菌、小美牛肝菌、见手青、风手青、红葱菌、葱菌、红见手、红荞巴菌。

形态特征：子实体较大，伞状。菌盖扁半球形至扁平，直径7–16 cm，具绒毛，浅粉肉桂色至浅土黄色，有时近菌盖缘处呈现黄色晕斑。菌肉坚实，鲜黄色至淡黄色，受伤处变蓝色，并且有一股浓郁的葱香味，故名红葱、红见手。孔口圆形，蜜黄色。菌管层绿黄色，直生至微延生，近柄处下陷，受伤处变蓝色。菌柄粗棒状，长5–13 cm，直径1.5–4 cm，中上部近等粗，基部微膨大，上部柠檬黄色，中部橙色至粉红色，有明显而清晰的网络，网络脊深黄色，基部黄色或橙褐色，基部菌丝体黄色。

生长习性：夏、秋季于阔叶林或针阔混交林中地上散生或丛生。

国内分布：湖北、云南、四川、贵州、西藏、福建、台湾、安徽、浙江、广东、广西、湖南、江西、江苏、海南、香港等省份。

经济价值：食用、药用菌。

251 紫褐牛肝菌

Boletus violaceofuscus **W. F. Chiu 1948**

中文别称： 紫牛肝菌、裘氏紫褐牛肝菌。

形态特征： 菌盖初半球形，后渐平展，直径4–10 cm，紫色、蓝紫色或淡紫褐色，光滑或被短绒毛，有时凹凸不平。菌肉白色，致密，伤不变色。孔口近圆形，每毫米1–3个。菌管弯生或离生，在菌柄周围凹陷，初期白色，后变淡黄色。菌柄圆柱形，长5–10 cm，直径1–2 cm，上下略等粗或基部膨大，蓝紫色，有白色网纹，基部有白色菌丝。孢子印锈褐色。

生长习性： 夏、秋季于阔叶林或针阔混交林中地上单生或群生。

国内分布： 湖北、广西、云南、贵州、福建、台湾、广东、海南等省份。

经济价值： 食用、药用菌。

美柄牛肝菌属 *Caloboletus*

252 毡盖美牛肝菌

Caloboletus panniformis **(Taneyama & Har. Takah.) Vizzini 2014**

Boletus panniformis Taneyama & Har. Takah. 2013

中文别称： 毡盖美柄牛肝菌。

形态特征： 子实体一般中等大。菌盖半球形至扁半球形，直径6–12 cm，密被灰褐色、褐色至红褐色的毡状至绒状鳞片，边缘稍延生。菌肉黄色至淡黄色，伤变蓝色。菌管及孔口初为米色，直生至稍弯生，成熟后黄色至污黄色，伤后速变蓝色。菌柄圆柱状，长7–12 cm，直径2–3 cm，向下渐粗，中生，中下部红色，顶部污黄色，密被红褐色至红色细鳞片，上半部有时有同色网纹，或顶端稍有网纹，实心，伤不变色，基部菌丝体白色。无特殊气味，菌肉有苦味。

生长习性： 夏、秋季于针叶林或针阔混交林中地上单生或散生。

国内分布： 湖北、云南、四川、甘肃等省份。

经济价值： 毒菌。

橙牛肝菌属 *Crocinoboletus*

253 金红橙牛肝菌

Crocinoboletus rufoaureus **(Massee) N. K. Zeng, Zhu L. Yang & G. Wu 2014**

Boletus rufoaureus Massee 1909

中文别称： 金红牛肝菌、橙牛肝菌、金橙牛肝菌。

形态特征： 子实体大。菌盖半圆形，初期中部凸起，后微平展但不反翘，直径4.5–12 cm，表面有微小毛绒或细纤维覆盖，后期光滑，橘红色、深砖红色、栗红色。菌肉厚1.5–2.2 cm，姜黄色、深橙黄色，伤后呈深褐黄色，形成深褐黄色条纹，后期微呈蓝褐色，生尝微涩，闻之有灵芝清苦气味。孔口近圆形，橙色、深红色或锈红色，伤后迅速变为蓝绿色，后呈褐红或黑红色。菌管金黄色，近柄处微下陷。菌柄长棒状，长7–13 cm，直径1.1–1.9 cm，近等粗，基部微弯曲或直立，上部橘黄色，中下部呈砖红色、褐红色，有粗糙的颗粒状物，无明显的网纹，受伤后迅速变为蓝绿色，基部菌丝体橙黄色。

生长习性： 夏季至秋季于热带或亚热带阔叶林中地上单生、散生或群生。

国内分布： 湖北、广东、云南、海南等省份。

经济价值： 不详。

蓝牛肝菌属 *Cyanoboletus*

254 华粉蓝牛肝菌

Cyanoboletus sinopulverulentus **(Gelardi & Vizzini) Gelardi, Vizzini & Simonini 2014**

Boletus sinopulverulentus Gelardi & Vizzini 2013

形态特征： 菌盖初期半球形，后平展，直径3-5 cm，干，有微小绒毛，不开裂，伤后变黑褐色，边缘稍内卷。菌肉白色，近柄处厚0.6 mm，伤后迅速变深蓝色。孔口小，不规则多角形，与菌管同色，伤后变蓝黑色。菌管直生至近延生，长0.3-0.4 mm，深黄色至红褐色，伤后迅速变为蓝绿色。菌柄圆柱形，长3-5 cm，直径0.8-1 cm，近等粗，密被粉末或微绒毛，与菌盖同色。

生长习性： 夏、秋季于林中地上单生或散生。

国内分布： 湖北、陕西等省份。

经济价值： 不详。

厚瓤牛肝菌属 *Hourangia*

255 芝麻厚瓤牛肝菌

***Hourangia nigropunctata* (W. F. Chiu) Xue T. Zhu & Zhu L. Yang 2015**
Boletus nigropunctatus W. F. Chiu 1948
Xerocomus nigropunctatus (W. F. Chiu) F. L. Tai 1979

中文别称： 芝麻牛肝菌、黑斑厚瓤牛肝菌。

形态特征： 子实体中等大。菌盖半球形至平展，直径3–8 cm，表面干燥，密被黄褐色、红褐色至深褐色绒毛，鳞片间呈白色。菌肉较薄，淡黄色，受伤后最初变为浅蓝色或变色不明显，随后渐变为淡红色至浅红褐色，最后变为浅褐色至浅黑色。孔口多角形，复孔式，淡黄色。菌管直生或弯生，长7–12 mm，厚度为菌肉的3–5倍，表面鲜时黄色，老时变为赭色，受伤后迅速变为蓝色，随后变为暗褐色。菌柄圆柱形，中生，长4–7 cm，直径0.5–0.8 cm，向下渐粗，污白色至淡黄色，有时具红色色调，具颗粒状或纤丝状鳞片，基部有白色菌丝体。

生长习性： 夏、秋季于林地上单生或群生。

国内分布： 湖北、福建、湖南、海南、云南等省份。

经济价值： 毒菌。

兰茂牛肝菌属 *Lanmaoa*

256 兰茂牛肝菌

Lanmaoa asiatica **G. Wu & Zhu L. Yang 2016**

中文别称：红葱、见手青、红见手。

形态特征：子实体中等至较大，伞状。菌盖扁半球形至宽凸形，直径5–16 cm，厚1–3 cm，表面粉色、红色至暗红色，或具微绒毛。菌肉浅粉肉桂色，有洋葱味，受伤处缓慢变蓝色。菌管波状，厚达菌盖组织的1/4–1/3处，表面与孔口呈浅黄色，伤后迅速变浅蓝色至蓝色。菌柄近圆柱形、倒棍棒形，长8–10 cm，直径1.2–4 cm，有时基部球状，淡黄色，顶端浅黄色至黄色，其余部分灰红色、褐红色至灰红宝石色，有时上部具有网纹，较菌盖颜色深，伤处变淡蓝色至深蓝色，基部菌丝体黄白色。

生长习性：夏、秋季于针阔混交林中地上散生。

国内分布：湖北、云南、广东等省份。

经济价值：毒菌，不可生食。

疣柄牛肝菌属 *Leccinum*

257 橙黄疣柄牛肝菌

***Leccinum aurantiacum* (Bull.) Gray 1821**

Boletus aurantiacus Bull. 1791

中文别称：红顶牛肝菌。

形态特征：子实体中等至较大。菌盖半球形，直径3–12 cm，表面光滑或微被纤毛，橙红色、橙黄色或近紫红色。菌肉厚，质密，初期淡白色，后呈淡灰色、淡黄色或淡褐色，受伤不变色。孔口灰白色，圆形。菌管直生、稍弯生或近离生，在柄周围凹陷，初期淡白色，后变污褐色，受伤时变肉色。菌柄柱形，长5–12 cm，直径1–2.5 cm，上下略等粗或基部稍粗，污白色、淡褐色或近淡紫红色，被褐色疣粒，内实。孢子印淡黄褐色。

生长习性：夏、秋季于林中地上单生或散生。

国内分布：湖北、浙江、北京、河北、陕西、四川、黑龙江、吉林、青海、新疆、辽宁、云南、西藏等省份。

经济价值：可食用，其味比较好。属外生菌根菌，与乔松、桦、山杨等树木形成菌根。

258 黄皮疣柄牛肝菌

Leccinum crocipodium **(Letell.) Watling 1961**
Boletus crocipodius Letell. 1838
Leccinellum crocipodium (Letell.) Bresinsky & Manfr. Binder 2003

中文别称： 黄皮牛肝、黄癞头(滇中)、黄皮小疣柄牛肝菌。

形态特征： 子实体中等至较大。菌盖初期半球形，后平展，直径4–7.5 cm，土黄色、橘黄色、褐黄色，幼时边缘微内卷，无黏液，但有脂状感，少平滑，后期多具龟裂状花纹。菌肉淡黄色、乳黄色，伤后变色不明显，略呈酒红色，近柄处变色明显，遇硫酸亚铁溶液变绿色，遇氢氧化钾溶液呈橘褐色，鲜时无特殊气味和味道。菌管黄色，弯生，在菌柄处有凹陷，管孔圆形。菌柄柱形，长5–7 cm，直径2–4.5 cm，污黄色，上端有较浓的金黄色或暗红色小粒点，少数柄基具糠麸状鳞片，易脱落，基部稍细，内部充实至松软。

生长习性： 夏、秋季于阔叶林或针阔混交林中地上单生或散生。

国内分布： 湖北、河北、四川、云南、江苏、浙江、安徽、福建、台湾、湖南、广东、广西、西藏、贵州、山西、河南等省份。

经济价值： 食用菌。

259 远东疣柄牛肝菌

Leccinum extremiorientale **(Lar. N. Vassiljeva) Singer 1962**
Krombholzia extremiorientalis Lj. N. Vassiljeva 1950
Rugiboletus extremiorientalis (Lj. N. Vassiljeva) G. Wu & Zhu L. Yang 2015

中文别称： 裂皮疣柄牛肝菌、虎皮牛肝、皱牛肝菌。

形态特征： 菌盖幼时近球形，后扁半球形至平展，直径4.5–22 cm，杏黄色、土黄色、棕黄色，肉质，被绒毛，气候干燥时表皮易龟裂，菌盖边缘更为显著，且菌盖边缘有明显的菌幕残余。菌肉初期致密，老时松软，色白，但在菌管上方呈黄色，切面变粉红色。菌管橙黄色，老时橄榄黄色，于菌柄周围凹陷；管孔与菌管同色。菌柄圆柱形，长7–14 cm，直径1.3–3.5 cm，基部微膨大，杏黄色、褐黄色或深褐色，有赭色小鳞片。

生长习性： 夏季至秋季于阔叶林、杂木林中地上单生或群生。

国内分布： 湖北、广西、福建、台湾、贵州、四川、云南等省份。

经济价值： 食用、药用菌。

260 皱盖疣柄牛肝菌

Leccinum rugosiceps **(Peck) Singer 1945**

Boletus rugosiceps Peck 1904

中文别称： 虎皮牛肝。

形态特征： 子实体中等大。菌盖初期近球状，后平展，直径一般5.5–14 cm，最长可达20 cm，杏黄色、赭土褐色或土黄色，表面被绒毛，多皱，易龟裂呈浅褐色鳞片。菌肉白色至淡黄色。孔口近圆形。菌管弯生，近柄处有凹陷，有时离生，呈黄绿色。菌柄近圆柱形，长7–14 cm，直径2–3 cm，基部膨大，与菌盖同色或稍浅，表面有颗粒状小点或鳞片。

生长习性： 夏、秋季于林中地上单生或群生。

国内分布： 湖北、青海、广西、福建、西藏、云南、贵州、四川、海南、河南、浙江等省份。

经济价值： 食用、药用菌。

261 褐疣柄牛肝菌

***Leccinum scabrum* (Bull.) Gray 1821**

Boletus scabrer Bull. 1783

中文别称： 褐盖疣柄牛肝菌。

形态特征： 子实体较大。菌盖半球形，直径4.5–15 cm，淡灰褐色，红褐色或栗褐色，有时暗褐色，湿时稍黏，光滑或有短绒毛。菌肉白色，伤时不变色或稍变粉黄或粉红色。孔口密，圆形，与菌管同色，伤后变橄榄绿色。菌管弯生或离生，初期白色，渐变为淡褐色。菌柄近圆柱形，长4–11 cm，直径1–3.5 cm，向下渐粗，上部淡白色，下部淡灰色，表面有许多细小的黑褐色疣突和鳞片。孢子印淡褐色或褐色。

生长习性： 夏、秋季于阔叶林和针阔混交林中地上单生或散生。

国内分布： 湖北、黑龙江、吉林、广东、江苏、安徽、浙江、西藏、陕西、新疆、青海、四川、云南、辽宁等省份。

经济价值： 可食用，也有有毒报道。与桦、山毛榉、杨、柳、椴、榛、松等形成外生菌根。

262 近白疣柄牛肝菌

Leccinum subleucophaeum **E. A. Dick & Snell 1961**

Krombholziella subleucophaea (E. A. Dick & Snell) Šutara 1982

形态特征： 子实体小至中等大。菌盖半球形，直径4–12 cm，表面被伏卧的绒毛或散生的纤毛，后期渐变光滑，灰白色，边缘钝而下弯。菌肉白色至污白色，厚。孔口圆形。菌管乳白色，伤后变褐红色。菌柄棒状，上部细，中下部较粗，微弯曲，白色，具褐色斑点和鳞片。

生长习性： 夏、秋季于阔叶林中地上单生或群生。

国内分布： 湖北、福建、湖南、四川、青海等省份。

经济价值： 可食用。树木外生菌根菌。

263 变色疣柄牛肝菌

Leccinum variicolor **Watling 1969**

Leccinum oxydabile (Singer) Singer 1947

Boletus variicolor (Watling) Hlaváček 1988

形态特征：子实体中等大。菌盖半球形至平展，直径4.5–10 cm，鼠灰色至暗褐色，表面有绒细毛，干燥，后期变光滑和稍微黏。菌肉较厚，白色，受伤后，菌盖部分和菌柄上部的菌肉变粉红色，而菌柄基部的菌肉变蓝灰或青绿色。菌管直生至近离生，污白色至奶油黄色，伤后变粉红色或葡萄红色。菌柄圆柱形，长10–18 cm，直径1.5–2.5 cm，污白色，被鼠灰色或带黄绿色的疣状鳞片。

生长习性：夏、秋季于阔叶林及针阔混交林地上群生或散生。

国内分布：湖北、河北、西藏等省份。

经济价值：可食用。

褶孔牛肝菌 *Phylloporus*

264 翘鳞褶孔牛肝菌

***Phylloporus imbricatus* N. K. Zeng, Zhu L. Yang & L. P. Tang 2013**

中文别称： 覆鳞褶孔菌、覆鳞褶孔牛肝菌、鳞盖褶孔牛肝菌。

形态特征： 子实体中等大。菌盖扁平至平展，直径5-11 cm，老时中部稍下凹，表皮可裂成黄褐色、褐色、暗褐色至红褐色鳞片，且鳞片常上翘。菌肉米色至淡黄色，伤不变色。菌褶黄色，较稀，小菌褶多，延生，不等长，常见横脉，伤后变蓝色，随后缓慢恢复至黄色。菌柄圆柱形，长5-10 cm，直径0.3-1.5 cm，黄褐色、褐色至褐红色，上半部通常有纵纹；菌柄菌肉奶油色，伤不变色；基部菌丝体黄色。

生长习性： 夏、秋季于针叶林中地上群生或散生。

国内分布： 湖北、云南、四川、西藏、黑龙江、吉林、湖南、江苏、浙江、安徽、福建、广东、广西、贵州、海南、香港等省份。

经济价值： 食用菌。

265 红黄褶孔牛肝菌

Phylloporus rhodoxanthus **(Schw.) Bres. 1900**

Agaricus rhodoxanthus Schw. 1822

中文别称： 褶孔牛肝菌、褶孔菌、黄褶孔菌。

形态特征： 子实体中等大。菌盖扁半球形，后平展，中部稍下凹，直径3–11 cm，土黄色、褐色或淡栗色，被绒毛或变光滑，边缘稍上翘，有的呈波状。菌肉淡黄色，厚。菌褶橘黄色，较稀，延生，不等长，褶间具横脉，有时形成褶孔。菌柄圆柱形，长3–5 cm，直径0.7–1.4 cm，上下略等粗或基部稍细，土黄色或橘黄色，上部有脉纹。孢子印淡黄褐色。

生长习性： 夏、秋季于林中地上群生或散生。

国内分布： 湖北、河南、黑龙江、吉林、湖南、江苏、浙江、安徽、福建、广东、广西、四川、贵州、云南、西藏、海南、香港等省份。

经济价值： 食用菌。树木外生菌根菌。

粉末牛肝菌属 *Pulveroboletus*

266 金粒粉末牛肝菌

Pulveroboletus auriflammeus **(Berk. & M. A. Curtis) Singer 1947**
Boletus. auriflammeus Berk. & M. A. Curtis 1872
Aureoboletus auriflammeus (Berk. & M. A. Curtis) G. Wu & Zhu L. Yang 2016

中文别称：金焰牛肝菌、朱红金牛肝菌、金粒粉牛肝菌、朱红粉末牛肝菌、金焰粉末牛肝菌。

形态特征：子实体较小。菌盖半球形、凸镜形至平展，直径2–7 cm，不黏，表面有橙黄色、橙色至金黄色粉末或粉质颗粒。菌肉白色，伤不变色。孔口小，多角形，橙黄色带黄绿色，伤不变色。菌管橙黄色至暗黄绿色，伤处变色不明显。菌柄圆柱形，长3–10 cm，直径0.5–1.3 cm，常向基部稍膨大，地下部分似根状，色浅，内部实心，表面有橙黄色粉末，稍有条纹。

生长习性：夏、秋季于针阔混交林地上群生或单生。

国内分布：湖北、福建、广东、海南、香港等省份。

经济价值：食毒不明。树木外生菌根菌。

267 黄疸粉牛肝菌

***Pulveroboletus icterinus* (Pat. & C. F. Baker) Watling 1990**

Boletopsis icterina Pat. & C. F. Baker 1918

中文别称：疸黄粉末牛肝菌。

形态特征：子实体初期陀螺形，有发达的粉末状外菌膜。菌盖扁球形至凸镜形，直径1.5–5.5 cm，表面干，覆盖有一层厚的硫黄色粉末，有时部分带有灰硫黄色，可裂成斑块，粉末脱落后呈淡紫红色至红褐色。菌幕从盖缘延伸到菌柄，硫黄色，粉末状，破裂后残余部分挂在菌盖边缘，部分附着在菌柄形成易脱落的粉末状菌环。菌肉黄白色，伤后变蓝色，有硫黄气味。孔口多角形。菌管延生或弯生，橙黄色、粉黄色至淡肉褐色，伤后变青绿色。菌柄圆柱形，长2–7.5 cm，直径0.6–0.8 cm，中生至偏生，上粗下细，覆有硫黄色粉末，伤后变灰蓝色至蓝色。菌环上位，硫黄色，易脱落。

生长习性：夏季于针阔混交林地上单生。

国内分布：湖北、陕西、安徽、江苏、福建、四川、河南、贵州、云南、广西、广东、海南等省份。

经济价值：有毒、药用菌。

268 黄粉牛肝菌

***Pulveroboletus ravenelii* (Berk. & M. A. Curtis) Murrill 1909**

Boletus ravenelii Berk. & M. A. Curtis 1853

中文别称： 黄粉末牛肝菌。

形态特征： 子实体较小至中等大，受伤处变蓝色。菌盖扁半球形，直径4–6.5 cm，表面有柠檬黄色粉末，新鲜时气味难闻，粉末脱离之后菌盖呈浅紫红色至红褐色，有绒毛，湿时稍黏。菌肉白色至浅黄色。孔口多角形。菌管层浅黄色至暗褐色，靠近菌柄处周围凹陷。菌柄近圆柱形，长6–7 cm，直径1–1.5 cm，常弯曲，内部实心，靠近上部有菌环，有时上粗下细。

生长习性： 夏、秋季于林中单生或群生。

国内分布： 湖北、云南、安徽、江苏、广东、广西、四川、福建、台湾、河南、陕西、甘肃、山西、湖南、贵州、西藏、香港、吉林、黑龙江、新疆、浙江、江西等省份。

经济价值： 毒菌、药用菌。与马尾松等树木形成外生菌根。

网柄牛肝菌属 *Retiboletus*

269 灰网柄牛肝菌

Retiboletus griseus **(Frost) Manfr. Binder & Bresinsky 2002**
Boletus griseus Frost 1878

中文别称： 灰菌、灰褐牛肝菌、灰褐网柄牛肝菌。

形态特征： 菌盖扁球形、凸镜形至近平展，直径5–10 cm，暗灰色至暗黑灰色，被细微绒毛。菌肉近白色至黄白色，伤不变色至变淡褐色。菌管与孔口成熟后污白色，伤后变淡褐色。菌柄圆柱形，长7–10 cm，直径2–3 cm，淡褐色至灰色，被暗灰色至近黑色网纹，基部菌丝体黄褐色。

生长习性： 夏、秋季于阔叶林中地上散生。

国内分布： 湖北、广东、广西、福建、黑龙江、甘肃、四川、云南、贵州、西藏、香港等省份。

经济价值： 食用菌。松属植物的外生菌根菌。

270 饰柄网柄牛肝菌

Retiboletus ornatipes **(Peck) Binder & Bresinsky 2002**
Boletus ornatipes Peck 1878

中文别称：金柄牛肝菌、粗网柄牛肝菌、彩纹网柄牛肝菌、金黄牛肝菌、纹柄牛肝菌、网柄牛肝菌。
形态特征：子实体中等大，肉质。菌盖扁半球形至近扁平，直径3–10 cm，表面黏，黄褐色或暗褐黄色，边缘有时色浅。菌肉污黄白色，细嫩，厚，伤处变暗黄色，或变色不明显，味苦或有难闻气味。孔口小，圆形至角形，与菌管同色，伤后色变暗。菌管直生或稍延生，黄色至暗黄色。菌柄近柱形，长5–10 cm，直径0.5–2.5 cm，较菌盖颜色浅或同色，靠近基部色浅呈黄色，表面有隆起的明显网纹，基部有白色至橙黄色菌丝。孢子光滑，带黄色，椭圆状纺锤形。管侧囊体近梭形或纺锤形，顶端尖。
生长习性：夏季至秋季于阔叶林和针阔混交林中地上散生、群生或单生。
国内分布：湖北、广东、四川、江苏、安徽、云南等省份。
经济价值：食用菌。外生菌根真菌。

红孔牛肝菌属 *Rubroboletus*

271 玫瑰黄红孔牛肝菌

Rubroboletus rhodoxanthus **(Krombholz) Kuan Zhao & Zhu L. Yang 2014**
Boletus sanguineus var. *rhodoxanthus* Krombholz 1836
Boletus rhodoxanthus (Krombholz) Kallenbach 1925

形态特征： 子实体中等至较大。菌盖半球形，顶部凸起，直径8–20 cm，粉红色，幼时有灰白色绒毛层，不黏。菌肉浅黄色，受伤处变蓝色，肉厚、质紧凑，非常结实。孔口小而圆，黄色至橙红色，按压时迅速变蓝。菌管在近柄处短而圆，凹生至近离生，黄色，受伤变黄绿色和蓝色。菌柄圆柱形，长而粗，长5–13 cm，粗3–6 cm，金黄色，上部有紫红色网纹，基部膨大，微红，覆盖着细而清晰的血红色网格，与背景的颜色形成鲜明对比，网纹内有明显的亮黄色区域，内实。担孢子椭圆形，大小(1–4) μm×(4–6) μm，橄榄色。

生长习性： 夏、秋季于阔叶林地上单生或群生。

国内分布： 湖北、云南等省份。

经济价值： 毒菌。

紫盖牛肝菌属 *Sutorius*

272 超群紫盖牛肝菌

Sutorius eximius **(Peck) Halling, Nuhn & Osmundson 2012**
Boletus eximius Peck 1887
Tylopilus eximius var. *nanus* Hongo 1979

中文别称： 紫盖牛肝菌、超群异色牛肝菌、紫盖粉孢牛肝菌、超群粉孢牛肝菌、铅紫牛肝菌。

形态特征： 菌盖扁半球形，直径5–14 cm，不黏，紫褐色。菌肉白色带点粉色，伤后变紫褐色。菌管与孔口均为紫褐色。菌柄圆柱形，长4.5–9 cm，直径1–1.8 cm，灰紫色，被细小鳞片，实心，基部有白色绒毛。

生长习性： 夏季于林中地上单生。

国内分布： 湖北、广东、广西、福建、四川、云南、西藏、贵州等省份。

经济价值： 食用菌。

粉孢牛肝菌属 *Tylopilus*

273 卡塔格粉孢牛肝菌

Tylopilus cartagoensis **Wolfe & Bougher 1993**

Harrya chromipes (Frost) Halling, Nuhn, Osmundson & Manfr. Binder 2012

形态特征：菌盖圆形，直径3.5–8 cm，不黏，驼黄色至灰褐色，表面有绒毛或鳞片。菌肉白色，伤不变色。孔口直径约1 mm。菌管浅粉色，管面与管里同色，受伤变浅褐色。菌柄棒状，浅黄色，被凸起纵网纹，网纹上有红色颗粒疣；内实心，浅黄色；柄基部颜色加深为铬黄色，伤不变色，基部菌丝体黄色。

生长习性：夏季于林中地上单生。

国内分布：湖北、广东等省份。

经济价值：不详。

274 苦粉孢牛肝菌

***Tylopilus felleus* (Bull.) P. Karst. 1881**

Boletus felleus Bull. 1788

Suillus felleus (Bull.) Kuntze 1898

中文别称：老苦菌、闹马肝。

形态特征：子实体较大。菌盖初期扁半球形，后平展，直径3–15 cm，表面豆沙色、浅褐色、朽叶色或灰紫褐色，幼时具绒毛，老时光滑。菌肉近白色，受伤后变色不明显，味很苦。孔口之间不易分离。菌管近弯生。菌柄粗壮，长3–10 cm，直径1.5–2 cm，基部略膨大，淡褐色至褐色，上部颜色浅而下部深褐色，中上部有明显网纹，基部菌丝体白色，实心。

生长习性：夏、秋季于松林或针阔混交林中地上单生或群生。

国内分布：湖北、吉林、辽宁、河北、山西、江苏、湖南、安徽、福建、台湾、四川、云南、广东、海南等省份。

经济价值：毒菌。与松、栎等形成外生菌根。

275 类铅紫粉孢牛肝菌

Tylopilus plumbeoviolaceoides **T. H. Li, B. Song & Y. H. Shen 2002**

形态特征：子实体小至中等大。菌盖半球形至扁平，直径3–11 cm，表面干，湿时黏，深紫色、紫色带棕色至栗褐色，颜色易随生长环境及成熟度变化，表面光滑或有微绒毛。菌肉白色，受伤变粉红色或紫红色，味道极苦。孔口多角形。菌管初期为灰白色至粉白色，渐变成粉色或浅紫褐色，受伤不变色或稍变粉褐色，近柄处向下凹，离生至微弯生或延生。菌柄圆柱形，长4–9 cm，直径0.5–1.2 cm，上下等粗，与菌盖同色，光滑或顶部带纵条纹或细网纹，基部有白色菌丝体。

生长习性：春季于阔叶林和针阔混交林中地上散生或群生。

国内分布：湖北、广东、云南、贵州等省份。

经济价值：不能食用，可能有毒。

276 绿盖粉孢牛肝菌

***Tylopilus virens* (W. F. Chiu) Hongo 1964**

Boletus virens W. F. Chiu 1948

Chiua virens (W. F. Chiu) Y. C. Li & Zhu L. Yang 2016

中文别称：棕绿牛肝菌、荞黄菌、黄角牛肝菌、绿盖裘氏牛肝菌。

形态特征：子实体中等大。菌盖初期扁半球形，后近平展，直径2.5–8 cm，暗绿色、草绿色至芥黄色，常有黄橄榄色鳞片，且后期因表皮龟裂而明显。菌肉淡黄色至黄色，伤不变色，稍厚。菌管离生，表面白色带很浅的淡红色，近柄处有凹陷，放射状，伤不变色。菌柄圆柱形至棒形，长2–9 cm，粗0.2–2 cm，淡青黄色或松黄色，并有黄橄榄色条纹或不完全网纹，有时从中部向下带红色至橙色，基部带黄色或金黄色，内实。

生长习性：夏、秋季于阔叶林或针阔混交林中地上单生、散生或群生。

国内分布：湖北、云南、四川、福建、台湾、贵州、广西、广东、浙江等省份。

经济价值：食用、药用菌。也有有毒报道。树木外生菌根真菌。

绒盖牛肝菌属 *Xerocomus*

277 血红绒盖牛肝菌

***Xerocomus rubellus* (Krombh.) Quél. 1896**

Boletus rubellus Krombh. 1836

Xerocomellus rubellus (Krombh.) Šutara 2008

中文别称： 血色小绒盖牛肝菌。

形态特征： 子实体中等大。菌盖扁半球形至稍平展，直径2–6 cm，深红色至红褐色，密布细小绒毛或有龟裂。菌肉白色至乳黄色，伤后变蓝绿色。孔口多角形或近圆形，淡黄色。菌管直生或弯生。菌柄近柱形，长5–7.5 cm，直径0.5–1.5 cm，上部柠檬黄色，有网纹；下部淡红色，光滑；基部稍膨大，黑褐色，内实；菌柄菌肉淡黄色，伤后变蓝色。

生长习性： 夏、秋季于阔叶林和针阔混交林中地上散生或群生。

国内分布： 湖北、湖南、吉林、辽宁、广东、四川、云南、西藏、贵州、河南等省份。

经济价值： 食用菌。

278 长孢绒盖牛肝菌

***Xerocomus rugosellus* (W. F. Chiu) F. L. Tai 1979**
Boletus rugosellus W. F. Chiu 1948

中文别称： 小粗头牛肝菌、皱绒盖牛肝菌。

形态特征： 子实体稍大。菌盖半球形，后期近平展，直径4.5–11 cm，初期有皱纹，光滑或有光泽，干而不黏，土红褐色。菌肉白色至黄色，伤不变色。孔口青黄色，单孔，多角形。菌管青黄色，离生。菌柄近柱形，靠近顶部渐细，长8–15 cm，直径0.7–1.4 cm，带黄色，向下呈浅粉色，具褐色纤丝状条纹，有时带有玫瑰红色，亦有白色粉状物。

生长习性： 夏、秋季于针叶林、阔叶林中地上散生。

国内分布： 湖北、云南、贵州、西藏、福建、浙江等省份。

经济价值： 食用菌。

279 亚绒盖牛肝菌

Xerocomus subtomentosus **(L.: Fr.) Quél. 1888**
Boletus subtomentosus L.: Fr. 1821

中文别称： 细盖牛肝菌、绒盖牛肝菌。

形态特征： 子实体中等至较大。菌盖扁半球形至近扁平，直径4.2–15 cm，黄褐色、土黄色或深土褐色，老时呈猪肝色，干燥，被绒毛，有时龟裂。菌肉淡白色至带黄色，伤不变色。孔口与菌管同色，多角形，直径1–3 mm。菌管黄绿色或淡硫黄色，直生或在柄之间周围稍凹陷，有时近延生。菌柄长5–8 cm，直径1–1.2 cm，上下略等粗或向基部渐粗，无网纹，但顶部有时有不显著的网纹或由菌管下延的棱纹，内实，淡黄色或淡黄褐色。孢子印黄褐色。

生长习性： 夏、秋季于阔叶林或针阔混交林中地上散生。

国内分布： 湖北、黑龙江、辽宁、河南、吉林、湖南、陕西、四川、福建、台湾、安徽、江苏、云南、浙江、广东、海南、贵州、新疆等省份。

经济价值： 可食用。与松、栗、榛、山毛榉、栎、杨、柳、云杉、椴等形成外生菌根。

臧氏牛肝菌属 *Zangia*

280 红绿臧氏牛肝菌

Zangia olivaceobrunnea **Yan C. Li & Zhu L. Yang 2011**

中文别称： 橄榄褐臧氏牛肝菌。

形态特征： 子实体中等大。菌盖扁半球形至近扁平，直径4–6 cm，表面干燥，有时具微褶皱，橄榄褐色或红棕色而微带橄榄色色调，有时带灰色色调，边缘灰绿色至灰白色，湿时较黏。菌肉淡白色至淡黄色，伤不变色。孔口直径0.5–1 mm。菌管离生，长12 mm，幼时白色，成熟后淡粉色至粉红色或灰紫色，触碰后留有淡褐色色斑但不变蓝。菌柄近圆柱形，长6–12 cm，直径0.4–1 cm，向上渐细，伤后稍变蓝色，基部亮黄色至铬黄色；基部菌丝体铬黄色至金黄色，表面粗糙。

生长习性： 夏、秋季于针阔混交林中地上单生或散生。

国内分布： 湖北、云南、浙江等省份。

经济价值： 不详。

（四十一）双囊菌科 Diplocystidiaceae | 硬皮地星属 *Astraeus*

281 硬皮地星

Astraeus hygrometricus **(Pers.) Morgan 1889**
Lycoperdon stellatus Scop. 1772
Geastrum hygrometricum Pers. 1801

形态特征：子实体小，初呈球形，成熟后外包被从顶端呈星芒状张开。外包被3层，外层薄而松软，中层纤维质，内层软骨质。成熟时开裂成6–10瓣，湿时外翻，干时内卷。外表面灰色至灰褐色。内侧淡褐色，多具不规则龟裂。内包被薄，膜质，扁球形，直径1.2–2.8 cm，灰褐色，无中轴，成熟后顶部口裂，孢体深褐色。

生长习性：夏、秋季于阔叶林中地上散生。

国内分布：湖北、湖南、河南、河北、黑龙江、吉林、辽宁、山东、江苏、浙江、安徽、江西、四川、云南、贵州、广西、山西、内蒙古、福建、海南、西藏等省份。

经济价值：药用菌，具有消炎、止血等功效。

（四十二）铆钉菇科 Gomphidiaceae | 色钉菇属 *Chroogomphus*

282 假绒盖色钉菇

Chroogomphus pseudotomentosus **O. K. Mill. & Aime 2001**

中文别称： 拟绒盖色钉菇。

形态特征： 子实体较小。菌盖初近圆锥形，渐平展，中部稍突，或后期下凹呈浅漏斗状，直径4-7 cm，较厚，肉质，橘黄色至黄褐色，中部色深，被绒毛状至纤丝状鳞片，边缘具弱条纹。菌肉橘黄色至淡黄色。菌褶橘黄色至灰褐色。菌柄圆柱形，长7-15 cm，直径1-2 cm，淡黄色至橘黄色，被绒毛状至纤丝状鳞片，基部菌丝体淡橙红色。菌环上位，不明显，易消失。

生长习性： 夏、秋季于针叶林地上单生或散生。

国内分布： 湖北、云南、贵州、广东、湖南、四川、吉林、西藏等省份。

经济价值： 食用菌。是外生菌根菌，与云杉、赤松、高山松等树木形成外生菌根。

（四十三）圆孔牛肝菌科 Gyroporaceae | 圆孔牛肝菌属 *Gyroporus*

283 褐园孢牛肝菌

Gyroporus castaneus **(Bull.) Quèl. 1886**
Boletus castaneus Bull. 1788
Suillus castaneus (Bull.) P. Karst. 1882

中文别称： 褐圆孔牛肝菌、褐空柄牛肝菌、栎牛肝菌、栗色圆孔牛肝菌。

形态特征： 子实体小到中等大。菌盖扁球形，后渐平展至下凹，直径2–8 cm，栗褐色、褐色、肉桂色至淡肉桂色，边缘色稍浅，表面具有细微绒毛，成熟后表皮常龟裂。菌肉白色，伤后不变色。菌管白色，后变淡黄色至污黄色，离生或近离生。菌柄柱形，长2–8 cm，直径0.3–0.8 cm，上下略等粗，与菌盖表面同色，表面具细小鳞片，内部松软至中空，基部有淡粉色菌丝体。各部位伤不变色。

生长习性： 夏季至秋季于针叶林或阔叶林地上单生、散生或群生。

国内分布： 湖北、广西、四川、云南、贵州、江苏、浙江、湖南、吉林、安徽、福建、台湾、西藏、辽宁、海南、广东、河南等省份。

经济价值： 食用、药用菌，也有报道有毒。

（四十四）网褶菌科 Paxillaceae | 网褶菌属 *Paxillus*

284 卷边网褶菌

***Paxillus involutus* (Batsch) Fr. 1838**
Agaricus involutus Batsch 1786
Omphalia involuta (Batsch) Gray 1821

中文别称：卷边桩菇、卷伞菌、落褶菌。

形态特征：子实体中等至较大，浅土黄色至青褐色。菌盖初期扁半球形至半球形，后渐平展，中部下凹或漏斗状，直径6–16 cm，表面黄褐色至橄榄褐色，湿润时稍黏，老时绒毛减少至近光滑，边缘内卷。菌肉浅黄色，较厚。菌褶浅黄绿色至青褐色，受伤变暗褐色，较密，有横脉，延生，不等长，靠近菌柄部分的菌褶间连接成网状。菌柄长5–9 cm，直径0.6–2.7 cm，与菌盖同色，往往偏生，内部实心，基部稍膨大。

生长习性：春末至秋季多于杨树等阔叶林地上散生、群生或丛生。

国内分布：湖北、河北、河南、北京、吉林、黑龙江、福建、山西、宁夏、安徽、湖南、浙江、广东、海南、四川、云南、贵州、内蒙古、西藏等省份。

经济价值：药用菌、毒菌。东北及其他一些地区广泛采食。树木菌根菌。

（四十五）乳牛肝菌科 Suillaceae | 小牛肝菌属 *Boletinus*

285 空柄小牛肝菌

Boletinus cavipes **(Opat.) kalchbr. 1867**
Boletus cavipes Opat. 1836
Suillus cavipes (Klotzsch) A. H. Sm. & Thiers 1964

中文别称：空柄假牛肝菌。

形态特征：子实体中等至稍大。菌盖扁半球形，渐平展，通常稍有一中丘，直径3–10 cm，干朽叶色、褐色至肉桂色，有时呈金黄色至橙黄色，有绒毛并裂成鳞片状。菌肉淡黄色，后污黄土色。孔口复式，多角形，呈辐射状排列，直径0.5–3 mm。菌管层呈黄色，稍带绿色。菌柄近圆柱形，长5–8 cm，直径1–2 cm，基部稍膨大，下部中空，与菌盖同色，有小鳞片，顶部有网纹。菌环上位，易消失，通常仅留一个环痕。孢子印橄榄褐色。

生长习性：秋季于林中地上群生或丛生。

国内分布：湖北、吉林、黑龙江、青海、新疆、江苏、贵州、山西、内蒙古、甘肃、广东、四川、西藏等省份。

经济价值：食用、药用菌。与落叶松、白桦、赤松等树木形成菌根。

286 松林小牛肝菌

Boletinus punctatipes **Snell 1941**
Boletinus pinetorum (W. F. Chiu) Teng 1964
Suillus punctatipes (Snell & E. A. Dick) Singer 2023

形态特征： 子实体小至中等大。菌盖初期扁半球形，后期近平展，直径4–10 cm，肉桂色，边缘色浅，呈淡黄褐色，表面光滑，很黏。菌肉白色，近表皮处粉红色。孔口多角形，直径1–1.5 mm，蜜黄色，往往口缘有褐色小腺点。菌管辐射状排列，蜜黄色，稍延生，管孔复式。菌柄近柱形，长3–7 cm，直径4–10 mm，与菌盖色近似，上部浅黄色，内部实心。

生长习性： 夏、秋季于针叶林地上群生。

国内分布： 湖北、吉林、福建、湖南、贵州、云南、安徽、四川、西藏等省份。

经济价值： 可食用，但也有记载会引起轻微中毒。与马尾松、云南松、高山松、落叶松等树木形成外生菌根。

乳牛肝菌属 *Suillus*

287 白柄乳牛肝菌

Suillus albidipes **(Peck) Singer 1945**
Boletus albidipes Peck 1912

中文别称： 白柄黏盖牛肝菌。

形态特征： 子实体较小至中等大。菌盖初期呈半球形，直径1.5–4 cm，表面黏，浅肉桂色，后期中部呈红褐色，边缘呈粉红色并残留有白色菌幕。菌肉初期呈白色，后期变为淡黄色。孔口小，近圆形。菌管直生或弯生，淡黄色。菌柄柱形，长4–6.4 cm，直径0.8–1.5 cm，基部稍弯曲，膨大，内实，初为白色，后与菌盖同色，有腺点。

生长习性： 夏、秋季于针叶林中地上单生或群生。

国内分布： 湖北、四川、辽宁、广东、河南、山西、浙江等省份。

经济价值： 食用菌。与松树等形成外生菌根。

288 黏盖乳牛肝菌

Suillus bovinus **(L.) Roussel 1806**

Boletus bovinus L. 1753

中文别称： 乳牛肝菌、黏盖牛肝菌、麻布帘、黄荞巴、荞巴菌。

形态特征： 子实体中等大。菌盖半球形，后平展，直径3–10 cm，浅赭黄色、浅褐色、赭色至黄褐色，常具显著的亮粉色，干后肉桂色，边缘颜色较浅，幼时边缘有残留的菌幕，表面光滑，湿时很黏，干时有光泽。菌肉初期白色，后渐变为淡黄色至奶油色，伤不变色。孔口多角形或不规则形，常常放射状排列并呈齿状。菌管延生，不易与菌肉分离，淡黄褐色。菌柄柱形，长2.5–7 cm，直径0.5–1.2 cm，有时基部稍细，光滑，无腺点，通常上部比菌盖色浅，下部呈黄褐色，内实，基部有白色棉絮状菌丝体。膜质菌环易脱落。

生长习性： 夏、秋季于针叶林或针阔混交林中地上丛生或群生。

国内分布： 湖北、云南、四川、贵州、西藏、湖南、广东、福建、台湾、安徽、吉林、辽宁、浙江、江西、山西、广西等省份。

经济价值： 食用、药用菌。

289 黄乳牛肝菌

***Suillus flavidus* (Fr.) J. Presl 1846**
Boletus flavidus Fr. 1815
Suillus flavidus (Fr.) Singer 1945

中文别称：黄黏盖牛肝菌、黄黏盖牛肝。

形态特征：子实体一般较小。菌盖初期扁半球形，后期扁平且中部稍凸起，直径3–6 cm，表面黄色，黏，光滑。菌肉淡黄色，稍厚，伤后不变色。孔口较大，多角形。菌管层直生或稍延生，蜜黄色或橙黄色。菌柄近圆柱形，长3–6 cm，直径0.5–1 cm，黄白色至淡黄色，顶部有细网纹，布暗褐色腺点，内部松软至变空心，基部稍膨大，其上部有易脱落的淡黄色膜质菌环。

生长习性：夏、秋季于针叶林或针阔混交林地上散生或群生。

国内分布：湖北、河南、黑龙江、陕西、四川、云南、甘肃、西藏等省份。

经济价值：食用菌。

290 点柄乳牛肝菌

***Suillus granulatus* (L.) Roussel 1796**

Boletus granulatus L. 1763

中文别称： 点柄黏盖牛肝、点柄黏盖牛肝、栗壳牛肝菌、滑蕈、黏团子。

形态特征： 子实体中等大，伞状。菌盖扁半球形或近扁平，直径4.5–11 cm，淡黄色或黄褐色，湿时黏，干后有光泽，边缘整齐。菌肉淡黄色，伤后不变色。孔口多角形，初期浅蜜黄色，后期具淡褐色腺点，伤时变污肉桂色。菌管直生或稍延生，初期苍白色，后期变为淡黄色至污黄色，伤后不变色。菌柄近柱形，长3–10 cm，直径0.8–1.6 cm，淡黄褐色，上部具有腺点。孢子印污肉桂色至肉桂色。

生长习性： 夏、秋季于针叶林或针阔混交林地上散生、丛生或群生。

国内分布： 湖北、湖南、河南、河北、黑龙江、吉林、辽宁、山东、江苏、安徽、浙江、香港、山西、广东、广西、贵州、四川、云南、陕西、甘肃、西藏、福建、台湾等省份。

经济价值： 食用、药用菌。

291 厚环乳牛肝菌

Suillus grevillei **(Klotzsch) Singer 1945**
Boletus grevillei Klotzsch 1832
Suillus elegans (P. Karst.) Snell 1944

中文别称： 厚环黏盖牛肝菌。

形态特征： 子实体较小至中等大。菌盖初期半球形，展开后中部凸起，直径4–11 cm，表面平滑，稍黏，橘黄色至棕褐色，边缘稍浅，黄色。菌肉淡黄色，厚。孔口多角形，部分复式，管壁厚。菌管直生至延生，初期淡黄色，后变褐色，伤变淡紫红色或带褐色。菌柄近柱形至棒状，长5–7 cm，直径1.5–2 cm，弯曲，上下略等粗或基部稍细，顶端有网纹。菌环着生于菌柄上部，土黄色，厚。

生长习性： 夏季至秋季于针叶林中地上单生、散生、丛生或群生。

国内分布： 湖北、黑龙江、吉林、辽宁、陕西、山西、贵州、河南等省份。

经济价值： 食用、药用菌。

292 乳黄乳牛肝菌

***Suillus lactifluus* (With.) A. H. Sm. & Thiers 1968**

Suillus granulatus (L.) Roussel 1796

中文别称： 乳黄乳牛肝菌、乳黄黏盖牛肝菌。

形态特征： 子实体中等大。菌盖初期半球形，后至近平展，直径3–8 cm，黄褐色，光滑，表面黏，表皮可剥离。菌肉浅黄色，伤时不变色或较长时间后变浅褐色，无明显气味。孔口初期有乳白色汁液滴，干后成污褐色颗粒或黑褐色小腺点。菌管初期乳白色至乳黄色，后期变黄褐色，直生或稍延生，受伤不变色。管孔为圆形或近多角形。菌柄圆柱形，长2–5 cm，直径0.5–1 cm，中生或稍偏生，内实，表面呈灰紫色，基部呈白色，有绒毛。

生长习性： 夏季至秋季于阔叶林或针阔混交林中地上单生、丛生或群生。

国内分布： 湖北、山西、广东、香港等省份。

经济价值： 有轻微毒素，食用后引起腹泻。

293 灰环黏盖牛肝菌

***Suillus laricinus* (Berk.) Kuntze 1898**

Suillus viscidus (L.) Roussel 1796

Suillus aeruginascens Secr. ex Snell 1944

中文别称：铜绿乳牛肝菌、灰环乳牛肝菌。

形态特征：子实体中等大。菌盖初期半球形，后渐平展至圆凸形，直径4–10 cm，污白色、乳酪色或淡褐色，稍黏，边缘有黑褐色皱纹。菌肉白色至淡黄色，伤后变色不明显或微变蓝色。菌管直生或近延生，呈污白色，管孔复式，多角形或辐射状，伤后微变蓝色。菌柄柱形或基部稍膨大，长4–10 cm，直径1–2 cm，稍弯曲，与菌管同色或呈淡白色，顶端有网纹，有菌环。孢子印淡灰褐色至近锈褐色。

生长习性：夏、秋季于针叶林或阔叶林中地上散生或群生。

国内分布：湖北、内蒙古、四川、黑龙江、云南、甘肃、陕西、西藏、山西、河南、河北等省份。

经济价值：食用、药用菌。

294 褐环乳牛肝菌

***Suillus luteus* (L. ex Fr.) Gray 1821**

Boletus luteus L. 1753

Suillus luteus (L.) Roussel 1796

中文别称：黄乳牛肝菌、褐环乳牛肝、土色牛肝菌、褐环黏盖牛肝菌、黄黏团子、黏团子（东北）。

形态特征：子实体小至中等大。菌盖初期扁半球形，后平展，直径3–10 cm，淡褐色、黄褐色、红褐色或深肉桂色，表面光滑，湿时很黏。菌肉白色，后为淡黄色，伤不变色。菌管初为黄白色，后变为棕黄色，直生或稍下延，或在柄周围稍凹陷，管孔小，圆形或多角形，有腺点。菌柄近圆柱状，细长，长3–8 cm，直径1–2.5 cm，草黄色或淡褐色，有散生小腺点，顶端有网纹。菌环生于菌柄上部，薄，膜质，初黄白色，后呈褐色。

生长习性：夏、秋季于针叶林或混交林中地上单生或群生。

国内分布：湖北、四川、内蒙古、江苏、浙江、江西、安徽、河北、山西、山东、湖南、云南、西藏、黑龙江、吉林、辽宁、贵州、河南等省份。

经济价值：食用、药用菌。

295 虎皮乳牛肝菌

Suillus pictus **(Peck) A. H. Sm. & Thiers 1964**
Boletus pictus Peck 1898
Boletinus pictus (Peck) Lj. N. Vassiljeva 1978

中文别称： 虎皮牛肝菌、虎皮小牛肝菌、虎皮假牛肝。

形态特征： 子实体中等大。菌盖扁半球形，后扁平，直径4–10 cm，盖面干，淡黄褐色，满布土红褐色绒毛状鳞片，边缘有悬垂着的菌幕残片。菌肉厚，柔软，浅黄色或乳黄色，伤后微变红，味柔和。孔口大，复式，多角形，放射状排列。菌管延生或直生，黄色至黄褐色，后变暗，伤后变为灰褐色，管孔短。菌柄圆柱形或向下稍细，长3–10 cm，直径1–2 cm，土褐色，粗糙，有桃红色至红褐色绒毛状鳞片，内实，菌柄上部有残存菌环。

生长习性： 夏、秋季于阔叶林或针叶林中地上单生或群生。

国内分布： 湖北、黑龙江、吉林、内蒙古、江苏、西藏、云南等省份。

经济价值： 食用菌，味较好。与落叶松、赤松、高山松等树木形成外生菌根。

296 黄白乳牛肝菌

***Suillus placidus* (Bonord.) Singer 1945**
Boletus placidus Bonord. 1861
Suillus placidus f. *fusipes* (Fr.) Klofac 2007

中文别称：滑肚子、黄白黏盖牛肝菌、琥珀乳牛肝菌、黄黏盖牛肝菌。

形态特征：子实体中等大。菌盖近半球形，后期近平展，直径3–6 cm，黄白色至浅黄色，湿时较黏，干后有光泽。菌肉白色，受伤不变色。孔口多角形，黄色。菌管直生至近延生，黄白色或浅黄色。菌柄圆柱形，长3–5 cm，直径1–2 cm，黄白色，表面初期散布乳白色至淡黄色小腺点，后期小腺点变为黑褐色小点，基部稍粗。

生长习性：夏、秋季于针叶林或阔叶林中地上丛生或群生。

国内分布：湖北、吉林、辽宁、陕西、四川、贵州、云南、西藏、香港、广东、河南、浙江等省份。

经济价值：可能有毒，药用菌。

297 污黄乳牛肝菌

***Suillus sibiricus* (Singer) Singer 1945**

Ixocomus sibiricus Singer 1938

Boletus sibiricus (Singer) A. H. Sm. 1949

中文别称： 污黄黏盖牛肝菌。

形态特征： 子实体一般中等大。菌盖初期半球形至近扁平，直径3–10 cm，黄色、黄绿色，黏，有褐红色斑点，边缘有黄白色菌膜残片。菌肉浅黄色，伤后变褐色。孔口较大。菌管黄色，近离生。菌柄柱形，长5–7 cm，直径0.5–1.2 cm，污白黄色，实心，稍弯曲，基部伤处往往变褐红色。

生长习性： 夏、秋季于针叶林中地上散生或群生。

国内分布： 湖北、云南、西藏等省份。

经济价值： 食用菌。属树木外生菌根菌。

松塔牛肝菌属 *Strobilomyces*

298 混淆松塔牛肝菌

Strobilomyces confusus **Singer 1945**

形态特征： 子实体小至中等大，伞状。菌盖扁半球形，老时中部平展，直径3–9.5 cm，灰白色，具黑褐色浅锥状鳞片。菌肉灰白色，受伤后变红色，后呈黑褐色。孔口多角形。菌管灰白色，直生至稍延生，老时变为黑褐色，伤后变色同菌肉。菌柄柱形，长4.2–7.8 cm，直径1–2 cm，内实，向下渐细，罕等粗，表面灰白色至暗灰褐色，受伤时变红色，后变黑灰色，具纵向长网格；内实，灰白色，伤后变色同菌肉。

生长习性： 夏、秋季于阔叶林或针阔混交林中地上单生、散生或丛生。

国内分布： 湖北、福建、广东、广西、四川、云南、河南等省份。

经济价值： 食用菌。

299 刺头松塔牛肝菌

Strobilomyces echinocephalus **Gelardi & Vizzini 2013**

中文别称： 刺鳞松塔牛肝菌。

形态特征： 子实体小至中等大。菌盖扁半球形，后凸镜形至近平展，直径3–5 cm，污白色，密被黑色至暗紫黑色、直立锥状鳞片，边缘悬垂有黑色残余菌幕。菌肉白色，伤时变褐色，随后变近黑色。菌管及孔口污白色至褐灰色，伤时变褐色，随后变近黑色。菌柄柱形，长6–10 cm，直径0.5–1 cm，密被黑色或近黑色鳞片。

生长习性： 夏、秋季于阔叶林或针阔混交林中地上散生或单生。

国内分布： 湖北、海南、云南等省份。

经济价值： 食用菌。

300 绒柄松塔牛肝菌

Strobilomyces strobilaceus **(Scop.) Berk. 1851**

Boletus strobilaceus Scop. 1772

Strobilomyces floccopus (Vahl) P. Karst. 1882

中文别称： 黑麻蛇菌、松塔牛肝菌。

形态特征： 子实体中等至较大。菌盖初为半球形，后平展，直径2–12 cm，黑褐色至黑色或紫褐色，表面有粗糙的毡毛状鳞片或疣，菌幕脱落残留在菌盖边缘。菌肉白色或淡灰白色，伤时淡红色，后变黑色。孔口多角形，与菌管同色。菌管直生或近延生，初期污白色或灰色，后渐变为褐色或黑褐色。菌柄圆柱形，柄长4.5–13.5 cm，直径0.6–2 cm，与菌盖同色，上下略等粗或基部稍膨大，上部有网棱，下部有鳞片和绒毛，质脆，内实。

生长习性： 夏、秋季于阔叶林或针阔混交林中单生或散生。

国内分布： 湖北、安徽、江苏、浙江、云南、广西、广东、福建、台湾、香港、河南、吉林、西藏、贵州、湖南、甘肃、黑龙江、山东、四川等省份。

经济价值： 食用、药用菌。但有木材气味。

301 阔裂松塔牛肝菌

Strobilomyces latirimosus **J. Z. Ying 1985**

形态特征： 子实体小至中等大，伞状。菌盖扁半球形，老时中部平展，直径4–9 cm，灰白色，绒毛质地，具深褐色绒毛状鳞片，边缘挂白色菌幕。菌肉灰白色，伤时变红色，后呈黑褐色。孔口多角形。菌管直生至稍延生，灰白色至灰色，伤后变色同菌肉。菌柄柱形，长4–15 cm，表面灰白色至暗褐色，上部具纵向长网格，下部绒毛质地至细鳞片状；内实，灰白色，伤后变色同菌肉。孢子印黑褐色。担孢子宽椭圆形，大小 (7.5–8.5) μm×(6–6.5) μm，褐色，壁上有多边形网纹和刺突。

生长习性： 夏、秋季于阔叶林或针阔混交林中地上散生或单生。

国内分布： 湖北、广东、广西等省份。

经济价值： 食用菌。

（四十六）小塔氏菌科 Tapinellaceae ｜ 假皱孔菌属 *Pseudomerulius*

302 覆瓦网褶菌

Pseudomerulius curtisii **(Berk.) Redhead & Ginns 1985**
Paxillus curtisii Berk. 1853
Meiorganum curtisii (Berk.) Singer, J. García & L. D. Gómez 1990

中文别称：覆瓦假皱孔菌、波纹桩菇、波纹假皱孔菌、波纹网褶菌、波纹卷伞菌、耳状桩菇。

形态特征：子实体一年生，无菌柄，平伏或反卷，肉质，干后脆质，易碎，具有强烈的腥臭味。菌盖半圆形或扁形，直径可达3-5 cm，新鲜时棕褐色、金黄色至黄褐色，老时茶褐灰色，表面具细绒毛或光滑，边缘内卷。菌肉黄色，干后浅黄褐色至暗褐色。菌褶较密，波状，长短不一，分叉交织成网状，初期橘黄色，老时青色至深烟色。孢子印锈色。

生长习性：夏、秋季在阔叶林等树木桩上覆瓦状生长。

国内分布：湖北、河南、山西、福建、云南、香港、广西、广东、四川、黑龙江、贵州、吉林、辽宁、西藏、海南等省份。

经济价值：毒菌。引起树木褐色腐朽。

（四十七）鸡油菌科 Cantharellaceae ｜ 鸡油菌属 *Cantharellus*

303 鸡油菌

***Cantharellus cibarius* Fr. 1821**
Agaricus chantarellus L. 1753
Cantharellus edulis Pers. 1797

中文别称： 鸡蛋黄菌、黄菌、杏菌。

形态特征： 子实体肉质，喇叭形，高4–12 cm。菌盖直径3–10 cm，初扁平，后渐下凹，边缘波状或瓣状，有时瓣裂，内卷，杏黄色至蛋黄色。菌肉厚2–4 mm，近白色至蛋黄色。菌褶棱状，窄，延生，分叉或有横脉相连交织成网状，与菌盖同色或稍浅。菌柄圆柱形，长2–8 cm，直径5–8 mm，基部有时稍细或稍大，与菌盖同色或稍浅，光滑，内实。孢子印黄白色。

生长习性： 夏、秋季于林中地上散生至群生。

国内分布： 湖北、福建、湖南、广东、广西、浙江、海南、陕西、甘肃、安徽、四川、贵州、云南、西藏、黑龙江、内蒙古等省份。

经济价值： 食用、药用菌。树木外生菌根菌。

304 小鸡油菌

Cantharellus minor **Peck 1872**

Merulius minor (Peck) Kuntze 1891

形态特征： 子实体肉质，喇叭形，高0.7–2.5 cm。菌盖直径1–3 cm，初半球形至扁平，后渐下凹呈浅花瓣状或喇叭状，边缘弯曲或不规则波状，内卷，杏黄色至鲜黄色、蛋黄色或橙黄色。菌肉很薄。菌褶较稀疏，分叉，棱脊状，延生至近延生，蛋黄色或橙黄色。菌柄长1.5–4 cm，直径0.2–0.7 cm，上下等粗或向下渐细，橙黄色，实心，后变空心。

生长习性： 夏、秋季于林中地上群生或丛生。

国内分布： 湖北、河南、广东、广西、福建、湖南、甘肃、陕西、江苏、海南、西藏、四川、浙江等省份。

经济价值： 食用、药用菌。树木外生菌根菌。

喇叭菌属 *Craterellus*

305 灰黑喇叭菌

***Craterellus cornucopioides* (L.) Pers. 1825**
Peziza cornucopioides L. 1753
Craterellus cornucopioides (L.) Fr. 1821

中文别称：灰喇叭菌、灰号角、喇叭菌、死亡号角、唢呐菌。

形态特征：子实体较小至中等大，呈喇叭状，中央凹陷，全体灰褐色至灰黑色，较薄，半膜质，高3–10 cm。菌盖直径2–5 cm，表面具灰褐色的细小鳞片，边缘波状或内卷。子实层淡灰色至灰紫色，平滑至近平滑。菌柄长2–5 cm，直径0.5–1 cm，向下变细，中生或偏生，灰色、灰褐色至黑色，空心。

生长习性：夏、秋季于阔叶林或针阔混交林地上单生或群生。

国内分布：湖北、河南、陕西、辽宁、湖南、江苏、浙江、福建、台湾、安徽、江西、四川、广东、云南、内蒙古、贵州等省份。

经济价值：食用菌。

306 黄柄喇叭菌

***Craterellus tubaeformis* (Fr.) Quél. 1888**
Cantharellus tubaeformis Fr. 1821
Cantharellus infundibuliformis (Scop.) Fr. 1838

中文别称： 漏斗鸡油菌、管形鸡油菌、黄喇叭菌、吹打菌、管形喇叭菌。

形态特征： 子实体小。菌盖直径2–6 cm，初期扁半球形，后近扁平，中部深下凹，有时近漏斗形，边缘呈波状或内卷，有丝状纤毛或粗糙，淡黄褐色。菌肉浅黄色，薄。菌褶延生，稀疏而呈条棱状，褶缘平钝，具分叉或褶间有明显脉纹相连，淡黄褐色至浅灰黄色。菌柄圆柱形，长2.5–6 cm，直径0.3–0.7 cm，淡黄色至赭色，基部近白色，表面光滑，内部实心至变空心。孢子印白色。

生长习性： 夏、秋季于林中潮湿苔藓丛间或腐朽木上散生、群生至丛生。

国内分布： 湖北、河南、浙江、福建、云南、黑龙江等省份。

经济价值： 食用菌。树木外生菌根菌。

（四十八）锁瑚菌科 Clavulinaceae | 锁瑚菌属 *Clavulina*

307 灰锁瑚菌

Clavulina cinerea **(Bull.) J. Schröt. 1888**

Clavaria cinerea Bull. 1788

Rumaria cinerea (Bull.) Gray. 1821

中文别称：灰仙树菌、灰色锁瑚菌。

形态特征：子实体较小，多分枝，高3–9 cm，灰白色、灰色至灰褐色，有柄，上部不规则，多分枝，分枝顶端呈齿状。菌柄稍扁，颜色稍浅。菌肉白色，肉质。

生长习性：夏、秋季于林内地上丛生或群生。

国内分布：湖北、江西、四川、甘肃、江苏、黑龙江、湖南、云南、青海、浙江、海南、广西、贵州等省份。

经济价值：食用菌。

308 冠锁瑚菌

Clavulina cristata (Holmsk.) J. Schröt. 1888

Ramaria cristata Holmsk. 1790

Clavulina coralloides (L.) J. Schröt. 1888

中文别称： 珊瑚状锁瑚菌。

形态特征： 子实体白色、灰白色、淡黄色或粉白红色，高3–7 cm，枝丛直径4–5 cm，全株呈丛团状，向顶端多回分枝，基部的主轴较粗壮，末端的分枝较纤细。轴的外表光滑，初期有粉质的绒毛。菌柄基部菌丝体白色，与所处的基质相交织。菌肉白色，内实。子实体末端的纤细分枝易于卷曲，但尖部挺直，分枝的色泽变异甚大，多以白色为主。

生长习性： 夏、秋季于针阔混交林地上丛生。

国内分布： 湖北、黑龙江、安徽、青海、四川、贵州、云南、河南、浙江、北京、江苏、福建、山西、广东、广西、甘肃、海南、西藏、香港等省份。

经济价值： 食用菌。

309 皱锁瑚菌

Clavulina rugosa **(Bull.) J. Schröt. 1888**
Clavaria rugosa Bull. 1790
Ramaria rugosa (Bull.) Gray 1821

中文别称： 秃仙树菌。

形态特征： 子实体高4–8.5 cm，直径3–7 cm，不分枝或有极少不规则的分枝而呈菜花状或鹿角状，污白色至灰白色，常凹凸不平。菌肉白色，内实。

生长习性： 春季至秋季于针阔混交林中地上、腐枝或苔藓间丛生。

国内分布： 湖北、河南、江苏、湖南、四川、江西、青海、甘肃、新疆、陕西、浙江等省份。

经济价值： 食用菌。

多枝珊瑚菌属 *Multiclavula*

310 地衣珊瑚菌

***Multiclavula clara* (Berk. & M. A. Curtis) R. H. Petersen 1967**
Clavaria clara Berk. & M. A. Curtis 1868
Clavulinopsis flavella (Berk. & M. A. Curtis) Corner 1950

中文别称：洁多枝瑚菌、洁地衣棒瑚菌、污黄藻瑚菌、杵棒菌、污黄枝瑚菌。

形态特征：子实体不分枝，单根直立或弯曲，细棒状，高3–4 cm，直径0.1–0.2 cm，顶部与基部变尖细，黄色至橙黄色，干后暗橙色。近无菌柄或菌柄不明显，基部稍膨大，微红。菌肉淡黄色，内实。

生长习性：春季至秋季于林下藻类之上群生。

国内分布：湖北、香港、云南、西藏、福建、湖南、海南、广西、贵州等省份。

经济价值：食毒不明。在环境污染严重的地区不生长，可作为监测空气污染的指示生物。

（四十九）齿菌科 Hydnaceae | 齿菌属 *Hydnum*

311 卷缘齿菌

***Hydnum repandum* L. 1753**
Dentinum repandum (L. : Fr.) S. F. Gray 1821
Tyrodon repandus (L.) P. Karst. 1881

中文别称：美味齿菌、变红齿菌。

形态特征：子实体一年生，具中生或侧生柄，新鲜时肉质，干后软木栓质。菌盖扁半球形至近扁平，有时呈不规则圆形，直径可达10 cm，中部厚可达5 cm，表面初有微细绒毛，后光滑，初期边缘内卷，后期上翘或有时开裂，蛋壳色至米黄色。菌肉近白色。菌刺锥形，近白色或浅肉色，密，顶部尖锐，新鲜时脆质，触摸后易折断，干后稍弯曲。菌柄圆柱形，长可达4 cm，直径可达1 cm，与菌盖同色，表面有不规则沟槽，内实，后中空。

生长习性：夏、秋季于针阔混交林中地上散生或单生。

国内分布：湖北、河北、山西、吉林、陕西、青海、江苏、四川、云南、新疆、浙江、湖南、辽宁、河南、西藏、福建、台湾、黑龙江、贵州等省份。

经济价值：食用、药用菌，美味。

312 白齿菌

***Hydnum repandum* var. *album* (Quél.) Rea 1922**

中文别称： 齿菌白色变种。

形态特征： 子实体一年生，白色至乳白色，具中生或侧生柄，新鲜时肉质，干后软木栓质。菌盖扁半球形至近扁平，中部稍下凹，直径3–5 cm，初期边缘内卷，后期有的开裂。菌肉白色。菌刺直锥形，延生，密，白色，很脆。菌柄圆柱形，偏生或中生，中空，长3–5 cm，直径0.6–1 cm。

生长习性： 夏、秋季于林中地上单生或群生。

国内分布： 湖北、河南、四川、贵州、云南、江西、广东、广西、山西、黑龙江等省份。

经济价值： 食用菌，美味。

313 红齿菌

***Hydnum rufescens* Pers. 1800**

Dentinum rufescens (Pers.) Gray 1821

Hydnum repandum var. *rufescens* (Pers.) Barla 1859

中文别称：变红齿菌。

形态特征：子实体一年生，具中生或侧生柄，新鲜时肉质，干后软木栓质。菌盖半球形至稍平展，有时中部稍下凹，直径3–6 cm，浅橘黄色至橘褐色，边缘色较浅、波状且内卷，表面光滑无毛。菌肉稍厚，带浅黄色。子实层由无数软肉刺组成，浅黄褐色。菌柄圆柱形，偏生或中生，近白色，中空，长3–5 cm，直径0.6–1.2 cm。

生长习性：夏季至秋季多于冷杉、云杉等针叶林中地上散生或群生。

国内分布：湖北、四川、西藏、黑龙江、甘肃等省份。

经济价值：食用菌，美味。可能为树木的外生菌根菌。

（五十）伏革菌科 Corticiaceae | 伏革菌属 *Terana*

314 蓝色伏革菌

Terana coerulea **(Lam.) Kuntze 1891**
Corticium coeruleum (Lam.) Fr. 1838
Pulcherricium coeruleum (Lam.) Parmasto 1968

形态特征： 菌体厚2–6 mm，膜状伏生于腐木上，向外扩展，深蓝色与浅蓝色，有时边缘与基物接合处为白色，湿时具天鹅绒般的质感，干时近似蜡质状，除边缘外，比较牢固地连接到木头上。

生长习性： 夏、秋季于阔叶树倒木上平伏生长。

国内分布： 湖北、黑龙江、辽宁、陕西、浙江、安徽、江西、福建、湖南、广东、广西、四川、云南、西藏等省份。

经济价值： 木腐菌。

315 碎纹伏革菌

Terana scutellaris **(Berk. & M. A. Curtis) Kuntze 1891**

Corticium scutellare Berk. & M. A. Curtis 1873

Athelia scutellaris (Berk. & M. A. Curtis) Gilb. 1974

形态特征：子实体平状，薄，不易剥离。初期呈点状，逐渐生长连成片，长可达40 cm以上，宽3.5-5 cm，开始表面似蜡质，近白色，后渐变为灰白色、蛋壳色至酱灰色，成熟后龟裂为无数不规则的小块，碎片脱落后露出菌丝体。

生长习性：夏、秋季于阔叶树腐木及落枝上平伏生长。

国内分布：湖北、山西、江苏、广东、浙江、四川、贵州、西藏、云南等省份。

经济价值：不可食。引起木材白色腐朽。

囊革菌属 *Cytidia*

316 朱红脉革菌

Cytidia salicina **(Fr.) Burt 1924**
Thelephora salicina Fr. 1821

中文别称：赭红脉革菌、柳树分枝囊革菌。

形态特征：子实体一年生，盘状或不规则形，平伏，覆瓦状叠生，通常形成明显菌盖，血红色、暗红色，外伸可达1 cm，宽可达2 cm，中部厚可达3 mm。新鲜时胶质，干后变得坚硬，边缘相互连接或边缘翘起，湿时水浸状或近蜡质，表面平滑。孢子无色，椭圆形或近肾形。

生长习性：夏、秋季于阔叶林中枯立木或枯枝上丛生或群生。

国内分布：湖北、云南、甘肃、四川等省份。

经济价值：不详。

（五十一）地星科 Geastraceae | 地星属 *Geastrum*

317 毛嘴地星

Geastrum fimbriatum **Fr. 1829**
Lycoperdon sessile Sowerby 1809
Geastrum tunicatum Vittad. 1842

中文别称： 毛咀地星、地蜘蛛、量湿地星、土星菌、大孤、石蟹、山蟹。

形态特征： 子实体小。外包被开裂前呈球形，棕褐色或淡红褐色。开裂后外包被反卷，形成5-7瓣裂片或更多，裂片宽窄不等，前端尖并逐渐向外、向下反卷。外包被厚，分三层。内层肉质，薄，棕黄色。中层纤维质，灰白色至褐色至浅棕色，厚。外层薄而软骨质，灰白色。内包被基部无柄，表面长有褐色细绒毛，近壶形，土褐色，顶部乳突状突起并开裂出小口，口缘不整齐，有纤毛似嘴状，颜色较内包被深，呈深褐色。

生长习性： 秋季于林中地上单生、散生或群生。

国内分布： 湖北、北京、西藏、云南、河北、青海、河南、陕西、甘肃、湖南、四川、贵州、黑龙江、宁夏等省份。

经济价值： 药用菌。

318 木生地星

Geastrum mirabile Mont. 1855

Geastrum papyraceum Berk. & M. A. Curtis 1860

Geastrum caespitosum (Lloyd) Teng 1963

形态特征： 子实体小到中型。外包被开裂前呈球形，直径0.7–2 cm，外被红棕色绒毛。开裂后外包被形成5–9片尖瓣，并向下反卷。内包被膜质，薄，暗烟色，顶部圆锥形突起短，基部无柄和囊托。

生长习性： 夏、秋季于阔叶林或针阔混交林中腐木碎片上或朽木上群生或散生。

国内分布： 湖北、山西、内蒙古、广东、辽宁、江苏、福建、台湾、山东、湖南、海南、广西、贵州、云南、香港等省份。

经济价值： 不可食用。

319 袋形地星

***Geastrum saccatum* Fr. 1829**

形态特征：子实体较小。初期扁球形、近球形、卵球形、葫芦形，宽0.8–5.5 cm，高1.0–5.5 cm，顶部具有小突起或延伸成喙，外包被深袋形或浅袋形，上半部分裂为5–8瓣，裂片反卷，外表光滑，沙土色、污褐色至栗褐色。内层肉质，干后变薄，棕黄色、栗褐色，往往中部分离并部分脱落，仅留基部。内包被无柄，球形，沙土色、棕黄色。

生长习性：夏、秋季于阔叶林和针阔混交林中地上单生或群生。

国内分布：湖北、北京、黑龙江、辽宁、吉林、福建、台湾、内蒙古、河北、山西、山东、宁夏、甘肃、青海、新疆、湖南、海南、四川、贵州、云南、西藏、陕西等省份。

经济价值：药用菌。

320 无柄地星

***Geastrum sessile* (Sowerby) Pouzar 1971**

形态特征： 子实体小。初期近球形，直径2–3 cm，开裂后5–6个尖瓣，并向下反卷，呈星芒状。外包被黄褐色或红褐色至棕褐色，薄，内侧污白色，厚，肉质平滑，干时变薄。内包被污白色至褐色，球形，直径0.8–1.8 cm，平滑，无柄，顶部色暗，口缘纤维状，喙口不整齐，周围略凹陷。孢子淡褐色，有细小疣，球形。

生长习性： 夏、秋季于针叶林中地上单生或群生。

国内分布： 湖北、山西、宁夏等省份。

经济价值： 药用菌。

321 尖顶地星

Geastrum triplex **Jungh. 1840**
Geastrum tunicatum var. *michelianum* Sacc. 1862
Geastrum michelianum (Sacc.) W. G. Sm. 1873

中文别称：尖嘴地星。

形态特征：子实体中型至大型。初期扁球形，直径2.5–7.5 cm，外包被基部浅袋形，上半部分裂为5–8瓣，裂片通常宽1.2–2.5 cm，渐尖或急尖，裂片反卷，外表光滑，蛋壳色，内层肉质，干后变薄，蛋壳色，往往中部分离并部分脱落，仅留基部。内包被无柄，球形，粉灰色至烟灰色，喙部显著，宽圆锥形。孢子球形，褐色，有小疣。

生长习性：夏季至秋季于针叶林或阔叶林地上单生、散生或群生。

国内分布：湖北、北京、河南、黑龙江、河北、山西、内蒙古、湖南、吉林、甘肃、宁夏、青海、新疆、台湾、广东、陕西、四川、云南、贵州、西藏等省份。

经济价值：药用菌。

（五十二）褐褶菌科 Gloeophyllaceae ｜ 褐褶菌属 *Gloeophyllum*

322 针叶褐褶菌

Gloeophyllum abietinum **(Bull.) P. Karst. 1882**
Daedalea abietina (Bull.) Fr. 1821
Lenzites abietinus (Bull.) Fr. 1838

中文别称： 冷杉褐褶菌、冷杉黏褶菌、小褐黏褶菌。

形态特征： 子实体多年生，无柄且宽阔处与基物相连，大部分沿着基质加长，木栓质。菌盖半圆形至扇形，长2–5 cm，宽3–7 cm，厚0.4–0.8 cm，表面锈褐色，具环带且稍具沟纹；边缘波状、锐。菌褶深褐色至灰褐色，伤变锈褐色，褶缘薄，锯齿状。

生长习性： 夏、秋季于针阔混交林中地上单生或相互连接或叠生。

国内分布： 湖北、河南、浙江、山西、四川、广东、甘肃、福建、台湾、新疆、青海等省份。

经济价值： 药用菌。引起木材的褐腐。

323 深褐褶菌

Gloeophyllum sepiarium (Wulfen) P. Karst. 1882

Daedalea sepiaria (Wulfen) Fr. 1821

Lenzites sepiaria (Wulfen) Fr. 1889

中文别称： 篱边黏褶菌、褐褶菌。

形态特征： 子实体一年生或多年生，无柄，覆瓦状叠生，革质。菌盖扇形、半圆形，或偶尔侧向融合成玫瑰花形，外伸可达5 cm，宽可达15 cm，基部厚可达1 cm。表面初期亮黄褐色，逐渐变为红褐色、灰褐色、黑色，幼时表面被细密绒毛，老时绒毛菌丝聚集黏结成硬刚毛状，变得粗糙并形成瘤状突起，具明显的同心环纹和环沟，边缘锐。菌褶稠密并相互连接，有时菌褶交错连接形成不规则的孔状，金黄褐色至赭色，边缘略呈撕裂状，不育边缘明显，宽1–2 mm。菌肉棕褐色，软木栓质，无环区，厚可达3 mm。

生长习性： 夏、秋季于针叶树倒木或木桩上单生或群生。

国内分布： 湖北、重庆、甘肃、贵州、河北、河南、黑龙江、湖南、吉林、辽宁、内蒙古、宁夏、青海、陕西、山东、山西、四川、西藏、新疆、云南、安徽、江苏、江西、福建、广东、广西等省份。

经济价值： 药用菌。引起木材褐腐。

324 薄褐褶菌

Gloeophyllum striatum (Sw.) Murrill 1905
Daedalea striata (Sw.) Fr. 1821
Lenzites striata (Sw.) Fr. 1838

中文别称：条纹黏褶菌、薄条纹黏褶菌。

形态特征：子实体一年至多年生，无菌柄，覆瓦状叠生，侧向融合，革质。菌盖半圆形或扇形，外伸可达3 cm，宽可达5 cm，基部厚可达0.1 cm，表面呈锈褐色，薄，柔韧，有环纹及绒毛，边缘白色，薄，锐，波状或瓣裂状。菌肉呈棕褐色或咖啡色，薄。菌褶呈灰白色或灰褐色至棕褐色，褶边缘锯齿状。

生长习性：夏、秋季于阔叶树倒木或枯树干上叠生。

国内分布：湖北、海南、山西、甘肃、内蒙古、四川、广西、黑龙江、贵州、云南、江西、江苏、广东、福建、台湾、陕西、浙江、西藏等省份。

经济价值：能分解纤维素。

（五十三）棒瑚菌科 Clavariadelphaceae | 棒瑚菌属 *Clavariadelphus*

325 平截棒瑚菌

Clavariadelphus truncatus **(Quél.) Donk 1933**
Clavaria truncata Quél. 1886

中文别称： 橙红棒瑚菌。

形态特征： 子实体棒状且上部平截状，高6–15 cm，上部直径2.5–7.5 cm，橘红黄色、黄褐色至土黄色，表面近光滑或稍有皱。菌肉白色至污白色，伤处色变暗，内部充实繁密至松软呈海绵状。菌柄基部渐变细，有白色细绒毛。担子棒状，2–4个小梗，(4.0–5.2) μm×(6–9.5) μm。孢子印带污白黄色。孢子椭圆形，光滑，无色，(9.5–12.5) μm×(5.5–8) μm。

生长习性： 夏、秋季于云杉等针叶林及针阔混交林地上单生或群生。

国内分布： 湖北、西藏、四川、青海、云南、甘肃、黑龙江等省份。

经济价值： 食用菌。

（五十四）钉菇科 Gomphaceae | 钉菇属 *Gomphus*

326 毛钉菇

***Gomphus floccosus* (Schwein.) Singer 1945**
Cantharellus floccosus Schwein. 1832
Turbinellus floccosus (Schwein.) Earle ex Giachini & Castellano 2011

中文别称： 喇叭陀螺菌、红陀螺菌、喇叭菌、陀螺菌、金号角。

形态特征： 子实体中等至较大，喇叭状，宽2–12 cm，高6–15 cm。菌盖直径可达10 cm，橘红色至土黄色，上密生红褐色鳞片，中央下陷至菌柄基部，边缘内卷，瓣裂。菌肉白色，较厚。菌褶不典型或阙如，皱褶状，稍密至较稀，狭窄，有分叉并相互交织的脉状棱褶，下延至中下部，污白色至淡黄色。菌柄圆柱形，长3–17 cm，直径0.5–1.5 cm，污白色至淡黄色，基部稍下伸成短假根。

生长习性： 夏季至秋季于针叶林、阔叶林或针阔混交林中枯叶层或地上单生或群生。

国内分布： 湖北、甘肃、四川、安徽、海南、湖南、云南、广西、浙江、福建、台湾、陕西、西藏、山东、广东、贵州等省份。

经济价值： 食用、药用菌。有中毒记录。

枝瑚菌属 *Ramaria*

327 尖顶枝瑚菌

Ramaria apiculata **(Fr.) Donk 1933**
Clavaria apiculata Fr. 1818
Clavariella apiculata (Fr.) P. Karst. 1881

中文别称： 尖枝瑚菌、木瑚菌。

形态特征： 子实体高4–9 cm，宽2–9 cm，污黄色或黄褐色，顶端近同色。菌柄短，长0.5–1 cm，直径0.2–0.4 cm，由基部或靠近基部开始分枝，着生于绵绒状菌丝垫上，基部有白色绒毛，小枝弯曲生长，密集，下部2–3叉分枝，上部不规则双叉分枝又分枝多次，顶端细尖。菌肉白色，软韧质，伤后变暗。

生长习性： 夏季至秋季于针叶林中腐木、地上及腐殖质上单生或丛生。

国内分布： 湖北、安徽、吉林、黑龙江、云南、山西、四川、广东、广西、西藏等省份。

经济价值： 食用、药用菌。

328 亚洲枝瑚菌

Ramaria asiatica **(R. H. Petersen & M. Zang) R. H. Petersen 1988**

Ramaria violaceibrunnea var. *asiatica* R. H. Petersen & M. Zang 1986

形态特征： 子实体高8–12 cm，宽4–8 cm，多分枝扫帚状。主枝3–5个，紫褐色，肉质，伤后慢慢变为红褐色。分枝3–5回，圆柱形，枝顶细长，二叉分枝，幼时色较暗，老时与主枝同色。菌肉白色。

生长习性： 春、夏季于林中地上散生或丛生。

国内分布： 湖北、云南、广东、广西等省份。

经济价值： 食用菌。

331 黄枝瑚菌

Ramaria flava **(Schaeff.) Quél. 1888**
Clavaria flava Schaeff. 1763
Corallium flavum (Schaeff.) Hahn 1883

中文别称： 疣孢黄枝瑚菌、变红黄丛枝瑚菌。

形态特征： 子实体中等至较大，高10–15 cm，宽5–15 cm，成丛，多分枝，似珊瑚，柠檬黄或硫黄色至污黄色，干后青褐色。菌柄长4–6 cm，直径1.5–2 cm，靠近基部近白色，伤后变红色。小枝密集，稍扁，帚状，节间的距离较长。菌肉白色至淡黄色，较脆，伤后近柄处变红色。

生长习性： 夏季至秋季于阔叶林内地上单生、丛生或群生。

国内分布： 湖北、黑龙江、河南、福建、台湾、四川、山西、吉林、辽宁、甘肃、云南、西藏、湖南、广东、广西、贵州、宁夏等省份。

经济价值： 食用、药用菌。

332 浅黄枝瑚菌

Ramaria flavescens **(Schaeff.) R. H. Petersen 1974**

Clavaria flavescens Schaeff. 1762

形态特征： 子实体较大，高10–15 cm，宽可达20 cm。大量的分枝常从一个粗大的茎上分出，并再次分枝密集成丛，上部多呈“U”形分枝，小枝顶端较尖，初期亮黄色到草黄色，后期变暗。菌肉白色。

生长习性： 夏季至秋季于壳斗科等针阔混交林地上单生、丛生或群生。

国内分布： 湖北、黑龙江、甘肃、四川、河北、北京等省份。

经济价值： 食用菌。

333 胶黄枝瑚菌

Ramaria flavigelatinosa **Marr & D. E. Stuntz 1974**

Ramaria flavigelatinosa var. *carnisalmonea* Marr & D. E. Stuntz 1974

Ramaria flavigelatinosa var. *fragrans* Marr & D. E. Stuntz 1974

形态特征：子实体高5–14 cm，宽3–10 cm，整体呈倒卵形或宽纺锤形，胶质，干后变硬。菌柄近白色，基部有因受伤后变红褐色或因土壤颗粒引起的紫色斑点。分枝黄白色至淡黄褐色，枝尖同色或稍黄。分枝3–5回，呈“U”形，枝间隙大，排列很不紧密；枝尖幼时齿状，成熟时指状，顶端圆钝。

生长习性：夏季至秋季于针叶林中地上单生、散生、群生或假簇生。

国内分布：湖北、广东等省份。

经济价值：药用菌。

334 美丽枝瑚菌

Ramaria formosa (Pers.) Quél. 1888
Merisma formosum (Pers.) Lenz 1831
Corallium formosum (Pers.) Hahn 1883

中文别称： 粉红枝瑚菌、粉红扫帚菌、英俊珊瑚菌、美枝瑚菌。

形态特征： 子实体较大，浅粉红色或肉粉色，干燥后浅粉灰色，高10–15 cm，宽5–10 cm，整体扫帚状。菌柄近白色至黄色，光滑，偶尔假根状，手摸或伤后缓慢变色。主枝2–4个，略呈圆柱形。由基部分出许多分枝，每个分枝又多次分叉，浅粉红色至肉色，常有纵皱纹；节间向上渐短。小枝顶端叉状或齿状，奶油色至奶油黄色。菌肉紧密，外层粉黄色，内层近白色。

生长习性： 夏、秋季于阔叶林中地上丛生。

国内分布： 湖北、甘肃、贵州、河北、河南、黑龙江、吉林、山西、陕西、浙江、四川等省份。

经济价值： 药用毒菌。去除分枝的尖顶后可食用。

335 暗灰枝瑚菌

Ramaria fumigata **(Peck) Corner 1950**
Clavaria fumigata Peck 1878
Ramaria fennica var. *fumigata* (Peck) Schild 1995

中文别称： 烟色枝瑚菌、暗灰丛枝菌。

形态特征： 子实体中等至稍大，由数个主枝组成，分枝形成一丛，高5-15 cm，宽4-13 cm，主枝基部粗壮或膨大，上部多次分枝，形成直立的小枝，顶端钝，灰紫色、铅灰色或暗灰棕色至深棕灰色，基部近白色。菌肉白色，伤后不变色。

生长习性： 夏季至秋季于冷杉、云杉林、针阔混交林中地上单生或群生。

国内分布： 湖北、河南、安徽、四川、云南、辽宁等省份。

经济价值： 据记载不宜食用。

336 淡红枝瑚菌

Ramaria hemirubella **R. H. Petersen & M. Zang 1986**

中文别称： 淡红丛枝珊瑚菌、淡红丛枝瑚菌、淡红扫帚菌。

形态特征： 子实体高大，高可达15 cm，宽可达8 cm。外廓呈纺锤形、倒梨形。柄长3–6 cm，直径1.5–3 cm，粗大。基部单一，顶部呈多回丛状分枝，枝圆形，壁光滑，淡肉红色，中部枝红褐色，手压后呈污褐色，潮湿时不黏，外表较干燥，由主干向上呈2–3回分叉，由粗变细；小枝3–6列，向上倾立，象牙白色、粉红色、玫瑰红色，枝顶末端多双叉分枝，微弯曲，红色、橙红色，节间微缢缩。菌肉白色，紧密，新鲜时闻之有清香味。

生长习性： 夏、秋季于针阔混交林中地上单生或群生。

国内分布： 湖北、四川、云南、广东、贵州、西藏等省份。

经济价值： 食用菌。

337 印滇枝瑚菌

Ramaria indoyunnaniana **R. H. Petersen & M. Zang 1986**

中文别称： 扫把菌(滇南)、印滇丛枝瑚菌。

形态特征： 子实体中等大，高4–8 cm，宽2–6 cm，从基部向上分枝，整体呈倒宽卵形，枝表光滑。菌柄单生，长短不一，结实，光滑，象牙色。主枝数个，微倾而不甚直，幼时淡粉红色，带有酒红色，老时褪为淡赭色。末端呈淡玫瑰红色，较尖细。菌肉淡粉黄色、乳白色，生尝有豆汁味。孢子卵圆形，微弯曲，近蚕豆形，(7.2–8.3) μm×(4.3–5) μm，脐上区弯曲，芽孔管侧生呈乳头状突起。

生长习性： 夏、秋季于阔叶林或针阔混交林中地上群生或散生。

国内分布： 湖北、云南等省份。

经济价值： 食用菌。

338 长茎黄枝瑚菌

Ramaria invalii **(Cotton & Wakef.) Donk 1933**
Clavaria invalii Cotton & Wakef. 1919
Phaeoclavulina eumorpha (P. Karst.) Giachini 2011

中文别称： 长茎黄丛枝。

形态特征： 子实体较大，高8–13 cm，淡黄色或土黄色，有时带肉色，干后褐黄色。多为双叉分枝，分枝多次，上端呈直立或稍弯曲、细而密的小枝，最顶端枝少，有2–3齿。菌肉呈淡黄色，内实。菌柄长2–5 cm，直径0.5–1 cm，基部米黄色，有白色菌丝团或索状菌根。

生长习性： 夏、秋季于针阔混交林中地上群生。

国内分布： 湖北、河北、四川、安徽、云南、浙江、山西等省份。

经济价值： 食用菌。

339 淡黄枝瑚菌

Ramaria lutea **(Vittad.) Schild 1977**

Clavaria lutea Vittad. 1835

中文别称： 黄枝瑚菌。

形态特征： 子实体中等大，多分枝，高 5–11 cm，直径 3.5–4 cm，大量分枝从总的粗大的菌柄基部生出，然后多次呈“V”形分枝，形成稀疏的菌冠，节间距离较长，最后的小枝顶端钝，有 2–3 个小齿。菌柄基部近白色，其他分枝浅黄色至鲜黄色，略带粉色。菌肉白色，内实，有香味。

生长习性： 夏、秋季于针叶林或阔叶林地上单生或群生。

国内分布： 湖北、河北、浙江、黑龙江、四川等省份。

经济价值： 食用菌。

340 紫丁香枝瑚菌

Ramaria mairei **Donk 1933**

Ramaria pallida (Schaeff.) Ricken 1920

中文别称： 梅尔枝瑚菌、丁香枝瑚菌。

形态特征： 子实体较大，高6–15 cm，宽4–8 cm，珊瑚状，多分枝，密，紫色、丁香紫色。菌柄短粗，长3–7 cm，直径3–4 cm，基部近白色。菌肉白色，味道先甜后苦，老时不易消化。

生长习性： 夏、秋季于阔叶林中地上散生或群生。

国内分布： 湖北、黑龙江、安徽、云南、青海、西藏、福建、河南、河北、浙江、四川、广东、广西、湖南、贵州等省份。

经济价值： 食用菌。

341 绒柄枝瑚菌

Ramaria murrillii **(Coker) Corner 1950**
Clavaria murrillii Coker 1923
Phaeoclavulina murrillii (Coker) Franchi & M. Marchetti 2018

形态特征： 子实体高5-10 cm，宽3-6 cm，整体呈梨形。菌柄长约3 cm，较细，黄褐色，基部有一团白色绵毛状菌丝体，可延伸到菌柄中部。菌肉白色，肉质至纤维质。分枝2-4回，比较稀疏，幼时黄色，成熟时褐色至棕褐色，带粉紫色，截面圆形。枝顶尖细，二叉分枝，黄色。担孢子种子形，具小尖刺，(8-9.5) μm×(3-4) μm。

生长习性： 夏、秋季于林中地上单生或假丛生。

国内分布： 湖北、黑龙江、山东等省份。

经济价值： 可食，味道差。

342 米黄丛枝瑚菌

Ramaria obtusissima **(Peck) Corner 1950**

Clavaria obtusissima Peck 1913

中文别称： 米黄枝瑚菌、光孢黄枝瑚菌、米黄丛枝菌、光孢枝瑚菌、光孢黄丛枝菌。

形态特征： 子实体树枝状，多分枝，整体高5–13 cm，米黄色，基部白色，短而粗，向下渐细，主枝粗壮，每个主枝再行数次不规则的分枝，形成多分枝的菌冠，小枝顶端钝，有2–3个小齿。菌肉白色，内实。

生长习性： 夏、秋季于阔叶林或针叶林中地上群生或散生。

国内分布： 湖北、四川、云南、甘肃、安徽、福建、湖南、贵州、河南、浙江、辽宁等省份。

经济价值： 食用菌。

343 偏白枝瑚菌

Ramaria secunda **(Berk.) Corner 1950**
Clavaria secunda Berk. 1873
Ramaria crassipes (Peck) R. H. Petersen 1967

中文别称： 白丛枝菌。

形态特征： 子实体树枝状，多分枝，整体高6-12 cm，宽3-8 cm，米黄色。菌柄短而粗壮，向上分为多个主枝，然后再分枝，分枝顶端钝或稍尖。菌肉近白色，肉实，质脆。

生长习性： 夏、秋季于以阔叶树为主的针阔混交林地上及腐叶层上群生。

国内分布： 湖北、广西、安徽、吉林、湖南、福建、新疆、贵州、西藏、云南、河南、浙江等省份。

经济价值： 食用菌。

344 密枝瑚菌

Ramaria stricta **(Pers.) Quél. 1888**
Clavaria stricta Pers. 1795
Merima strictum (Pers.) Spreng. 1827

中文别名： 枝瑚菌、密丛枝。

形态特征： 子实体高5–10 cm，宽4–7 cm，淡黄色或皮革色至土黄色，有时带肉色或紫色色调，干燥后变为褐黄色。菌柄长2–6 cm，直径0.5–1 cm，淡黄色，基部有白色菌丝团或根状菌索，向上不规则双叉分枝数次，形成直立、细而密的小枝，最终尖端有2–3齿。菌肉白色或淡黄色，内实，味道微辣。担子较短，棒状，具4小梗，(25–39) μm×(8–9) μm。

生长习性： 夏、秋季于阔叶树的腐木或枝条上群生。

国内分布： 湖北、河南、山西、黑龙江、吉林、安徽、海南、西藏、四川、河北、广东、云南等省份。

经济价值： 可食用。味微苦，具芳香气味。

345 亚红顶枝瑚菌

Ramaria subbotrytis **(Coker) Corner 1950**

Clavaria subbotrytis Coker 1923

中文别称：红顶枝瑚菌、亚葡萄状枝瑚菌。

形态特征：子实体树枝状，多次分枝，高6–10 cm，幼时全体桃红色，下部干酪色。主枝短粗，从基部开始多次分枝，主枝直立，肉色。顶部分枝多，顶尖的分枝成丛，粉红色，枝顶端玫瑰红色。菌肉与表面同色，质脆，干时易碎。菌柄白色，表面带蓝色。

生长习性：夏、秋季于阔叶林中地上丛生。

国内分布：湖北、河南、浙江、安徽、湖南、云南、西藏、贵州等省份。

经济价值：食用、药用菌。

（五十五）木须菌科 Lentariaceae | 刺顶菌属 *Hydnocristella*

346 宽丝刺顶菌

Hydnocristella latihypha **Jia J. Chen, L. L. Shen & B. K. Cui 2015**

形态特征： 子实体一年生，平伏，无特殊气味，长可达12 cm，宽可达5 cm，厚可达10 mm。不育边缘菌索状，白色，棉质，宽可达1 cm。菌肉棉质，白色至奶油色，厚可达5 mm。菌齿新鲜时奶油色至粉黄色，干后灰褐色至灰黄色，长可达5 mm，基部每毫米4–5个。

生长习性： 夏、秋季于针叶树倒木上平伏生长。

国内分布： 湖北、山西、江苏、广东、浙江、四川、贵州、西藏、云南等省份。

经济价值： 能分解纤维素。

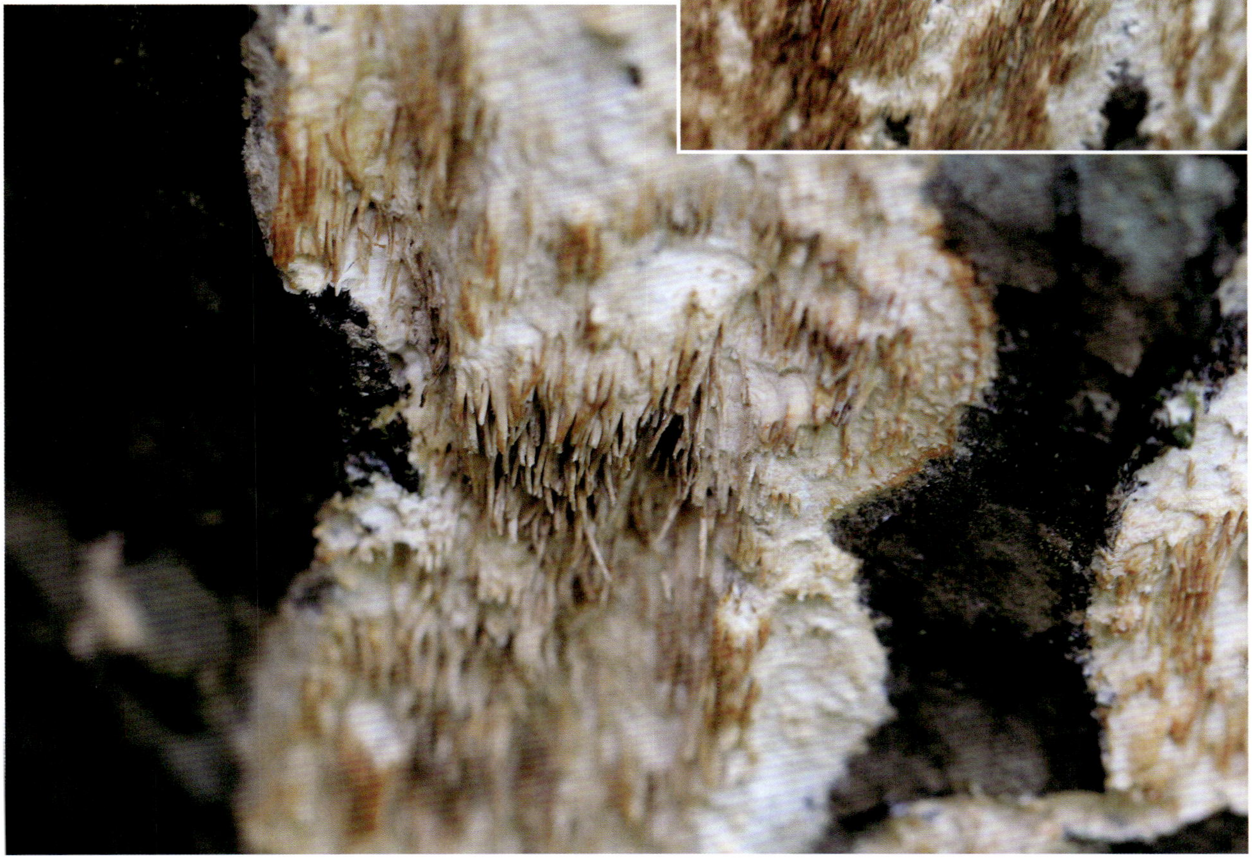

（五十六）锈革孔菌科 Hymenochaetaceae ｜ 集毛孔菌属 *Coltricia*

347 肉桂集毛孔菌

Coltricia cinnamomea **(Jacq.) Murrill. 1904**
Boletus cinnamomeus Jacq. 1787
Pelloporus cinnamomeus (Jacq.) Quél. 1888

中文别称： 丝光钹孔菌、肉桂色集毛孔菌、肉桂色集毛菌。

形态特征： 子实体较小至中等大，伞状至漏斗状。菌盖圆形，中部漏斗状，直径1–5 cm，厚1–2 mm，革质，上表面肉桂色或咖啡色，表面光滑，具有光泽和环带，边缘薄而锐，呈锯齿状，内卷，下表面近菌柄部分深褐色，边缘渐变为褐色。菌肉锈褐色，革质。菌管红褐色。菌柄圆柱形，粗长，长1.5–3 cm，直径2–3 mm，中生，表面有绒毛，颜色与菌盖同色，木栓质。

生长习性： 夏、秋季于阔叶林中地上群生。

国内分布： 湖北、江西、四川、贵州、福建、广东、广西、海南、内蒙古、河北、山西、河南、甘肃、安徽、浙江、湖南、云南、西藏等省份。

经济价值： 能分解纤维素。

348 多年生集毛孔菌

Coltricia perennis **(L.) Murrill 1903**
Boletus perennis L. 1753
Pelloporus perennis (L.) Quél. 1886

中文别称：钹孔菌、锣钱菌。

形态特征：子实体中等大，伞状，革质。菌盖近圆形，中部下凹呈脐状，直径2–6 cm，厚可达3 mm，土黄色至锈褐色，渐变为灰色，有微绒毛和明显的同心环带，有些具有辐射状条纹；边缘薄，锐，灰白色。菌肉近似菌盖颜色，厚约0.5 mm。孔口多角形至圆形。菌管短，浅灰褐色，较菌肉色浅，软木栓质。菌柄长2–4 cm，直径1.5–6 mm，中生，锈褐色至深咖啡色，表面有细绒毛，基部常膨大。

生长习性：夏、秋季于阔叶林地上散生或群生。

国内分布：湖北、黑龙江、吉林、湖南、福建、河北、山西、内蒙古、江苏、广东、广西、四川、贵州、云南、西藏、香港等省份。

经济价值：能分解纤维素。

349 铁色集毛孔菌

Coltricia sideroides **(Lév.) Teng 1963**
Polyporus sideroides Lév. 1844
Polystictus sideroides (Lév.) Cooke 1886

中文别称：铁色截毛菌、铁色集毛菌。

形态特征：子实体中等大，具中生柄，新鲜时软木栓质，无特殊气味。菌盖圆形或漏斗形，直径达3 cm，中部厚达3 mm，表面锈褐色，有不明显的同心环纹，光滑，边缘锐，干后内卷。菌肉暗褐色，革质，厚达2 mm。孔口表面褐色，多角形，不育边缘明显，孔口边缘薄，撕裂状。菌管灰褐色，明显比菌肉颜色浅，干后脆质。菌柄长达2 cm，直径可达3 mm，根部膨胀达6 mm，细短，锈褐色，木栓质，具微绒毛。

生长习性：春、夏季于阔叶林地上单生。

国内分布：湖北、湖南、江西、广东、海南等省份。

经济价值：能分解纤维素。

锈革菌属 *Hymenochaete*

350 红锈革菌

Hymenochaete cruenta **(Pers.) Donk 1959**
Thelephora cruenta Pers. 1801
Corticium cruentum (Pers.) J. Schröt. 1888

中文别称：血色刺革菌。

形态特征：子实体贴基物生长，不易剥离，革质，形状不规则，多为近椭圆形，长可达20 cm，宽可达8 cm，厚可达0.5 mm。子实层新鲜时血红色，光滑，干后颜色变深，不开裂。不育边缘不明显，窄。

生长习性：夏、秋季于冷杉树的死树、倒木或枯枝上平伏贴生。

国内分布：湖北、黑龙江、吉林、辽宁、河北、山西、陕西、甘肃、四川、云南、西藏等省份。

经济价值：能分解纤维素。

351 佛罗里达锈革菌

Hymenochaete floridea **Berk. & Broome 1873**

中文别称： 佛罗里达刺革菌。

形态特征： 子实体贴基物生长，不易与基物剥离，革质至木栓质，形状不规则，多为近椭圆形，长可达23 cm，宽可达6 cm，厚可达0.2 mm。子实层新鲜时鲜红色，光滑，干后红褐色，不开裂。不育边缘不明显。

生长习性： 夏、秋季于阔叶树的倒木或枯枝上平伏贴生。

国内分布： 湖北、江苏、浙江、安徽、福建、广东、广西、四川等省份。

经济价值： 能分解纤维素。

352 缠结锈革菌

Hymenochaete intricata **(Lloyd) S. Ito 1930**

Stereum intricatum Lloyd 1922

Hymenochaetopsis intricata (Lloyd) S. H. He & Jiao Yang 2016

中文别称： 缠结拟刺革菌。

形态特征： 子实体一年生，平伏反卷至盖形，覆瓦状叠生，革质，易与基物剥离，长可达20 cm，宽可达8 cm，厚达1 mm。菌盖扇形至半圆形，外伸可达0.7 cm，宽可达3 cm，基部厚可达1 mm，表面褐色至锈褐色，边缘锐，干后内卷。子实层肉桂色至黄褐色，不开裂。不育边缘明显，奶油色至土黄色。

生长习性： 春、夏季于阔叶树枯木上单生或叠生。

国内分布： 湖北、吉林、青海、西藏等省份。

经济价值： 能分解纤维素。

纤孔菌属 *Inonotus*

353 褐黄纤孔菌

Inonotus xeranticus **(Berk.) Imazeki & Aoshima 1966**
Polyporus xeranticus Berk. 1854
Polystictus xeranticus (Berk.) Cooke 1886

中文别称： 褐黄木层孔菌、桦褐纤孔菌、桦树泪、白桦茸、桦癌褐孔菌、黄褐针孔菌。

形态特征： 子实体中等大，革质，柔软，半圆形，无菌柄，多数叠生在一起，且左右相互连接。菌盖直径3–10 cm，表面黄褐色并有短毛及环纹，边缘亮黄色，薄而锐。菌肉薄，柔软，淡黄色。菌管层黄褐色，管面鲜黄色至黄褐色，菌管长2–3 mm，管孔小，每毫米2–3个。

生长习性： 夏季至秋季于阔叶林中枯木、倒枝上叠生。

国内分布： 湖北、河南、河北、北京、山西、浙江、云南、甘肃、香港等省份。

经济价值： 能分解纤维素。

木层孔菌属 *Phellinus*

354 淡黄木层孔菌

Phellinus gilvus **(Schwein.) Pat. 1900**
Boletus gilvus Schwein. 1822
Fuscoporia gilva (Schwein.) T. Wagner & M. Fisch. 2002

中文别称： 黄白褐孔菌、粗皮针层孔菌。

形态特征： 子实体一年生，偶尔多年生，覆瓦状叠生，木栓质，无菌柄。菌盖半圆形或贝壳形，外伸可达4 cm，宽可达7 cm，厚可达15 mm，锈褐色、浅朽叶色至暗红色，同心环带不明显，有粗毛，后粗毛脱落，表面变粗糙，边缘薄而锐，常呈黄色。菌肉浅锈黄色至锈褐色，厚3–10 mm，木栓质。孔口表面暗红色至紫红色，具折光反应，近圆形，边缘薄，撕裂状。

生长习性： 春季和秋季于针叶林或阔叶林中腐木、倒木上生长。

国内分布： 湖北、四川、黑龙江、吉林、河北、河南、山西、陕西、安徽、江苏、浙江、江西、湖南、贵州、广西、海南、福建、广东、云南、西藏等省份。

经济价值： 药用菌。

355 火木针层孔菌

***Phellinus igniarius* (L.) Quél. 1886**

Polyporus igniarius (L.) Fr. 1821

Fomes igniarius (L.) Cooke 1885

中文别称： 火木层孔菌、针层孔菌、桑黄、裂蹄针层孔菌。

形态特征： 子实体多年生，木栓质至木质。菌盖马蹄形至扁半球形，外伸可达11 cm，宽可达17 cm，基部厚可达5 cm，表面灰黑色至黑色，具同心环沟和宽的环带，具明显皮壳，老时龟裂；边缘钝圆，棕褐色，不光滑。不育边缘锈褐色，宽可达4 mm。菌肉深褐色，厚可达1 cm，具白色菌丝束，靠近基物处有颗粒状菌核。孔口圆形，孔面锈褐色，每毫米4-6个；边缘厚，全缘。菌管土褐色，硬木质，多层，成熟菌管中充满白色菌丝，长可达4 cm。

生长习性： 春季至秋季在针、阔叶树的树桩或树干或倒木上单生或群生。

国内分布： 湖北、黑龙江、河南、山西、陕西、宁夏、吉林、内蒙古、四川、新疆、甘肃、青海、广西、福建、广东、西藏、香港等省份。

经济价值： 药用菌。能分解纤维素。

356 金平木层孔菌

Phellinus kanehirae **(Yasuda) Ryvarden 1990**
Polyporus kanehirae Yasuda 1922
Neomensularia kanehirae (Yasuda) F. Wu, L. W. Zhou & Y. C. Dai 2016

形态特征：担子果多年生，无柄或具侧生短柄，硬木栓质。菌盖半圆形或扇形，外伸可达7 cm，宽可达10 cm，厚可达1 cm，表面新鲜时黄褐色，干后灰褐色，被绒毛，具明显的同心环带，边缘锐。菌肉暗褐色，厚可达5 mm。孔口圆形，孔面新鲜时暗褐色，干后黑褐色，具弱的折光反应，每毫米6–7个；边缘薄，全缘。菌管干后灰褐色，长可达5 mm。

生长习性：春季至秋季于阔叶树死树和倒木上覆瓦状叠生。

国内分布：湖北、海南、澳门、吉林等省份。

经济价值：能分解纤维素。

357 窄盖木层孔菌

Phellinus tremulae **(Bondartsev) Bondartsev & P. N. Borisov 1953**
Fomes tremulae (Bondartsev) P. N. Borisov 1940
Ochroporus tremulae (Bondartsev) Fiasson & Niemelä 1984

中文别称：山杨窄盖菌、山杨白腐菌。

形态特征：子实体多年生，硬木质。菌盖外伸可达7 cm，宽可达12 cm，厚可达12 cm，往往背着生于基物上，狭窄，边缘钝、基部厚，与基物难分离，形状近似三角形、斜马蹄形，或瘤状或块状，表面灰黑色至黑色，具不明显的同心环带，具皮壳，有时开裂，边缘钝。菌肉褐色至暗褐色，厚可达2 cm，近木栓质，常与树木韧皮部组织紧密结合。孔口细小而密，圆形或近圆形，壁厚，全缘。菌管棕褐色至污褐色，多层，木质而坚硬，层次稍明显，老的菌管中常充满灰白色粉状物，菌管面栗褐色、灰褐色或灰白色。不育边缘明显，锈褐色。无菌柄。

生长习性：夏、秋季于阔叶林中树干上单生或叠生。

国内分布：湖北、山西、黑龙江、吉林等省份。

经济价值：药用菌。木腐菌，腐朽能力很强，引起心材海绵状白色腐朽且具黑色线纹。

358 亚玛针层孔菌

Phellinus yamanoi **(Imazeki) Parmasto 1999**

Porodaedalea pini (Brot.) Murrill 1905

Cryptoderma yamanoi Imazeki 1951

中文别称：山野木层孔菌。

形态特征：子实体多年生，无柄，新鲜时硬木栓质，干后木质。菌盖近马蹄形，外伸可达12 cm，宽可达20 cm，基部厚可达5 cm，表面暗褐色至黑灰色，具同心环纹和狭窄的环带；边缘锐或钝，黄褐色至黑褐色，被硬毛。菌肉肉桂褐色至污褐色，厚可达5 mm。孔口圆形至迷宫状，每毫米2–3个，表面锈褐色至肉桂褐色，略具折光反应；边缘厚，全缘。不育边缘窄或几乎无。菌管与孔口同色，分层明显，每层被薄的菌肉隔开，长可达45 mm。

生长习性：春季至秋季于云杉的活立木和倒木上单生或覆瓦状叠生。

国内分布：湖北、黑龙江、吉林、甘肃、新疆、西藏等省份。

经济价值：药用菌。能分解纤维素。

叶孔菌属 *Phylloporia*

359 海南叶孔菌

Phylloporia hainaniana **Y. C. Dai et B. K. Cui 2010**

中文别称： 海南叶状层菌。

形态特征： 子实体一年生，无柄，覆瓦状叠生，软木栓质。菌盖切面三角形，长达0.7 cm，宽达1 cm，基部厚达1 cm；表面新鲜时橄榄黄色，干后黄褐色，被绒毛，无同心环带，边缘钝。菌肉肉桂色至黄褐色，双层，中间有一黑色细线，下层菌肉木栓质，上绒毛层软木栓质。孔口表面新鲜时浅黄色，干后肉桂色，略具折光反应，圆形至多角形，每毫米4–6个，边缘薄，全缘或略呈撕裂状。不育边缘窄，浅黄色。

生长习性： 夏、秋季于阔叶林中活立木和小枝上单生或叠生。

国内分布： 湖北、海南等省份。

经济价值： 能分解纤维素。

桑黄孔菌属 *Sanghuangporus*

360 忍冬桑黄孔菌

Sanghuangporus lonicerinu **(Parmasto) L. W. Zhou & Y. C. Dai 2015**
Phellinus lonicericola Parmasto 2001
Inonotus lonicericola (Parmasto) Y. C. Dai 2010

中文别称： 大孔忍冬桑黄、忍冬纤孔菌、忍冬层孔菌。

形态特征： 子实体多年生，无柄，覆瓦状叠生，木栓质。菌盖半圆形至马蹄形，外伸可达8 cm，宽可达9 cm，厚可达3 cm，上表面生长初期具微细绒毛，后期变粗糙并具不规则龟裂；黑褐色或灰褐色，具同心环沟；边缘钝，活跃生长时浅黄色，后期变为黄褐色或暗褐色；菌盖上表面后期形成一薄壳。菌肉黄褐色，厚可达1 cm，干后木栓质。孔口表面黄褐色至锈褐色，具折光反应，近圆形，边缘薄，全缘。菌管多层，分层明显，当年生菌管金黄褐色，老菌管浅褐色，新鲜时木栓质。不育边缘明显，黄褐色，宽可达5 mm。

生长习性： 春季和秋季于忍冬的活立木与倒木上单生或覆瓦状叠生。

国内分布： 湖北、黑龙江、吉林、陕西、河南等省份。

经济价值： 药用菌。

361 桑 黄

Sanghuangporus sanghuang **(Sheng H. Wu, T. Hatt. & Y. C. Dai) Sheng H. Wu, L. W. Zhou & Y. C. Dai 2015**

Inonotus sanghuang Sheng H. Wu, T. Hatt. & Y. C. Dai 2012

中文别称：桑黄纤孔菌、桑树桑黄。

形态特征：子实体多年生，无柄，马蹄形至扁半球形，木栓质，硬。菌盖可外伸5 cm，宽3–12 cm，基部厚度可达7 cm，表面黄褐色至灰褐色，有同心环棱；边缘钝圆，鲜黄色。菌肉黄色，具不明显环带。孔口表面黄色至褐色，略具折光反应。菌管褐色。

生长习性：春季至秋季于桑树活立木上单生，或在阔叶林中树桩或树干、倒木上单生或群生。

国内分布：湖北、湖南、四川、吉林、云南、浙江等省份。

经济价值：药用菌。能分解纤维素。

附毛菌（孔）属 *Trichaptum*

362 冷杉附毛菌

Trichaptum abietinum **(Pers.) Ryvarden 1972**
Coriolus abietinus (Pers. ex J. F. Gmel.) Quél. 1886
Polystictus abietinus (Dicks.) Fr. 1886

中文别称：冷杉囊孔菌。

形态特征：子实体一年生，无菌柄，平伏至具明显菌盖，覆瓦状叠生，革质。菌盖半圆形至扇形，大小为(0.5–4) cm×(1–6) cm，厚1–2 mm；表面初期白色至灰色，后变灰黑色，有细软长毛和明显的同心环纹，有时因有藻类附生而呈绿色；边缘薄，干后不整齐地向内卷。菌肉白色至灰色或锈红褐色，厚可达0.5 mm。孔口表面往往带紫色至赭色，渐褪为浅褐色，多角形，后渐裂为齿状。菌管或齿长约2 mm。不育边缘不明显。

生长习性：春季至秋季于针叶林中树干或木桩上叠生。

国内分布：湖北、吉林、山东、陕西、新疆、四川、贵州、西藏、福建、广西等省份。

经济价值：药用菌。能分解纤维素。

363 伯氏附毛孔菌

***Trichaptum brastagii* (Corner) T. Hatt. 2005**

Trametes brastagii Corner 1989

中文别称：伯氏附毛菌。

形态特征：子实体一年生，平伏至具有明显菌盖或具侧生短柄，覆瓦状叠生，革质。菌盖匙形或扇形，外伸达2 cm，宽达3 cm，基部厚达2 mm；表面初期赭色至紫褐色，后期稻草色至灰棕黄色，被细绒毛，具同心环带；边缘锐，干时向内卷。菌肉奶油色，厚达0.5 mm。孔口表面奶油色至棕黄色，多角形，每毫米4–5个，边缘薄，撕裂状。不育边缘明显，宽可达1 mm。菌管与孔口同色，长可达1.5 mm。

生长习性：夏、秋季于阔叶树死树上叠生。

国内分布：湖北、海南、云南等省份。

经济价值：药用菌。能分解纤维素。

364 褐紫附毛菌

Trichaptum fuscoviolaceum **(Ehrenb.) Ryvarden 1972**
Hydnum fuscoviolaceum (Ehrenb.) Fr. 1821
Hirschioporus fuscoviolaceus (Ehrenb.) Donk 1933

中文别称： 褐紫耙齿菌。

形态特征： 子实体一年生，通常平展至反卷，覆瓦状叠生，革质。菌盖半圆形，单生或呈覆瓦状，常侧面相连形成一片，大小为(2–4) cm×(4–6) cm，厚1–1.5 mm，表面淡白色、淡黄色、白色至暗褐色，有绒毛、长硬毛或粗硬毛，有不明显的同心环带，边缘薄而锐，完整或齿裂，干时向内卷。菌肉厚不到1 mm。孔面与菌管同色。菌管短，多齿裂，呈扁齿状，局部近褶状，淡紫褐色或污紫褐色。

生长习性： 春季至秋季于针叶林中树干上叠生。

国内分布： 湖北、安徽、福建、台湾、甘肃、广东、黑龙江、吉林、内蒙古、山东、山西、天津、西藏、新疆、云南等省份。

经济价值： 药用菌。能分解纤维素。

（五十七）马勃科 Lycoperdaceae | 静灰球菌属 *Bovistella*

365 长根静灰球菌

***Bovistella radicata* (Durieu & Mont.) Pat. 1889**
Lycoperdon radicatum Durieu & Mont. 1848
Bovista radicata (Pat.) Vassilkov 1954

中文别名： 粗皮灰球菌。

形态特征： 子实体中等大，球形或扁球形，宽 7–8 cm，不育基部小或几乎缺如，具粗壮的假根。外包被初期白色，后呈褐色，覆盖一层颗粒状小疣，易脱落。内包被薄，膜质，具光泽，淡褐色至浅茶褐色，从顶端开口。孢体早期绿黄色，最后变成栗褐色。孢丝褐色，大量分枝，隔膜稀少，向顶端渐细，主干粗 7–10 μm。

生长习性： 夏、秋季于林中地上单生或群生。

国内分布： 湖北、浙江、安徽、湖南、吉林、甘肃、江苏、四川、云南等省份。

经济价值： 食用、药用菌。

灰球菌属 *Bovista*

366 小灰球菌

Bovista pusilla **(Batsch) Pers. 1801**
Lycoperdon pusillum (Batsch) Pers. 1789
Pseudolycoperdon pusillum (Batsch) Velen. 1947

中文别称：小静灰球菌、小静马勃、马勃、小马勃、小灰包、小药包、小马屁包、马屁包。

形态特征：子实体小，近球形，直径1–2 cm，幼时白色，后变为浅土黄色至浅茶褐色，无不孕基部。包被两层，外包被由易于脱落的一层细小的颗粒组成。内包被薄而平滑，成熟时顶端开一小口。孢体淡黄色，后变为淡茶褐色。

生长习性：夏、秋季于针阔混交林或阔叶林中地上或草地上单生或群生。

国内分布：湖北、四川、河北、陕西、青海、江西、湖南、云南、山西、福建、台湾、广东、广西、内蒙古、辽宁、江苏、河南、宁夏、吉林、香港、甘肃、贵州、海南、西藏等省份。

经济价值：食用、药用菌。

秃马勃属 *Calvatia*

367 粟粒马勃

Calvatia boninensis **S. Ito & S. Imai 1939**

中文别称： 粟粒皮秃马勃。

形态特征： 子实体扁球形或近似陀螺形，直径3–8 cm，不孕基部宽而短，表皮细绒状，龟裂为粟色细小斑块或斑纹，粟色、褐红或棕褐色。包被褐色，成熟后开裂时上部易消失，柄状基部不易消失。孢体幼时白色至近白色，成熟后暗褐色。

生长习性： 夏、秋季于腐殖质丰富的林中地上单生或群生。

国内分布： 湖北、江苏、广东、福建、台湾、山西、浙江等省份。

经济价值： 食用、药用菌。

368 白秃马勃

Calvatia candida **(Rostk.) Hollós 1902**

Langermannia candida Rostk. 1839

Lycoperdon candidum (Rostk.) Bonord. 1888

中文别称： 白马勃、灰包。

形态特征： 子实体小，近球形至扁圆形或梨形，宽3.5–6 cm，高约3.5 cm，初期白色，后淡褐色或浅棕灰色，并有发达的根状菌索。外包被薄，粉状，有斑纹，内包被坚实而脆，成熟后顶部开裂，并成片脱落。造孢组织幼时白色，后为蜜黄色。

生长习性： 夏、秋季于阔叶林或竹林中地上单生或群生。

国内分布： 湖北、黑龙江、辽宁、四川、云南、河北、陕西、山西、新疆、江苏、贵州、甘肃、广西、广东、海南、青海、西藏、内蒙古等省份。

经济价值： 食用、药用菌。

369 头状秃马勃

***Calvatia craniiformis* (Schwein.) Fr. ex De Toni 1888**

Bovista craniiformis Schwein. 1832

Calvatia craniiformis (Schwein.) Fr. 1849

中文别称：头状马勃、灰包。

形态特征：子实体小至中等大，陀螺形，高5–10 cm，宽4–6.5 cm，不育基部发达，以根状菌索固着在地上。包被分为两层，两层均薄，黄褐色至酱褐色，表面初期具微细绒毛，后渐变光滑，成熟后顶部开裂，成片状脱落。孢体黄褐色。

生长习性：夏季至秋季于阔叶林中地上、草地上和路边单生或散生。

国内分布：湖北、北京、安徽、福建、台湾、甘肃、广东、广西、河北、湖南、吉林、江苏、江西、陕西、四川、香港、云南、海南、贵州、黑龙江、河南、浙江、辽宁等省份。

经济价值：食用、药用菌。

370 瓶状秃马勃

Calvatia excipuliformis (Scop.) Perdeck 1950

Lycoperdon excipuliforme (Scop.) Pers. 1801

中文别称：长柄秃马勃、长柄梨形马勃、梨形灰包长柄变种、袋形秃马勃、褐孢马勃、长柄马勃。

形态特征：子实体中等至较大，上部近球形，向下渐细，像梨形，高5–7 cm，宽3–6 cm。不孕基部发达，由白色菌丝束固定基物，初期包被色淡呈近白色，密被疣状或小刺状颗粒，后呈灰白色至浅褐色。成熟时，顶部中央破裂，孢子散出。成熟后孢体呈暗青褐色至带青紫褐色。

生长习性：夏、秋季于林地或草地上散生或群生。

国内分布：湖北、北京、河南、河北、陕西、山西、甘肃、四川、吉林、安徽、江西、浙江、黑龙江、新疆等省份。

经济价值：食用、药用菌。

371 加德纳秃马勃

Calvatia gardneri (Berk.) Lloyd 1904

Lycoperdon gardneri Berk. 1873

Calvatia craniiformis var. *gardneri* (Berk.) Kobayasi 1937

形态特征：子实体小至中等大，幼时梨形，后近陀螺形，高4–7 cm，宽4–8 cm，成熟时起皱近脑状，有不育基部。外包被幼时近白色至奶油色，后变淡黄色，伤后变黄色、橙黄色至橙色或黄褐色，干后赭色，有颗粒状至碎屑状附属物。不孕基部颜色稍浅，稍有突起物。孢体初白色或近白色，后变黄色至褐色，棉絮状，新鲜时有令人不愉快的气味。

生长习性：夏、秋季于腐殖质土壤表面单生或散生。

国内分布：湖北、台湾、广东、山西等省份。

经济价值：食用、药用菌。

372 大秃马勃

***Calvatia gigantea* (Batsch) Lloyd 1904**

Lycoperdon giganteum Batsch 1786

Bovista gigantea (Batsch) Gray 1821

中文别称： 大马勃、巨马勃、马粪包、热砂芒、马勃、马屁包、无柄马勃。

形态特征： 子实体大，扁球形，高 12–20 cm，直径 15–36 cm，或者更大，不孕基部无或很小，基部有粗菌索与地面相连。包被初为白色，后变污白色或浅黄色至黄褐色。包体由膜状外包被和较厚内包被组成，初期表面有细绒毛，后绒毛脱落而光滑，成熟后不规则地块状剥离。

生长习性： 夏、秋季于林地边缘草丛单生或群生。

国内分布： 湖北、河南、河北、山西、北京、四川、内蒙古、甘肃、新疆、青海、江苏、辽宁、吉林、西藏、宁夏、云南、福建、香港等省份。

经济价值： 食用、药用菌。

373 粗皮秃马勃

Calvatia turneri **(Ellis & Everh.) Demoulin & M. Lange 1990**

Lycoperdon turneri Ellis & Everh. 1885

Calvatia tatrensis Hollós 1904

中文别称： 粗皮马勃。

形态特征： 子实体较小，近球形至陀螺形，直径3–5 cm，下半部渐尖细，狭成柄状，白色至淡锈色。外包被顶端有大量成簇分布的小刺，下半部刺较少至光滑。内包被较坚硬而脆，有不育基部，但小，下部有皱褶。孢子球形，青黄色，稍粗糙至近光滑。孢丝与孢子同色，分枝、无隔，直径4–6.5 μm。

生长习性： 夏季至秋季生于林中地上、绿草地或空旷地上。

国内分布： 湖北、北京、吉林、河北、青海等省份。

经济价值： 药用菌。

马勃属 *Lycoperdon*

374 粗皮马勃

Lycoperdon asperum **(Lév.) de Toni 1944**
Bovista aspera Lév. 1846
Lycoperdon asperum (Lév.) Speg. 1881

中文别称： 粒皮马勃。

形态特征： 子实体小，近梨形或陀螺形，高4–6 cm，直径2–4 cm，不孕基部发达，初期白色，后呈浅褐色、蜜黄色至茶褐色及浅烟色，外包被有较厚的粉粒或小刺粒，不易脱落，老时仅有部分脱落露出光滑的内包被。孢子初期青黄色，最后呈栗色。

生长习性： 夏季至秋季于林中地上、腐木上单生或散生。

国内分布： 湖北、吉林、河北、陕西、甘肃、四川、青海、安徽、江苏、浙江、贵州、黑龙江、内蒙古、西藏、宁夏、新疆等省份。

经济价值： 食用、药用菌。

375 长刺马勃

Lycoperdon echinatum **Pers. 1794**
Lycoperdon gemmatum var. *echinatum* (Pers.) Fr. 1829
Lycoperdon hoylei Berk. & Broome 1871

中文别称：春灰包、长刺灰包、钩刺马勃。

形态特征：子实体较小，淡黄色，近球形或梨形，高2–3.5 cm，直径3–5 cm，外包被上布满粗壮的暗褐色长刺，长0.3–0.6 cm，刺成丛生长且顶部聚集在一起，刺的顶端多弯曲，后期包被顶端至上半部的刺脱落使内包被呈网状斑纹，下半部的刺永存。内包被褐色至暗褐色、紫褐色，具明显的多角形网纹，顶端具孔口，撕裂状。不孕基部小至发达，浅紫灰色至淡褐色，有时黄白色，海绵状。孢体成熟时粉末状至棉絮状，紫褐色至橄榄色。根状菌索白色。

生长习性：夏、秋季于阔叶林地上单生或散生。

国内分布：湖北、北京、安徽、四川、黑龙江、广东、河南、辽宁等省份。

经济价值：食用、药用菌。幼时可食，老时可药用。

376 褐皮马勃

Lycoperdon fuscum **Bonord. 1857**

中文别称： 褐色马勃，褐色灰包。

形态特征： 子实体一般较小，广陀螺形或梨形，高3–4 cm，直径2–3 cm，不孕基部短，外表淡褐色、深咖啡色，并密生有成丛的暗色至黑色小刺，后期易脱落。内包被膜质，浅烟色，成熟后变成咖啡色。孢体烟色。

生长习性： 夏、秋季于林中地上单生至近丛生，常见于苔藓中。

国内分布： 湖北、河北、山西、辽宁、吉林、青海、云南、西藏、甘肃、四川、黑龙江、贵州等省份。

经济价值： 食用、药用菌。幼嫩时可食用，孢子可用于止血。

377 长柄马勃

Lycoperdon longistipes **M. Zang & M. S. Yuan 1999**

中文别称：长柄灰包。

形态特征：子实体较小至中等大，呈近圆形至陀螺形，具假柄，高 8–10 cm，直径 3–4 cm。外包被初期白色，老熟后为赭黄色至烟褐色，表面初期有易脱落的小疣，顶端的疣较大。内包被赭黄色、暗褐紫色，光滑，纸质，顶端具孔口，撕裂状。不孕基部发达，浅黄白色至黄白色，海绵状，长 6–7 cm，直径 1–2 cm。孢体成熟时粉末状至棉絮状，橄榄褐色至暗褐色，常带淡紫色。

生长习性：夏、秋季于针、阔叶林朽木上丛生或散生。

国内分布：湖北、四川等省份。

经济价值：不详。

378 乳形马勃

Lycoperdon mammiforme **Pers. 1801**

Lycoperdon mammaeforme Pers. 1801

Lycoperdon velatum Vittad. 1842

中文别称： 白鳞马勃。

形态特征： 子实体较小，高4–8 cm，直径3–5 cm，陀螺状，不育基部比较发达，初期纯白色，后期略带黄褐色，表面具有厚的白色块状或斑片状鳞片，后期鳞片脱落而光滑，顶稍凸起且成熟时破裂成一孔口。内部孢体纯白色，成熟后呈黄褐色至暗褐色。

生长习性： 夏、秋季于林中草地上单生或群生。

国内分布： 湖北、辽宁、浙江、北京、吉林、江西、四川、云南、西藏、陕西、青海等省份。

经济价值： 药用菌。

379 网纹马勃

Lycoperdon perlatum **Pers. 1796**
Lycoperdon gemmatum Batsch 1783
Lycoperdon gemmatum var. *perlatum* (Pers.) Fr. 1829

中文别称： 网纹灰包、马勃、马粪包。

形态特征： 子实体一般较小，倒卵形至陀螺形，高3–8 cm，直径2–6 cm。初期近白色，后变灰黄色至黄褐色，不孕基部发达或伸长如柄。外包被由无数小疣组成，其间有较大易脱落的刺，脱落后显出淡而光滑的斑点。孢体青黄色，后变为褐色，有时稍带紫色。

生长习性： 夏、秋季于针、阔叶林地上或腐木上群生。

国内分布： 湖北、北京、河北、山西、黑龙江、吉林、辽宁、江苏、安徽、浙江、江西、福建、台湾、河南、广东、香港、海南、广西、陕西、甘肃、宁夏、青海、新疆、四川、云南、西藏等省份。

经济价值： 食用、药用菌。

380 细刺马勃

Lycoperdon pulcherrimum **Berk. & M. A. Curtis 1873**

中文别称： 美极马勃。

形态特征： 子实体较小，近球形、倒卵形、倒梨形，高1.5–4 cm，直径2–5.5 cm，外包被形成刺，刺细而长，长0.4–0.6 cm，初期白色，后变为淡黄色、淡褐色至黄褐色，刺多呈束或数个刺在顶端聚合，包被上半部的刺脱落后露出内包被，位于下半部和基部的刺永存。内包被淡黄色至黄褐色，光滑或具细粉粒，纸质，顶端具孔口，撕裂状。不孕基部发达，浅黄白色至黄白色，海绵状。孢体成熟时粉末状至棉絮状，褐色、红褐色至暗紫色。根状菌索白色，有分枝，常被大量土壤包裹形成菌丝体垫。

生长习性： 夏、秋季于阔叶林地上单生或散生。

国内分布： 湖北、北京、河北、云南、西藏、陕西等省份。

经济价值： 食用、药用菌。幼时可食，老时可药用。

381 梨形马勃

***Lycoperdon pyriforme* Schaeff. 1774**

Lycoperdon pyriforme var. *tesselatum* Pers. 1801

Morganella pyriformis (Schaeff.) Kreisel & D. Krüger 2003

中文别称： 梨形灰包。

形态特征： 子实体小，高2-3.5 cm，梨形至近球形，上部近球形，向下渐细，不孕基部发达，由白色菌丝束固定于基物上。初期包被色淡，后呈茶褐色至浅烟色，外包被形成微细颗粒状小疣，内部初为橄榄色，后变为褐色。

生长习性： 夏季至秋季于林中地上或基物或腐熟木桩基部丛生、散生或群生。

国内分布： 湖北、河南、河北、山西、内蒙古、黑龙江、吉林、安徽、香港、台湾、广东、广西、陕西、甘肃、青海、新疆、四川、西藏、云南、浙江等省份。

经济价值： 食用、药用菌。幼时可食，老时可药用止血。

382 枣红马勃

Lycoperdon spadiceum Schaeff. 1774

Scleroderma spadiceum (Schaeff.) Pers. 1801

形态特征：子实体较小，近球形或近陀螺形，直径1.5-3 cm，不孕基部较短，近似赭褐色，初期粗糙，有疣粒，后期可脱落，变至光滑，顶部色深，成熟后破裂成小孔口。内部孢丝初期白色，稍硬，后呈褐色粉末，孢子散发后遗留下不育基部。

生长习性：夏、秋季于林中腐木残物及地上单生或群生。

国内分布：湖北、河南、云南、香港、西藏、黑龙江等省份。

经济价值：孢粉可药用。

383 暗棕马勃

Lycoperdon umbrinum **Pers. 1801**
Lycoperdon hirtum (Pers.) Mart. 1817
Lycoperdon turbinatum var. *hirtum* (Pers.) J. Kickxf. 1867

中文别称：暗褐马勃、色马勃、粒皮灰包、褐粒马勃、赭褐马勃、赭褐灰包。

形态特征：子实体小，近梨形或陀螺形，高2.5–4 cm，直径3–3.5 cm，不孕基部发达，初期白色，后呈浅褐色、蜜黄色至茶褐色及浅烟色，表面有刺疣，每个刺疣由数个小疣组成锥状刺，老时不易脱落。柄部较发达，但较短，长1–2 cm，直径0.5–1 cm，较顶部色浅，基部污白色，具小疣刺，孢粉初期白色，后呈青褐色粉末。成熟时，顶部中央破裂，孢子散出。

生长习性：夏、秋季于林中地上及腐木上群生，稀散生。

国内分布：湖北、吉林、河北、陕西、甘肃、四川、青海、安徽、江苏、浙江、贵州、黑龙江、内蒙古、云南、西藏、宁夏、新疆等省份。

经济价值：食用、药用菌。孢粉可药用止血、消炎、解毒。

384 白刺马勃

Lycoperdon wrightii **Berk. & M. A. Curtis 1873**

中文别称： 白刺灰包。

形态特征： 子实体较小，倒卵形至陀螺形，高4–6.5 cm，直径2.5–4.6 cm，初期近白色，后变黄色。外包被有密集的白色小刺，间有较大易脱的刺，初期尖端成丛聚合成角锥形，后期小刺脱落，露出单色的内包被。孢子体青黄色，不孕基部小或无。

生长习性： 夏、秋季于林地草丛中丛生或群生。

国内分布： 湖北、河南、河北、山西、福建、台湾、广东、海南、青海、甘肃、江苏、江西等省份。

经济价值： 药用菌，可用于止血、消炎和解毒。

（五十八）硬皮马勃科 Sclerodermataceae | 硬皮马勃属 *Scleroderma*

385 网硬皮马勃

Scleroderma areolatum **Ehrenb. 1818**

中文别称：网状硬皮马勃、网隙硬皮马勃、马勃状硬皮马勃、马皮泡。

形态特征：子实体小，扁半球形或近球形，下部平，直径3–6 cm，高3–5 cm，有长短不一的柄状基部，基部有白色根状菌索。包皮薄，浅土黄色至暗褐色，其上有细小暗褐色、紧贴的疣状鳞片，后期鳞片脱落，成熟后顶端不规则开裂，露出白色的内包被。孢丝呈青褐色，粉末状。

生长习性：夏、秋季于针叶林中地上群生。

国内分布：湖北、河北、河南、山西、甘肃、江苏、浙江、贵州、安徽、江西、福建、广东、广西、四川、云南等省份。

经济价值：食用、药用菌。幼时可食，老时可药用。

386 橙黄硬皮马勃

Scleroderma citrinum **Pers. 1801**

Scleroderma vulgare Hornem. 1819

中文别称：橘色硬皮马勃。

形态特征：子实体较小或中等大，近球形或扁圆形，直径2–13 cm，土黄色或近橙黄色，表面初期近平滑，渐形成龟裂状鳞片，皮层厚，剖面带红色，成熟后变浅。孢体初期灰紫色，后为黑褐紫色，后期破裂散放孢粉。

生长习性：夏、秋季于松林或阔叶林地上群生或单生。

国内分布：湖北、河南、黑龙江、福建、台湾、广东、广西、海南、香港、西藏等省份。

经济价值：微毒，药用菌，也有地区幼时食用。树木的外生菌根菌。

387 奇异硬皮马勃

***Scleroderma paradoxum* G. W. Beaton 1982**

形态特征： 子实体小，不规则扁半球形，宽2.5–4 cm，高1.5–2.5 cm，无不孕基部，基部有白色根状菌索。外包皮薄，黄褐色或者污白黄色，后期表面龟裂为不规则斑块，成熟后顶端不规则开裂，露出白色的内包被。孢丝呈黑色，粉末状。

生长习性： 夏、秋季于阔叶林或针阔混交林中地上单生或群生。

国内分布： 湖北、河南、吉林、广东、香港等省份。

经济价值： 树木外生菌根菌。

388 多疣硬皮马勃

***Sclerodema verrucosum* (Bull.) Pers. 1801**

Lycoperdon verrucosum Bull. 1791

Scleroderma maculatum (Peck) Lloyd 1920

中文别称：疣硬皮马勃、疣硬皮马勃。

形态特征：子实体较小或中等大，近球形，直径3–5 cm，土黄色或黄褐色，下部缩成柄状基部，表面有暗色细疣状颗粒，成熟后不规则开裂。孢体暗褐色。

生长习性：夏、秋季于林中地上群生或单生。

国内分布：湖北、甘肃、河北、河南、北京、江苏、四川、云南、西藏等省份。

经济价值：药用菌，孢粉有止血作用。树木的外生菌根菌。

（五十九）鸟巢菌科 Nidulariaceae | 白蛋巢菌属 *Crucibulum*

389 白蛋巢菌

Crucibulum laeve **(Huds.) Kambly 1936**
Peziza crucibuliformis Schaeff. 1762
Peziza laevis Huds. 1778

中文别称： 普通白蛋巢菌、乳白蛋巢菌。

形态特征： 子实体似蛋巢，小，包被高0.4-1 cm，顶部直径0.5-1 cm，内有数个白色、扁球形的小包，初期有深肉桂色的绒毛，后光滑，褐色，最后变灰色，内侧光滑、灰色。成熟前有盖膜，盖膜白色，上有深肉桂色绒毛。小包扁球形，直径0.15-0.2 cm，由一纤细的、有韧性的绳状体固定于包被中，其表面有一层白色的外膜，后期外膜脱落后变成黑色。

生长习性： 夏、秋季于林中腐木和枯枝上散生或群生。

国内分布： 湖北、河北、山西、黑龙江、陕西、甘肃、青海、新疆、江苏、浙江、安徽、江西、湖南、云南、贵州、西藏、内蒙古、广东、广西、吉林、辽宁、宁夏、四川等省份。

经济价值： 分解植物纤维。

黑蛋巢菌属 *Cyathus*

390 隆纹黑蛋巢

***Cyathus striatus* Willd. 1787**
Peziza striata Huds. 1778
Cyathus striatus (Huds.) Willd. 1787

形态特征： 子实体小。包被杯状，高0.7–1.5 cm，顶部直径0.6–1.8 cm，由栗色的菌丝垫固定于基物上，外有粗毛，初期色泽较浅呈棕黄色，后期色渐深，褶纹常不清楚，毛脱落后上部纵褶明显。内表面灰色至褐色，无毛，具明显纵纹。子实体内小包扁圆形，直径0.15–0.2 cm，黑色，由菌索固定在杯内。

生长习性： 夏季至秋季于落叶林中朽木、垃圾或腐殖质上丛生或群生。

国内分布： 湖北、河南、云南、四川、湖南、广西、广东、江苏、浙江、福建、江西、安徽、河北、海南、贵州、西藏等省份。

经济价值： 药用菌。

红蛋巢菌属 *Nidula*

391 白绒红蛋巢

Nidula niveotomentosa **(Henn.) Lloyd 1910**
Cyathus niveotomentosus Henn. 1898

中文别称： 白绒蛋巢菌。

形态特征： 子实体小，呈杯状，桶形，高0.8–1.2 cm，顶部直径0.4–0.8 cm，两侧边缘直，几乎平行，少数呈坩埚形。幼担子果可见白色、粉黄色的盖膜，上有黄色绒毛。包被外侧被有雪白至奶油色、污白色的细密绒毛，口部有流苏状的白色绒毛；内侧乳白色、肉色、浅黄色、浅黄棕色，靠基部呈浅红褐色，内外侧均平滑无条纹。内有多个扁球形的小包，光滑，直径约0.1 cm，由一纤细的、有韧性的菌索固定于包被中，其表面有一层白色的外膜，外膜脱落后变成黑色。

生长习性： 夏季至秋季于枯枝、腐木上散生或群生。

国内分布： 湖北、河南、河北、浙江、山西、四川、陕西、安徽、江西、贵州、云南、广东、广西、福建、海南、西藏等省份。

经济价值： 药用菌。

（六十）鬼笔科Phallaceae | 蛇头菌属*Mutinus*

392 竹林蛇头菌

***Mutinus bambusinus* (Zoll.) E. Fisch. 1887**
Phallus bambusinus Zoll. 1854
Aedyeia bambusinus (Zoll.) Kuntze 1898

形态特征： 成熟子实体无菌盖，高8–15 cm。菌托卵圆形或近椭圆形，高3.5–4.5 cm，直径1.2–2 cm，白色至米黄色。孢托圆柱形，似海绵状，中空，直径1–1.5 cm，上部粉红色，下部橙红色略带白色。产孢组织在孢托顶端部分，长1–2 cm，鲜红色至紫红色，具疣状皱纹，顶端穿孔，上有黏稠、恶臭、暗青色至暗绿色的孢体。

生长习性： 夏季至秋季于竹林、阔叶林地上和庭园地上散生或群生。

国内分布： 湖北、河南、云南、贵州、四川、湖南、广东、广西等省份。

经济价值： 药用菌，外用能解毒消肿。

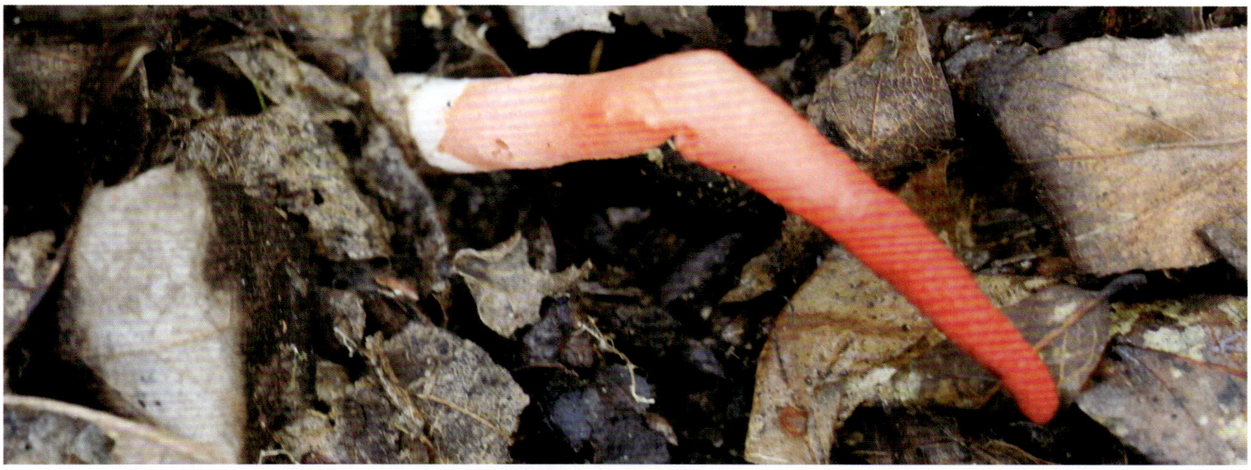

鬼笔属*Phallus*

393 白鬼笔

Phallus impudicus **L. 1753**

形态特征：子实体未开伞前呈球形至卵圆形，直径2–2.5 cm，地上生或半埋土生，白色、灰色、褐色或粉白色，包被成熟时顶端开裂，菌盖与菌柄从包被中伸出。子实体由菌盖、孢子、菌柄及包被和菌托组成，高14.8–20.8 cm。菌盖有深网格，呈钟形，顶端平截，有穿孔，高2–3 cm，白色，成熟后产生黏而臭的暗绿色孢子液。菌柄近圆筒形，长7–10 cm，直径1.8–2.5 cm，向上渐细，白色，中空，海绵状。菌托厚且有弹性，白色苞状，大小(7.1–9) cm×(5.8–6.2) cm，基部有不分枝或分枝的长为7.0–10.8 cm的菌索。

生长习性：春季至秋季于竹林和树林的草地上单生或群生。

国内分布：湖北、山东、山西、贵州、湖南、广西、广东、安徽、海南、香港、黑龙江、辽宁、西藏、云南、吉林、内蒙古、江苏、河北、四川等省份。

经济价值：食用、药用菌。

394 细皱鬼笔

***Phallus rugulosus* (E. Fisch.) Lloyd 1908**

Ithyphallus rugulosus E. Fisch. 1887

中文别称：皱白鬼笔、细皱红鬼笔。

形态特征：子实体幼时白色，长卵形，长2–3.5 cm，直径1.5–2 cm。菌托白色，带粉红色。菌盖长吊钟状，表面有细皱，有疣状隆起，深红色，造孢组织黏液化，红褐色至黑暗色，着生于菌盖上，恶臭。菌柄圆筒形，长10–15 cm，上部淡红色至淡橙黄色，下部白色，伸入菌托之中，中空，海绵状。

生长习性：夏、秋季于阔叶林及草丛等地上散生或群生。

国内分布：湖北、湖南、河北、河南、山东、山西、安徽、江苏、浙江、台湾、广东、广西、四川、云南、辽宁、陕西、甘肃、福建等省份。

经济价值：药用菌。

395 黄鬼笔

Phallus tenuis **(Fisch.) Kuntze 1891**
Ithyphallus tenuis E. Fisch. 1886

中文别称： 细黄鬼笔。

形态特征： 子实体较小，高7–10 cm。菌盖小，钟形，顶端平，具一小穿孔，盖高2–25.5 cm，黄色，有明显的小网格，其上有黏而臭、青褐色的孢体。菌柄细长，向上渐尖细，长5–7 cm，直径0.8–1.0 cm，淡黄色，内部空心，海绵状，基部有白色菌托。

生长习性： 夏季至秋季于竹林、针阔叶林、菜园、屋旁、路边等地上散生或群生。

国内分布： 湖北、四川、湖南、河南、广东、吉林、贵州、云南、海南、西藏、香港等省份。

经济价值： 药用菌。

三叉鬼笔属 *Pseudocolus*

396 三叉鬼笔

Pseudocolus schellenbergiae **(Sumst.) M. M. Johnson 1929**
Pseudocolus fusiformis (E. Fisch.) Lloyd 1909
Anthurus javanicus (Penz.) Cunn. 1931

中文别称： 佛手爪鬼笔、佛手菌、爪哇尾花菌。

形态特征： 子实体较小，幼时菌托污白色，菌蕾呈卵圆形，高约1.5–2 cm，直径约1–1.5 cm。菌柄从成熟破裂的菌托中伸出，高4–8 cm，直径可达5 cm，圆柱形，中空，近白色至粉红色；上部分成角状分枝3–4个，橘红色，初期分枝顶端连接在一起，后期分离；内侧有纵向皱褶且附有暗褐色具臭气味的孢体。

生长习性： 夏、秋季于林中腐木上和地上单生或散生。

国内分布： 湖北、香港、台湾、海南、广东、安徽、云南、湖南等省份。

经济价值： 有记载无毒可食。此菌往往因色彩艳丽、形似佛手状而十分特殊；又因孢体具臭气味而被误认为有毒。

(六十一)拟层孔菌科 Fomitopsidaceae | 薄孔菌属 *Antrodia*

397 白薄孔菌

Antrodia albida **(Fr.) Donk 1966**
Daedalea albida Fr. 1815
Lenzites albida (Fr.) Fr. 1838

形态特征：子实体无柄，半圆形或平伏而反卷，革质。菌盖大小为 (0.4–2) cm×(0.7–5) cm，左右相连可达12 cm宽，常呈覆瓦状，表面白色，无环纹或有不明显的同心棱纹，有微绒毛或无毛。菌肉白色，厚0.5–2.5 mm。菌管浅黄褐色，管壁厚，完整。孔口长方形、多角形至不规则形，或近褶状。

生长习性：夏、秋季于多种阔叶树的倒木或树皮上生长。

国内分布：湖北、湖南、河北、河南、北京、江西、江苏、浙江、辽宁、山西、陕西、安徽、四川、广西、云南、贵州、福建、黑龙江、吉林、西藏等省份。

经济价值：药用菌。

398 黄薄孔菌

***Antrodia xantha* (Fr.) Ryvarden 1973**
Amyloporia xantha (Fr.) Bondartsev & Singer 1941
Daedalea xantha (Fr.) A. Roy & A. B. De 1997

形态特征：子实体一年生至多年生，平伏，无菌柄，老的担子果裂成小方块状，紧贴于基物上，总直径可达30 cm，白色至浅黄色，新鲜时无嗅无味，软木栓质，干燥后变为白垩质，易碎。单个菌盖扇形、匙形或半圆形，大小为 (9–16) cm×(6–14) cm，厚5–10 mm。菌肉白色至浅黄色，厚3–7 mm。孔口表面新鲜时奶油色、柠檬色、硫黄色，干后变成淡黄色、奶油黄色，表面具弱的折光反应，不育边缘明显，白色，棉垫状。菌管单层至多层，与孔口表面同色或略浅。
生长习性：春季至秋季于针叶林或阔叶林中腐木、树桩、倒木上平伏生长。
国内分布：湖北、北京、福建、甘肃、河北、黑龙江、吉林、辽宁、内蒙古、陕西、山西、四川、新疆等省份。
经济价值：药用菌。

迷孔菌属 *Daedalea*

399 肉色迷孔菌

Daedalea dickinsii **Yasuda 1922**

Trametes dickinsii Berk. 1891

Daedaleopsis dickinsii (Berk. ex Cooke) Bondartsev 1963

中文别称： 迪氏迷孔菌、迪金斯栓菌、扁疣菌、肉色栓菌。

形态特征： 子实体一年生，木栓质，无柄，覆瓦状叠生。菌盖半圆形、扁平或稀马蹄形，外伸可达14 cm，宽可达20 cm，厚1–2 cm，基部厚达3 cm，表面有不明显的辐射状皱纹和环纹，有时具小疣和小瘤，或有细绒毛，渐变光滑，初浅肉色，后变为棕灰色至深棕灰色；边缘锐或略钝，浅黄色至黄褐色。菌肉肉色至浅褐色，厚可达25 mm。孔口颜色与菌盖近似，形状不整齐，边缘多为圆形，其他部位为多角形至长方形，每毫米1–2个，渐呈长方形至迷路状，偶尔出现近褶状。菌管与菌肉同色，单层或多层，长3–20 mm。不育边缘明显，宽可达2 mm。

生长习性： 春季至秋季于阔叶树倒木、伐木桩上单生或覆瓦状叠生。

国内分布： 湖北、黑龙江、吉林、内蒙古、河北、山西、河南、陕西、甘肃、四川、安徽、江苏、浙江、台湾、云南、广西等省份。

经济价值： 药用菌。引起多种阔叶树的木材及枕木等形成片状或块状褐色腐朽。

400 灰白迷孔菌

Daedalea incana **(P. Karst.) Sacc. & D. Sacc. 1905**
Cerrena unicolor (Bull.) Murrill 1903
Daedaleopsis incana P. Karst. 1904

形态特征：担子果一年生，无柄，覆瓦状叠生，新鲜时木栓质，干后木质。菌盖半圆形，外伸可达10 cm，宽可达15 cm，基部厚可达1.5 cm，表面深褐色，从基部向边缘颜色渐浅，被细绒毛，有同心环带；边缘锐至略钝。菌肉奶油色，新鲜时木栓质，干后硬木栓质至木质，厚可达5 mm。孔口近圆形、迷宫状至不规则形，每毫米2–3个，表面新鲜时奶油色，干后浅褐色；边缘稍厚，全缘。菌管与孔口表面同色，长可达10 mm。不育边缘明显，宽可达1 mm。

生长习性：秋季于阔叶树死树上单生或覆瓦状叠生。

国内分布：湖北、广东、海南等省份。

经济价值：药用菌。引起多种阔叶树的褐色腐朽。

401 谦逊迷孔菌

Daedalea modesta **(Kunze ex Fr.) Aoshima 1967**

Trametes modesta (Kunze ex Fr.) Ryvarden 1972

Ranadivia modesta (Kunze ex Fr.) Zmitr. 2018

中文别称： 谦逊栓孔菌。

形态特征： 担子果一年生，无柄，覆瓦状叠生，韧革质。菌盖半圆形到近扇形，外伸可达3 cm，宽可达5 cm，厚可达3 mm，表面棕黄色至粉黄色，光滑，基部有明显的奶油色增生物，有明显的同心环带；边缘锐，奶油色，波状。菌肉浅木材色，厚2–3 mm。孔口近圆形，每毫米6–7个，表面乳白色至土黄色，全缘，边缘厚。菌管与孔口表面同色，长可达0.5 mm。不育边缘明显，奶油色，宽可达1.5 mm。

生长习性： 春季至秋季于阔叶树倒木上单生或覆瓦状叠生。

国内分布： 湖北、湖南、广东、云南、海南等省份。

经济价值： 药用菌。引起多种阔叶树的褐色腐朽。

拟层孔菌属 *Fomitopsis*

402 红缘拟层孔菌

Fomitopsis pinicola **(Sw.) P. Karst. 1881**
Boletus pinicola Sw. 1810
Fomes pinicola (Sw.) Fr. 1849

中文别称： 松生拟层孔菌、红缘多孔菌、红缘层孔菌、红缘树舌、松生层孔菌、红带菌。

形态特征： 子实体多年生，无柄，木质。菌盖半圆形、扁半球形至马蹄形，外伸可达24 cm，宽可达25 cm，中部厚可达14 cm，表面幼时乳白色，后变为红褐色、锈黄色或紫黑色，有似漆样光泽，有或无同心环沟；边缘薄或较厚，常钝，初期近白色，渐变为浅黄色至赤栗色，下侧不孕。菌肉近白色，乳黄色至淡黄褐色，厚可达8 cm，木栓质。菌管与菌肉同色，管壁厚，分层不明显，有时有一层薄层菌肉相间，长可达6 cm。

生长习性： 春季至秋季于针叶林或阔叶林的活立木、倒木和腐木上单生或群生。

国内分布： 湖北、河南、河北、北京、山西、内蒙古、吉林、黑龙江、江苏、福建、江西、湖南、广东、广西、四川、贵州、云南、甘肃、新疆、海南、西藏等省份。

经济价值： 药用菌。

炮孔菌属 *Laetiporus*

403 朱红硫黄菌

Laetiporus miniatus **(P. Karst.) Overeem 1925**
Polyporellus miniatus P. Karst. 1879
Laetiporus sulphureus var. *miniatus* (P. Karst.) Imazeki 1943

中文别称：朱红硫色炮孔菌、鸡冠菌、朱红硫磺菌、硫磺菌淡红变种、朱红干酪菌、硫色孔菌朱红色变种、鲑鱼菌。

形态特征：子实体大，有短柄或无菌柄，覆瓦状叠生。菌盖初期瘤状或脑状，后呈扇形至半圆形，直径10–20 cm，厚1–2 cm，表面鲜朱红色或带黄的朱红色，有放射状条棱，边缘钝或略锐，波浪状至瓣裂，肉质。菌肉带肉色，幼时肉质有弹性，干后变白色且酥脆，子实层淡肉色至淡黄褐色。孔口圆形至多角形。菌管长2–10 mm。

生长习性：春、夏季于针叶林或阔叶林中腐木上单生或叠生。

国内分布：湖北、浙江、河北、黑龙江、四川、西藏、新疆、贵州、台湾、海南等省份。

经济价值：药用菌。

404 硫黄菌

Laetiporus sulphureus **(Bull.) Murrill 1920**
Polyporus sulphureus (Bull.) Fr. 1821
Boletus sulphureus Bull. 1879

中文别称： 硫色炯孔菌、硫磺多孔菌、硫色多孔菌、鲑鱼菇。

形态特征： 子实体无柄或菌柄极短，初期瘤状，似脑髓状，呈覆瓦状排列，肉质多汁，干后轻而脆。菌盖半圆形或扇形，长可达28 cm，宽可达35 cm，中部厚可达3 cm，表面硫黄色至鲜橙色，后期变为污白色至浅黄褐色，有细绒毛或无，有皱纹，有不明显的同心环沟或环带，边缘薄而锐，波浪状至瓣裂。菌肉白色或浅黄色。孔口初期白色，后变为硫黄色，干后褪色，多角形，每毫米3–4个，孔口边缘薄，略呈锯齿状。

生长习性： 夏、秋季于针叶林、阔叶林等活立木树干或枯立木上叠生。

国内分布： 湖北、河北、黑龙江、吉林、辽宁、山西、内蒙古、陕西、甘肃、河南、福建、台湾、云南、广东、广西、四川、贵州、西藏、新疆、海南等省份。

经济价值： 食用、药用菌。幼时可食用，味道较好。

405 变孢绚孔菌

Laetiporus versisporus **(Lloyd) Imazeki 1943**

Laetiporus sulphureus (Bull.) Murrill 1920

中文别称：变孢硫黄菌。

形态特征：子实体一年生，无柄，肉质至木栓质。菌盖球形、近球形或不规则形，长可达5 cm，宽可达6 cm，基部厚可达4 cm，表面新鲜时浅黄色至黄褐色，干后变为污黄褐色至深污褐色，边缘钝。菌肉奶油色至污黄褐色，厚可达3.6 cm。孔口不规则形，表面新鲜时奶油色至浅黄色，每毫米2–3个，边缘薄，全缘或略呈撕裂状。菌管与孔口表面同色，长可达4 mm。

生长习性：秋季于阔叶树上单生或叠生。

国内分布：湖北、浙江、四川、云南、西藏等省份。

经济价值：药用菌。造成木材褐腐。

406 环区烔孔菌

Laetiporus zonatus **B. K. Cui & J. Song 2014**

中文别称： 硫黄菌。

形态特征： 子实体一年生，无柄或菌柄极短，肉质至干酪质，覆瓦状叠生。菌盖半圆形或扇形，长可达10 cm，宽可达17 cm，中部厚可达3 cm，表面新鲜时橘黄色至褐红色，后期变为浅黄褐色，边缘钝。菌肉奶油色至浅黄色，厚可达2.5 cm。孔口多角形，表面新鲜时奶油色至土黄色，每毫米2–5个，边缘薄，全缘至撕裂状。不育边缘浅黄色至土黄色，宽可达1 mm。菌管与孔口同色，干后脆质，长可达5 mm。

生长习性： 春、夏季于阔叶林枯木上叠生。

国内分布： 湖北、四川、云南等省份。

经济价值： 食用、药用菌。

（六十二）灵芝科 Ganodermataceae | 假芝属 *Amauroderma*

407 假芝

Amauroderma rugosum **(Blume & T. Nees) Torrend 1920**
Polyporus rugosus Blume & T. Nees 1826
Ganoderma rugosum (Blume & T. Nees) Pat. 1889

中文别称：假灵芝、环皱乌芝、乌芝。

形态特征：子实体一年生，有柄，木栓质。菌盖肾形、半圆形或近圆形，直径3–10 cm，厚0.3–1.5 cm，表面灰褐色至褐色，无光泽，有显著的纵皱和同心环纹，常有不显著的放射状皱纹，被青灰色微绒毛，边缘钝或锐，波浪状。菌肉灰褐色、深灰色至深褐色。孔面新鲜时灰白色，初变血红色，后变黑褐色至黑色。孔口近圆形或稍不规则形，每毫米4–6个。菌管暗褐色至黑褐色。菌柄圆柱形，长6–15 cm，直径0.5–1.5 cm，侧生或偏生，偶有中生，近光滑或被有短绒毛，与菌盖同色，有假根，无光泽。

生长习性：春季至秋季于阔叶林中地下朽木上单生或群生。

国内分布：湖北、广东、广西、云南、福建、台湾、贵州、海南、浙江、西藏等省份。

经济价值：药用菌。

灵芝属 *Ganoderma*

408 树舌灵芝

Ganoderma applanatum **(Pers.) Pat. 1887**
Boletus applanatus Pers. 1800
Polyporus applanatus (Pers.) Wallr. 1833

中文别称： 树舌扁灵芝、老母菌、枫树菌、老牛肝、树舌、平盖灵芝。

形态特征： 子实体木栓质，菌盖半圆形、扁半球形或不规则形，外伸5–35 cm，宽10–50 cm，厚1–12 cm，基部常下延，表面初期灰色，后渐变为褐色，有同心环纹棱，有时有瘤，皮壳胶角质；边缘圆钝，奶油色至浅灰褐色。菌肉灰白色，厚1–2 cm，近皮壳处变为暗褐色带浅棕色。无柄，基部收缩着生于基物上。

生长习性： 春季至秋季于针叶林或阔叶林中倒木、树桩上单生或覆瓦状叠生。

国内分布： 湖北、河北、山西、山东、黑龙江、吉林、江苏、内蒙古、陕西、甘肃、青海、新疆、西藏、四川、云南、河南、湖南、贵州、浙江、福建、台湾、广西、广东、海南、香港等省份。

经济价值： 药用菌。能分解纤维素。

409 弯柄灵芝

***Ganoderma flexipes* Pat. 1907**

Fomes flexipes (Pat.) Sacc. & Traverso 1910

Polyporus flexipes (Pat.) Lloyd 1912

形态特征：担子果一年生，有柄，木栓质。菌盖匙形或近圆形，外伸0.6–2 cm，宽0.5–3 cm，厚0.5–1.3 cm，表面黄红褐色至红褐色，具似漆样光泽，边缘钝或呈截形。菌肉呈深木材色至淡褐色，分层不清楚，有时上层色较淡，下层色较深，厚0.1–0.2 cm。孔面污白色至带褐色。孔口近圆形，每毫米4–5个。菌管褐色，长0.3–0.9 cm。菌柄背侧生或背生，长3–11.5 cm，直径0.2–0.5 cm，有光泽，紫褐色或紫黑色。

生长习性：夏季于阔叶林中地下腐木上生长。

国内分布：湖北、海南、广东、云南等省份。

经济价值：药用菌。能分解纤维素。

410 有柄灵芝

Ganoderma gibbosum **(Blume & T. Nees) Pat. 1897**

Polyporus gibbosus Blume & T. Nees 1826

中文别称： 有柄树舌灵芝。

形态特征： 子实体多年生，木栓质至木质。菌盖半圆形或近圆形，外伸4–10 cm，宽5–9 cm，厚达2 cm，表面污褐色至锈褐色，有同心环带，皮壳有时用手指即可压碎，无似漆样光泽；边缘圆钝，完整。菌肉褐色至暗褐色，厚0.5–1 cm，异质，上层木栓质，下层木质。孔面污白色、污黄白色或褐色。菌管深褐色。菌柄长4–8 cm，直径1–3 cm，侧生或背侧生，与菌盖同色，无光泽，有瘤状物存在，内含深褐色至黑色骨质内腔，腔内菌肉黄褐色，疏松排列。

生长习性： 春季至秋季于阔叶林中腐木桩和倒木上单生。

国内分布： 湖北、江西、黑龙江、江苏、广东、广西、海南、贵州、云南等省份。

经济价值： 药用菌。造成木材白色腐朽。

411 灵 芝

Ganoderma lingzhi **Sheng H. Wu, Y. Cao & Y. C. Dai 2012**

中文别称：赤芝、丹芝、红芝、血灵芝、灵芝草、三秀、万年蕈、吉祥蕈。

形态特征：子实体一年生，具侧生或偏生柄，新鲜时软木栓质，干后木栓质。菌盖近肾形、半圆形，外伸可达12 cm，宽可达16 cm，基部厚可达2.6 cm，颜色多变，幼时浅黄色、浅黄褐色至黄褐色，成熟时黄褐色至红褐色，有漆样光泽，边缘锐或稍钝，幼时微卷。菌肉木材色至浅褐色，双层，上层色淡，接近菌管处色深，软木栓质，厚可达1 cm。孔口近圆形或多角形，表面幼时白色，成熟时硫黄色，触摸后变为褐色或深褐色，干燥时淡黄色，边缘薄，全缘。菌管褐色，木栓质，较菌肉色深，长可达1.7 cm。不育边缘明显，宽可达4 mm。菌柄扁平状或近圆柱形，幼时橙黄色至浅黄褐色，成熟时红褐色至紫黑色，有漆样光泽，长可达22 cm，直径可达3.5 cm。

生长习性：夏季至秋季于阔叶树的垂死木、倒木或腐木上单生或散生。

国内分布：湖北、浙江、安徽、湖南、陕西、吉林、江西、福建、台湾、广东、广西、云南、四川、贵州、河南、河北等省份。

经济价值：药用菌。造成木材白色腐朽。

412 层迭灵芝

Ganoderma lobatum **(Cooke) G. F. Atk. 1908**
Polyporus lobatus Schwein. 1832
Fomes lobatus Cooke 1885

中文别称：裂迭灵芝、迭层灵芝。

形态特征：子实体多年生，无柄，由狭窄基部着生于基物上，木栓质至木质。菌盖肾形或圆形，稍扁平，迭层，外伸7-11 cm，宽6-9 cm，厚3-5 cm，上表面灰色至浅褐色，有时呈锈褐色，近边缘紫色，具同心环带，有瘤，无似漆样光泽；边缘圆钝，完整。菌肉呈褐色至栗褐色，有黑色壳质层。菌管单层，深褐色至栗褐色。

生长习性：夏、秋季于阔叶林中伐木桩上单生。

国内分布：湖北、湖南、北京、河北、浙江、福建、安徽、海南、广东、云南、四川、山西、广西、贵州、西藏、香港等省份。

经济价值：药用菌。

413 无柄灵芝

***Ganoderma resinaceum* Boud. 1889**
Fomes resinaceus (Boud.) Sacc. 1891
Ganoderma sessile Murrill 1902

中文别称： 树灵芝、圆孔灵芝、扁灵芝、树芝、三秀、灵芝。

形态特征： 子实体一年生，木栓质至木质。菌盖半圆形或近扇形，外伸9–26 cm，宽10–35 cm，厚可达9 cm，覆瓦状或基部相连，近基部稍厚，表面黄褐色、红褐色到暗褐色，有时具土褐色和土黄色相间的环带，有似漆光泽，基部色深，边缘较薄至圆钝，色淡。菌肉上层淡褐色，接近菌管处淡褐色至肉桂色，厚0.5–0.8 cm，有环纹。无菌柄或有时有短柄，有光泽，黑褐色。

生长习性： 夏季至秋季于针叶林或阔叶林中树桩、倒木、树枝上单生或群生。

国内分布： 湖北、海南、贵州、宁夏、河北、广东、广西、云南等省份。

经济价值： 药用菌。

414 紫 芝

Ganoderma sinense J. D. Zhao, L. W. Hsu & X. Q. Zhang 1979
Ganoderma lucidum var. _japonicum_ sensu Teng 1934

中文别称： 木芝、中国灵芝、中华灵芝、紫灵芝、热带灵芝。

形态特征： 子实体一年生，有柄，干后软木栓质到木栓质。菌盖半圆形、近圆形或匙形，外伸2.5–8 cm，宽2.2–9.5 cm，有时更大，厚0.4–1.8 cm；表面新鲜时紫红褐色、紫黑褐色至漆黑色，有明显的同心环纹和纵皱，光滑，干后紫褐色、紫黑色至近黑色，有似漆样光泽。菌肉褐色至深褐色，厚0.1–0.3 cm，中间有一黑色壳质层，软木栓质，有环纹。菌管褐色至深褐色，初期孔面灰白色，后为淡褐色、褐色至深褐色，单层，木栓质。菌柄圆柱形，长7–19 cm，直径0.5–2 cm，侧生、背侧生或偏生，有光泽。

生长习性： 春季至秋季于阔叶林中地下腐木上或腐木桩周围地上单生或散生。

国内分布： 湖北、河北、山东、浙江、江西、福建、台湾、广东、广西、海南、香港、云南、四川、贵州、河南等省份。

经济价值： 药用菌。

415 热带灵芝

Ganoderma tropicum **(Jungh.) Bres. 1910**
Polyporus tropicus Jungh. 1838
Fomes tropicus (Jungh.) Cooke 1885

形态特征： 子实体一年生，无柄或有短柄，干后木栓质。菌盖半圆形、圆形、扇形、肾形、近漏斗形或不规则形，外伸达16 cm，宽达12 cm，基部厚达2.5 cm；表面黄褐色、红褐色至紫褐色，表面形成一厚皮壳，有似漆样光泽；边缘薄、钝，颜色变浅。孔口表面污白色至灰褐色，无折光反应，孔口近圆形，孔口边缘厚且全缘。不育边缘明显，奶油色。菌肉黄褐色。菌管多层，分层不明显，浅褐色，长达1.5 cm。菌柄圆柱形，长达3 cm，直径达15 mm，侧生，与菌盖同色。

生长习性： 春季至夏季于树桩上和枯树干基部单生、群生或叠生。

国内分布： 湖北、海南、浙江、广西、广东、福建、台湾、贵州、香港等省份。

经济价值： 药用菌。

416 粗皮灵芝

***Ganoderma tsunodae* (Yasuda) Trotter 1919**

Elfvingia tsunodae (Yasuda) Imazeki 1943

Trachyderma tsunodae (Yasuda) Imazeki 1952

形态特征：子实体一年生，无柄，木栓质。菌盖半圆形，外伸达15 cm，宽达25 cm，基部厚达4 cm，表面锈褐色，形成一层皮壳，无漆样光泽，边缘钝，白色至奶油色。菌肉新鲜时奶油色，厚达2 cm。孔口表面奶油色，圆形，边缘厚且全缘。菌管木材色，长达2 cm。

生长习性：秋季于树桩根部单生、群生或叠生。

国内分布：湖北、云南、贵州等省份。

经济价值：药用菌。

耙齿菌属 *Irpex*

419 鲑贝耙齿菌

Irpex consors **Berk. 1877**
Trametes consors (Berk.) A. Mitra 1989
Cerrena consors (Berk.) K. S. Ko & H. S. Jung 1999

中文别称： 鲑贝耙菌、鲑贝革盖菌、鲑贝云芝、鲑云芝。

形态特征： 子实体无柄，片状，覆瓦状排列，木栓质到革质。菌盖半圆形或贝壳形，直径为1-3 cm，厚0.3-0.5 cm，表面近光滑，初期呈浅黄褐色或浅橘红色，后褪为黄白色，基部浅橙色，靠边缘处白色，具同心环棱和不明显的放射状条纹，边缘薄而锐，内卷，呈波浪状。菌肉白色或浅肉色，厚0.5-1.5 mm。孔口多角形或不规则裂为齿状。菌管与菌盖同色。

生长习性： 夏、秋季于阔叶林中枯树干或木桩上叠生或群生。

国内分布： 湖北、云南、山西、河南、陕西、甘肃、江苏、浙江、江西、湖南、四川、贵州、福建、广东、广西、海南等省份。

经济价值： 药用菌。

420 白囊耙齿菌

Irpex lacteus **(Fr.) Fr. 1828**
Sistotrema lacteum Fr. 1818
Hydnum lacteum (Fr.) Fr. 1823

中文别称： 白耙齿菌、乳白耙齿菌、乳白耙菌。

形态特征： 子实体一年生，形态多变，平伏至反卷，覆瓦状叠生，革质，平伏时长可达10 cm。菌盖半圆形，外伸可达1 cm，宽可达5 cm，厚可达0.4 cm，表面乳白色至浅黄色，覆细密绒毛，同心环带不明显；边缘与菌盖同色，干后内卷。子实层表面奶油色至淡黄色，管孔裂为粗糙齿状。菌肉白色至奶白色，革质，韧，干后硬。菌齿与菌肉同色，紧密相连。

生长习性： 夏、秋季于针叶林或阔叶林中地上群生或叠生。

国内分布： 湖北、四川、黑龙江、吉林、辽宁、河北、河南、山西、陕西、甘肃、江苏、浙江、江西、湖南、新疆、贵州、云南、广东、海南、福建、台湾、西藏等省份。

经济价值： 药用菌。

白齿耳菌属 *Mycoleptodonoides*

421 艾类小齿菌

Mycoleptodonoides aitchisonii **(Berk.) Maas Geest. 1961**

Hydnum aitchisonii Berk. 1876

中文别称：长齿类小齿菌、艾特类齿菌、艾特类小齿菌、白齿耳、长齿白齿耳菌。

形态特征：子实体一年生，无柄至近无柄，覆瓦状叠生，新鲜时肉质，干后脆质或革质。菌盖扇形或近圆形，外伸4–8 cm，宽5–10 cm，厚0.2–0.6 cm，表面新鲜时浅白色，干后奶油色，无同心环纹，披绒毛或纤毛，边缘撕裂，肉质。菌齿刺细长，柔软，密，锐尖，长0.1–1 cm，直径0.05–0.1 cm，新鲜时白色至奶油色，干后变淡土黄色。

生长习性：夏、秋季于针叶林或阔叶林中枯树干或腐木上叠生。

国内分布：湖北、江苏、江西、吉林、四川、河北、黑龙江、山西、陕西、浙江、安徽、福建、台湾、广东、广西、贵州、云南等省份。

经济价值：食用菌。可导致椴、槭、桦、榆等树木白色腐朽。

脉射革菌属 *Phlebia*

422 胶质射脉革菌

Phlebia tremellosa **(Schrad.) Nakasone & Burds. 1984**
Merulius tremellosus Schrad. 1794
Xylomyzon tremellosum (Schrad.) Pers. 1825

中文别称： 胶皱孔菌、胶射脉革菌、胶质干朽菌。

形态特征： 子实体一年生，无菌柄，平伏而边缘反卷，或幼期完全平伏，往往相互连接或呈近覆瓦状生长。菌盖平伏时椭圆形，外伸达3 cm，宽达8 cm，厚达3 mm，灰白色、奶油色至粉黄色，被小绒毛，无环带，边缘薄。菌肉灰白色，厚约1–2 mm，软。子实层新鲜时胶质，干后角质，表面新鲜时呈肉桂色、橘黄色至锈橘色，干后浅紫褐色或土黄色，由棱脉交织成浅孔状。

生长习性： 夏、秋季于阔叶林中枯木或腐木上生长。

国内分布： 湖北、黑龙江、河北、吉林、青海、内蒙古、安徽、浙江、贵州、云南、广西、四川、海南、陕西、西藏等省份。

经济价值： 药用菌。能分解纤维素。

齿耳菌属 *Steccherinum*

423 赭色齿耳菌

Steccherinum ochraceum **(Pers.) Gray 1821**
Hydnum ochraceum Pers. ex J. F. Gmel. 1792
Climacodon ochraceus (Pers. ex J. F. Gmel.) P. Karst. 1882

中文别称： 齿耳菌、赭黄齿耳菌、绒盖齿菌。

形态特征： 子实体较小，革质，薄，初期半平状，后期形成菌盖。菌盖半圆形或贝壳状，直径1–3 cm，多覆瓦状叠生和左右相连，表面密生短绒毛，有环纹，赭色、灰橙色、白色或浅黄色，老时呈灰黑色，边缘色浅，有绒毛，内卷。菌肉白色，韧，厚约1 mm。菌刺密，短，长1–2 mm，常扁平，锥形或柱形，肉色。

生长习性： 春季至冬季生长在阔叶林枯立木或枯枝上。

国内分布： 湖北、河北、黑龙江、吉林、山西、陕西、江苏、浙江、安徽、江西、福建、台湾、广东、广西、四川、贵州、云南、甘肃、海南等省份。

经济价值： 能分解纤维素。

（六十五）平革菌科 Phanerochaetaceae | 小薄孔菌属 *Antrodiella*

424 柔韧小薄孔菌

Antrodiella duracina **(Pat.) I. Lindblad & Ryvarden 1999**
Tyromyces duracinus (Pat.) Murrill 1907
Trullella duracina (Pat.) Zmitr. 2018

形态特征： 子实体一年生，具侧生柄，新鲜时革质，干后木栓质。菌盖匙形至半圆形，直径达4 cm，表面中部呈稻草色，具明显或不明显的同心环纹，光滑，边缘锐，淡黄色至黄褐色。菌肉奶油色，厚约1 mm。孔口多角形，表面新鲜时奶油色，干后稻草色至浅灰色，边缘薄，全缘。菌管淡黄色。不育边缘明显。菌柄圆柱形或稍扁平，长可达1 cm，直径2–3 mm。

生长习性： 春季至秋季于阔叶林中腐木上单生或散生。

国内分布： 湖北、广东、云南、海南省份。

经济价值： 能分解纤维素。

（六十六）多孔菌科 Polyporaceae | 齿毛菌属 *Cerrena*

425 一色齿毛菌

Cerrena unicolor **(Bull.) Murrill 1903**
Boletus unicolor Bull. 1789
Coriolus unicolor (Bull.) Pat. 1900

中文别称：单色云芝、单色革盖菌。

形态特征：子实体一年生，扇形，贝壳形或平伏而反卷。菌盖宽4–8 cm，厚约0.5 cm，往往侧面相连，表面白色、灰色至浅褐色，有时因有藻类附生而呈绿色，有细长的绒毛或粗毛和不同颜色的同心环带及浅的环沟；边缘薄而锐，波浪状或瓣裂。菌肉白色或近白色，厚约0.1 cm。菌管近白色、灰色。无菌柄。

生长习性：春季至秋季于阔叶林中地上的伐桩、枯立木、倒木上叠生或群生。

国内分布：湖北、黑龙江、吉林、辽宁、河北、河南、山西、内蒙古、陕西、甘肃、青海、安徽、浙江、江苏、湖南、广西、四川、云南、贵州、江西、福建、新疆、西藏、香港等省份。

经济价值：药用菌。能分解纤维素。

拟迷孔菌属 *Daedaleopsis*

426 裂拟迷孔菌

Daedaleopsis confragosa **(Bolton) J. Schröt. 1888**
Boletus confragosus Bolton 1792
Trametes confragosa (Bolton) Rabenh. 1844

中文别称：粗糙拟迷孔菌、茶色拟迷孔菌。

形态特征：担子果一年生，无柄，木栓质。菌盖半圆形或近扇形，扁平至垫状，外伸2.5–7 cm，宽2–12 cm，厚0.5–2 cm，表面近白色到浅黄色，有时基部呈褐色，初期有细绒毛，后变光滑，具红褐色同心环纹和放射状纵条纹，有时具小疣；边缘薄而锐。菌肉近白色至浅褐色，厚1–8 mm。孔面与菌盖同色或稍暗。孔口近圆形，每毫米1.5–2个，薄壁，常呈锯齿状。菌管与菌肉同色，长4–14 mm，基部有时呈迷宫状，边缘呈褶状并有少数分叉，褶间距约1 mm。

生长习性：夏、秋季于阔叶树上叠生。稀生于针叶树上。

国内分布：湖北、甘肃、四川、云南、陕西、江苏、浙江、江西、山西、内蒙古、吉林、西藏、新疆、福建、广西、贵州等省份。

经济价值：药用菌。能分解纤维素。

427 褶拟迷孔菌

***Daedaleopsis tricolor* (Bull.) Bondartsev & Singer 1941**

Agaricus tricolor Bull. 1792

Lenzites tricolor (Bull.) Fr. 1838

中文别称： 三色拟迷孔菌、粗糙拟迷孔菌。

形态特征： 子实体一年生，覆瓦状叠生，无柄，革质至木栓质。菌盖扁平，半圆形或基部狭小，有时左右相连，外伸可达5 cm，宽可达10 cm，基部厚可达1 cm，初期有细绒毛，后变光滑，有环带和辐射状皱纹，表面灰褐色至红褐色；边缘薄锐，波浪状，与菌盖表面同色。菌肉浅褐色，木栓质，厚可达1 mm。子实层灰褐色至栗褐色，初期呈不规则孔状，成熟后呈褶状，有时二叉分枝，木栓质，厚可达9 mm。

生长习性： 春季至秋季于针叶林或阔叶林中腐木、枯立木或倒木上叠生。

国内分布： 湖北、黑龙江、吉林、辽宁、河北、河南、内蒙古、陕西、甘肃、山西、安徽、湖南、福建、广东、广西、四川、云南、贵州、西藏等省份。

经济价值： 药用菌。

大孔菌属 *Favolus*

428 丛生棱孔菌

Favolus acervatus **(Lloyd) Sotome & T. Hatt. 2012**

Polyporus acervatus Lloyd 1920

中文别称： 堆棱孔菌、堆多孔菌。

形态特征： 子实体一年生，近肉质至革质、木栓质。菌盖近贝壳形至扇形，从基部到边缘可达3–5 cm，厚可达3 mm；表面新鲜时白色至奶油色或淡黄灰色，干后淡褐色，边缘锐，多全缘，干后略内卷。孔口表面白色至奶油色，多角形，边缘薄。菌肉厚，白色。菌柄圆柱形至扁平，长可达5 cm，直径可达1.5 mm。

生长习性： 夏、秋季于阔叶树死树或倒木上单生。

国内分布： 湖北、广东、四川、云南等省份。

经济价值： 食毒不明。能分解纤维素。

层孔菌属 *Fomes*

429 木蹄层孔菌

Fomes fomentarius **(L.) Fr. 1849**
Boletus fomentarius L. 1753
Polyporus fomentarius (L.) Fr. 1821

中文别称：木蹄层孔菌原亚种、木蹄层孔菌黑壳亚种、木蹄。

形态特征：子实体多年生，无柄，木质，半球形至马蹄形，或呈吊钟形，外伸5–20 cm，宽7–30 cm，厚3–20 cm，侧生。菌盖表面光滑，无毛，有坚硬的皮壳，鼠灰色、灰褐色至灰黑色，断面黑褐色，有光泽，有明显的同心环棱，盖缘钝，浅褐色。菌肉暗黄色至红褐色，厚0.5–3.5 cm，分层，软木栓质，无光泽。孔口表面褐色，圆形，每毫米3–4个，边缘薄，全缘。菌管多层，层次明显，管壁较厚，浅褐色。不育边缘明显，宽可达5 mm。

生长习性：春季至秋季于针叶林、阔叶林活立木或倒木上单生或群生。

国内分布：湖北、陕西、新疆、河南、广西、吉林、四川、甘肃、黑龙江、内蒙古、河北、山西、贵州、云南、福建、西藏、安徽、香港、广东、湖南、辽宁等省份。

经济价值：药用菌。能分解纤维素。

香菇属 *Lentinus*

430 浅杯状香菇

Lentinus cyathiformis **(Schaeff.) Bres. 1929**
Agaricus cyathiformis Schaeff. 1774
Panus cyathiformis (Schaeff.) Fr. 1838

中文别称： 杯状香菇、浅杯状革耳、浅杯状韧伞。

形态特征： 子实体中等至较大，浅杯状。菌盖直径5–25 cm，浅褐色至污白褐色，表面粗糙似有颗粒或粗毛，边缘稍内卷或有细裂纹。菌肉白色，稍硬，柔韧，较厚。菌褶白色，延生，稍密，窄，呈棱纹状，在柄部近似网状、脉状。菌柄较粗壮，长4–5.8 cm，直径1–3.5 cm，上部色浅而下部带褐色，表面粗糙，基部膨大至变细或联生一起，往往偏生。孢子印白色。

生长习性： 夏季至秋季于针叶林或阔叶林中腐木及树桩上单生、丛生或群生。

国内分布： 湖北、海南、四川、云南、黑龙江等省份。

经济价值： 食用菌（幼时）。

431 洁丽新香菇

***Lentinus lepideus* (Fr.) Fr. 1838**
Panus lepideus (Fr.) Corner 1981
Neolentinus lepideus (Fr.) Redhead & Ginns 1985

中文别称：豹皮菇、鳞帽菌、洁丽香菇、豹皮新香菇、鳞皮新香菇、豹皮香菇、豹皮斗菇、洁丽革耳。

形态特征：子实体中等大，具中生或偏生柄，新鲜时肉质，具甜香味，干后革质至韧肉质。菌盖初时半圆锥形，成熟时近圆形，中间略下凹，直径5–16 cm，厚达2 cm；表面乳白色至浅黄褐色，中部有时橘黄色，有红褐色平伏的斑状鳞片，稍呈同心环状排列，边缘多数波状，钝，有时开裂。菌褶表面白色至奶油色，干后黄褐色，稍稀，幅宽，不等长，直生或延生，每毫米1个，菌褶边缘锯齿状。菌肉白色至奶油色，干后软木质，厚可达5 mm。菌柄圆柱形，从上向下渐细，实心，具膜状绒毛，上部奶油色至浅黄色，基部浅褐色，有时具褐色至黑褐色的鳞片，长2–10 cm，直径0.7–2.5 cm，往往成假根状，中实。孢子印白色。

生长习性：夏、秋季于落叶松等针叶树的倒木或树桩上单生或近丛生。

国内分布：湖北、青海、新疆、湖南、河北、吉林、陕西、山西、云南、安徽、福建、台湾、江苏、江西、黑龙江、香港、西藏、辽宁、贵州、广东等省份。

经济价值：食用、药用菌。

褶孔菌属 *Lenzites*

432 桦褶孔菌

***Lenzites betulina* (L.) Fr. 1838**
Lenzites umbrina Fr. 1838
Lenzites ochracea Lloyd 1922

中文别称： 桦革裥菌、蘑菇、桦革褶菌。

形态特征： 子实体革质至近木栓质，无柄，单生或叠生。菌盖扇形、贝壳形或半圆形，外伸1.5–5 cm，宽1.5–7 cm，厚0.3–1.5 cm，表面灰白色、淡黄褐色至淡灰褐色，密被短绒毛，有明显的、宽窄不一、不同颜色的同心环带，边缘薄，波状或浅裂。菌褶白色至奶油色，干后浅褐色至土黄色，波状弯曲，多数褶片不分叉，少数分叉或交织成孔状，革质；褶缘薄，锐，波状，后期裂为齿状。菌肉白色或浅黄色，无环区，厚可达3 mm。

生长习性： 春季至秋季于针叶林或阔叶林中活立木、倒木、腐木或树桩上单生或叠生。

国内分布： 湖北、黑龙江、河北、山西、河南、陕西、甘肃、青海、安徽、江苏、浙江、江西、湖南、贵州、云南、福建、台湾、海南、广东、辽宁、西藏等省份。

经济价值： 药用菌。能分解纤维素。

433 萎垂桦革裥菌

Lenzites flaccida **(Bull.) Fr. 1838**

中文别称： 绒盖褶孔菌、绒盖革裥菌。

形态特征： 子实体革质至近木栓质，无柄，单生或叠生。菌体呈半圆形、扇形或贝壳形，外伸2–5 cm，宽6–8 cm，厚0.2–0.3 cm，菌盖表面密被细绒毛，呈天鹅绒状，有淡褐色、灰白色、褐绿色轮纹，菌盖边缘渐薄，有绒毛包围。菌肉白色。子实层体褶状，放射状排列，革质，白色或乳白色。

生长习性： 春季至秋季于针、阔叶林树桩上单生或叠生。

国内分布： 湖北、吉林、内蒙古、湖南、广东、广西、四川、贵州、云南、西藏、甘肃、安徽、江苏、江西、福建、台湾、海南、浙江等省份。

经济价值： 不详。

434 宽褶孔菌

Lenzites platyphyllus **Lév. 1844**
Lenzites platyphylla Cooke 1884
Lenzites platyphylla Lév. 1884

中文别称： 宽褶革裥菌。

形态特征： 子实体小至中等大，木质。菌盖呈扁平半圆形或扇形，外伸3–8.5 cm，宽2–6.5 cm，厚1–2 cm，基部稍狭窄且无柄，菌盖表面被有绒毛，具明显的环纹或环带，边缘呈白色，光滑，薄，波浪状或瓣裂状。菌肉白色、淡黄色至土黄色，厚2.5–8 mm。菌褶初期近白色，后期渐变为土黄色或灰褐色，稍稀，宽，分叉，不等长，弯曲呈迷路状，褶缘完整。

生长习性： 夏、秋季于阔叶林中枯树干或木桩上单生或覆瓦状叠生。

国内分布： 湖北、山西、浙江、福建、湖南、广东、广西、四川、云南、海南、西藏等省份。

经济价值： 能分解纤维素。

435 大褶孔菌

***Lenzites vespaceus* (Pers.) Ryvarden 1972**

Lenzites vespacea (Pers.) Pat. 1900

Trametes vespacea (Pers.) Zmitr. , Wasser & Ezhov 2012

中文别称：大革裥菌。

形态特征：担子果一年生，无柄，革质。菌盖半圆形、扇形，或基部下凹，有时近漏斗形，外伸3–17 cm，宽4.5–25 cm，厚3–12 mm，表面新鲜时白色、浅草色至赭石色，干后灰褐色，被灰色或褐色绒毛，具同心环纹或环沟，边缘锐，呈波状，干后略呈撕裂状。子实层新鲜时白色至奶油色，干后灰褐色至浅黄色，褶状，放射状排列，革质，平直或弯曲呈波浪状，边缘常撕裂成齿状。菌肉新鲜时白色，干后奶油色，厚可达1.5 mm，木栓质。

生长习性：夏、秋季于阔叶树腐木上单生或叠生。

国内分布：湖北、浙江、福建、广东、海南、四川、云南、贵州等省份。

经济价值：能分解纤维素。

脊革菌属 *Lopharia*

436 灰齿脉菌

Lopharia cinerascens **(Schwein.) G. Cunn. 1956**
Lopharia mirabilis (Berk. & Broome) Pat. 1895
Lloydella cinerascens (Schwein.) Bres. 1901

中文别称：微灰齿脉菌。

形态特征：子实体半圆形或不规则形，背面着生至半背面着生，大小不一，直径2.5–11 cm，有时相互连接，表面灰白色至黄褐色，被密毛，有环纹。子实层表面光滑，钝针状至薄齿状，灰白色至淡污紫褐色，周缘白色。

生长习性：春季至秋季生于阔叶树腐木上。

国内分布：湖北、湖南、江西、江苏、云南、贵州、广西、福建、台湾、山东、山西、海南、安徽、四川、陕西、辽宁、黑龙江、河北等省份。

经济价值：不详。

小孔菌属 *Microporus*

437 黄褐小孔菌

***Microporus xanthopus* (Fr.) Kuntze 1898**

Microporus xanthopus (Fr.) Pat. 1889

Trametes xanthopus (Fr.) Corner 1989

中文别称：黄柄小孔菌、盏芝小孔菌、黄柄云芝。

形态特征：子实体一年生，具中生至偏生菌柄，韧革质。菌盖近圆形，常卷成漏斗形，直径4–8 cm，厚0.2–0.5 cm，黄棕色、黄褐色至近暗褐色，有光泽，光滑，有辐射状线条和皱纹，具狭窄的同心环纹；边缘波状或完整，浅黄棕色。菌肉新鲜时白色，干后淡黄褐色，薄，革膜质。孔口表面新鲜时白色至黄褐色，干后带褐色，圆形至多角形，每毫米8–10个，边缘薄，全缘。菌管与孔口表面同色，长可达2mm。不育边缘明显，宽可达1 mm。菌柄圆柱形，长1.6–2.2 cm，直径4–5 mm，黄褐色，光滑，基部常成一圆形小盘状而附着于基物上。

生长习性：春季至秋季于阔叶树倒木上单生或群生。

国内分布：湖北、福建、台湾、江西、湖南、广东、海南、广西、贵州、云南、四川、西藏等省份。

经济价值：能分解纤维素。

438 近缘小孔菌

Microporus affinis **(Blume & T. Nees) Kuntze 1898**

Polyporus affinis Blume & T. Nees 1826

Trametes affinis (Blume & T. Nees) Corner 1989

中文别称： 褐芝小孔菌、相邻小孔菌。

形态特征： 子实体一年生，菌柄侧生或近无柄，新鲜时韧革质，干后硬革质至木栓质。菌盖扇形、匙形至半圆形，较扁，长可达5 cm，宽可达8 cm，基部厚可达5 mm，从基部向边缘渐变薄，表面新鲜时淡黄色、棕褐色、红褐色、黑褐色至黑色，具短绒毛或光滑，有明显环纹和环沟，干后颜色变化不大，边缘锐，完整或呈波浪状，干后常内卷。菌肉厚可达4 mm，新鲜时白色至奶油色，干后淡黄色。孔口表面新鲜时白色至奶油色，干后淡黄色至赭石色，圆形，每毫米7–9个，边缘薄，全缘。

生长习性： 春季至秋季于阔叶林倒木或落枝上单生、群生或叠生。

国内分布： 湖北、浙江、福建、湖南、广东、广西、海南、四川、贵州、云南等省份。

经济价值： 能分解纤维素。

革耳属 *Panus*

439 新粗毛革耳

Panus neostrigosus **Drechsler-Santos & Wartchow 2012**
Lentinus strigosus Fr. 1825
Panus rudis Fr. 1838

中文别称：野生革耳、粗毛韧伞、革耳、硬毛香菇。

形态特征：子实体小至中等大。菌盖漏斗形，宽3–10 cm，近革质，淡黄褐色，中央淡褐色，边缘常带紫色或淡紫色，密布长绒毛、直立短刺或长粗毛，边缘更明显；边缘内卷，薄，常呈波浪状或略有撕裂。菌肉白色，革质。菌褶黄白色至浅黄褐色，或褶缘略带紫色，密，不等长，延生。菌柄圆柱形或具有略膨大的基部，长1–1.8 cm，直径0.3–0.9 cm，偏生至侧生，少中生，较短，内实，纤维质，与菌盖同色，但一般不带紫色，有绒毛至粗毛。

生长习性：春、夏季于腐木上群生。

国内分布：湖北、河北、辽宁、吉林、黑龙江、江苏、浙江、安徽、福建、台湾、江西、河南、湖南、广东、广西、海南、四川、云南、西藏、甘肃等省份。

经济价值：食用、药用菌。

多孔菌属 *Polyporus*

440 大孔多孔菌

Polyporus alveolaris **(DC.) Bondartsev & Singer 1941**

Favolus europaeus Fr. 1838

中文别称： 大孔菌、蜂窝菌、棱孔菌。

形态特征： 子实体中等大，具侧生或偏生短柄。菌盖肾形、扇形至圆形，偶呈漏斗状，后期往往下凹，直径3–10 cm，厚0.2–0.7 cm，新鲜时韧肉质，干后变硬，无环纹，初期浅朽叶色，并有由纤毛组成的小鳞片，后期近白色或淡褐色，光滑；边缘薄，常内卷。菌肉白色，厚0.1–0.2 cm。孔口多角形，辐射状排列，延生，管壁薄，常呈锯齿状，长1–3 mm。菌管近白色至浅黄色。

生长习性： 春季至秋季于阔叶树的枯枝上单生、散生或群生。

国内分布： 湖北、河北、山西、黑龙江、辽宁、西藏、浙江、安徽、河南、湖南、广西、陕西、甘肃、四川、贵州、云南等省份。

经济价值： 药用菌。

441 漏斗多孔菌

Polyporus arcularius **(Batsch) Fr. 1821**
Favolus arcularius (Batsch) Fr. 1913
Lentinus arcularius (Batsch) Zmitr. 2010

中文别称： 漏斗大孔菌、漏斗棱孔菌、漏斗香菇。

形态特征： 子实体较小至中等大，伞状、漏斗状。菌盖圆形，中央呈脐形，直径为3–6 cm，表面黄褐色至深褐色，有深色鳞片、刚毛及细密的软绒毛；边缘较薄，锐，波状，有细毛。菌肉薄，厚不及1 mm，淡黄色至黄褐色。孔口近圆形至棱形，辐射状排列，直径1–3 mm。菌管白色，延生，长1–4 mm，干时呈草黄色。菌柄圆柱形，长3–6 cm，直径0.1–0.3 cm，与菌盖同色，基部有污白色粗绒毛。

生长习性： 夏季至秋季于枯木、倒木上单生或群生。

国内分布： 湖北、河南、陕西、贵州、湖南、江苏、浙江、福建、台湾、安徽、江西、四川、广东、吉林、云南、青海、甘肃、西藏、香港、黑龙江、山西等省份。

经济价值： 食用、药用菌。能分解纤维素。

442 条盖多孔菌

***Polyporus grammocephalus* Berk. 1842**

Favolus grammocephalus (Berk.) Imazeki 1943

中文别称： 棱盖多孔菌。

形态特征： 子实体一年生，有侧生短柄，革质。菌盖半圆形、近圆形到扇形，直径3–12 cm，厚2–9 mm，表面新鲜时呈木材色至淡黄色，干后变为淡褐色或淡栗褐色，光滑，有辐射状条纹；边缘瓣裂或波浪状，稍内卷。菌肉近白色至木材色，厚1–6 mm。孔面与菌管同色；孔口圆形或稍呈多角形，延生，每毫米3–4个。菌管淡黄褐色，长13 mm。菌柄短而粗，或仅有一个柄状基，长可达1 cm，直径达0.5 cm，侧生。

生长习性： 春、夏季于阔叶树的腐木上单生或叠生。

国内分布： 湖北、四川、贵州、西藏、云南、福建、台湾、广东、广西、海南、香港等省份。

经济价值： 能分解纤维素。

443 理玻瑞多孔菌

***Polyporus leprieurii* Mont. 1840**
Polystictus leprieurii (Mont.) Fr. 1851
Melanopus leprieurii (Mont.) Pat. 1900

形态特征： 子实体一年生。菌盖扇形或匙形，直径2–5 cm，中部厚达0.2 cm；新鲜时白色至浅黄色，光滑，干后古铜色，无环纹，有放射状条纹；边缘锐，黄褐色，干后稍内卷。菌肉淡黄色，新鲜时革质，干后木栓质，颜色变深，厚0.5–1.5 mm。菌管淡黄白色，长0.5 mm。孔口圆形至多角形，每毫米4–5个，黄褐色至灰褐色，边缘薄，幼时全缘，老熟后撕裂状。不育边缘不明显或无。菌柄中生或侧生，长可达5 cm，直径达0.4 cm，黑色，光滑。

生长习性： 秋季于阔叶树枝上单生或群生。

国内分布： 湖北、海南、黑龙江等省份。

经济价值： 能分解纤维素。

444 桑多孔菌

Polyporus mori (Pollini) Fr. 1821

Favolus alveolaris (DC.) Quél. 1883

形态特征：子实体一年生，具侧生柄，单生或数个聚生，新鲜时肉质至软革质，后革质，脆。菌盖半圆形至圆形，直径可达5 cm，中部厚可达5 mm；菌盖表面新鲜时奶油色、橘红色，后变为浅橘色、锈褐色、黄褐色或浅黄色，无同心环纹，具放射状条纹，有纤毛组成的鳞片；边缘锐，与盖面同色，干后内卷。菌肉奶油色，厚可达1 mm。菌管新鲜时奶油色，干后浅黄色，革质，长达4 mm。孔口初期多角形，后拉长，放射状排列，延生，每毫米1–2个，孔口表面初期乳白色至奶油色，后呈浅黄色，干后为浅黄褐色至稻草色；孔口边缘薄，全缘。菌柄浅黄色至褐色，光滑，长达1 cm，直径达4 mm。

生长习性：夏季至秋季于多种阔叶树的死树、倒木和树桩上单生或聚生。

国内分布：湖北、安徽、北京、福建、广东、广西、贵州、海南、河北、河南、黑龙江、湖南、吉林、江苏、江西、辽宁、内蒙古、陕西、甘肃、四川、西藏、云南、浙江等省份。

经济价值：药用菌。能分解纤维素。

445 宽鳞多孔菌

***Polyporus squamosus* (Huds.) Fr. 1821**
Cerioporus squamosus (Huds.) Quél. 1886
Favolus squamosus (Huds.) Ames 1913

中文别称： 宽鳞棱孔菌、宽鳞大孔菌。

形态特征： 子实体一年生，具短柄或近无柄，新鲜时肉质，后期软革质，干后木栓质。菌盖圆形或扇形，直径5–40 cm，厚1–4 cm；表面近白色、乳黄色至浅黄褐色，有暗褐色或黄褐色鳞片；边缘锐，新鲜时波状，干后略内卷。菌肉白色，厚。孔口多角形，每毫米0.5–1.5个，孔口表面初期白色，干后变为浅黄色或黄褐色，边缘薄，撕裂状。菌管延生，初为白色，后变为黄褐色。菌柄短，长2–4 cm，直径0.2–0.3 cm，侧生，偶尔近中生，基部黑色，被绒毛。

生长习性： 夏季至秋季于阔叶林中树干或树桩上单生、群生或覆瓦状叠生。

国内分布： 湖北、河北、山西、内蒙古、吉林、江苏、西藏、湖南、贵州、陕西、甘肃、青海、四川、海南等省份。

经济价值： 药用菌。

446 猪 苓

***Polyporus umbellatus* (Pers.) Fr. 1821**

Boletus umbellatus Pers. 1801

Grifola ramosissima (Scop.) Murrill 1904

中文别称： 豕苓、粉猪苓、野猪粪、地乌桃、猪茯苓、猪灵芝、猳猪矢、豕橐、猪苓多孔菌。

形态特征： 子实体一年生，具中生菌柄，有地下菌核，菌柄从菌核生出。菌盖圆形或漏斗形，直径可达4 cm，厚达0.4 cm；肉质，白色至浅褐色，被深色细鳞片；边缘薄而锐，全缘，内卷。菌肉薄，白色至奶油色。孔口表面白色至奶油色，孔口细小，近圆形或不规则形，孔壁薄，全缘或撕裂状。菌管延生。菌柄圆柱形，表面与孔口表面同色，中生，多分枝，长可达7 cm，基部直径可达2.5 cm。菌核形状不规则，稍扁，有的分枝如生姜块，表面棕黑色或黑褐色，凹凸不平，有皱纹或瘤状突起，硬，内部白色或淡黄褐色，半木质化，较轻，体积不等。

生长习性： 夏季在阔叶林中地上或腐木桩旁生长。

国内分布： 湖北、贵州、河南、河北、黑龙江、湖南、吉林、辽宁、内蒙古、宁夏、青海、陕西、山西、甘肃、云南、四川等省份。

经济价值： 药用菌，具利尿、抑制肿瘤、增强免疫力等功能。

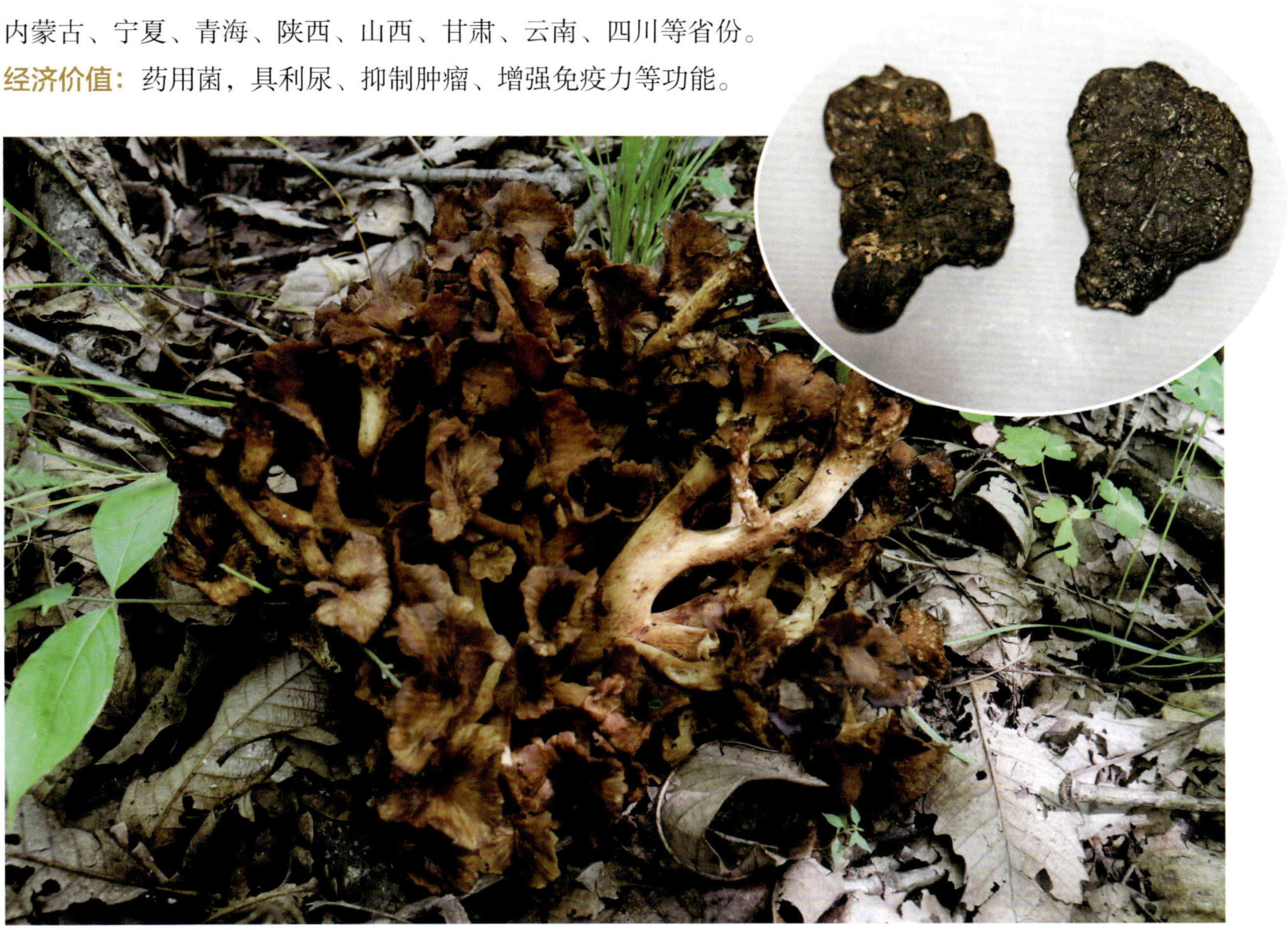

447 多孔菌

Polyporus varius **(Pers.) Fr. 1821**
Boletus varius Pers. 1796
Cerioporus varius (Pers.) Zmitr. & Kovalenko 2016

中文别称：多变拟多孔菌、变形多孔菌。

形态特征：子实体一年生。菌盖圆形、肾形或近扇形，直径5–12 cm，厚0.3–1 cm，浅黄褐色、深肉桂色、浅褐黄色至深褐色，表面近平滑，边缘薄，呈波浪状或瓣状裂形。菌肉白色或污白色，厚0.2–0.6 cm。菌管初期与孔面同色，后期呈浅粉灰色。孔口圆形至多角形，孔面近白色至淡灰色。菌柄侧生或偏生，长0.7–4 cm，直径0.3–1 cm，上部与菌盖同色，基部黑色，光滑。

生长习性：春、夏季于腐木上单生或群生。

国内分布：湖北、四川、河北、河南、云南、海南、广东、江西、安徽、陕西、青海、浙江、新疆、甘肃、黑龙江、吉林、山西等省份。

经济价值：食用、药用菌。

密孔菌属 *Pycnoporus*

448 鲜红密孔菌

Pycnoporus cinnabarinus **(Jacq.) Fr. 1881**
Boletus cinnabarinus Jacq. 1776
Trametes cinnabarina (Jacq.) Fr. 1849

中文别称： 红栓菌、朱砂菌、胭脂栓菌、朱红密孔菌、红孔菌、朱血菌、朱红栓菌。

形态特征： 子实体一年生，无菌柄，革质。菌盖扇形或肾形，外伸3–6 cm，宽5–10 cm，厚0.8–1.2 cm，表面初期橙色至红色，后期稍褪色，变暗，无环纹，有细绒毛或无毛，稍有皱纹，边缘锐。菌肉橙色，有明显的环纹，厚0.3–0.6 mm。孔口近圆形，表面新鲜时砖红色，干后不褪色，每毫米3–4个。不育边缘明显，宽可达1 mm。菌管与孔口表面同色，长0.1–0.4 cm。

生长习性： 夏季至秋季于针叶林或阔叶林中枯倒木上单生、叠生或群生。

国内分布： 湖北、黑龙江、吉林、辽宁、河南、河北、山西、山东、内蒙古、陕西、甘肃、江西、浙江、安徽、江苏、福建、台湾、广东、广西、湖南、四川、贵州、青海、云南、新疆、西藏、香港等省份。

经济价值： 药用菌。

449 血红密孔菌

Pycnoporus sanguineus **(L.) Murrill 1904**
Boletus sanguineus L. 1763
Polyporus sanguineus (L.) Fr. 1821

中文别称：血红栓菌、血红孔菌、血朱栓菌、枫菌。

形态特征：子实体一年生，无柄。菌盖半圆形至扇形，扁平，外伸1–4 cm，宽1–7 cm，厚2–6 mm；革质，表面平滑或稍有细毛；表面初期呈鲜艳的朱红色，后褪为淡红色至白色，具不明显的环纹。菌肉浅红褐色，有环纹，木栓质至革质，厚可达13 mm。孔口近圆形，表面新鲜时砖红色，干后几乎不褪色，每毫米6–8个。不育边缘明显，杏黄色，宽可达1 mm。菌管红褐色，长0.1–0.2 cm。

生长习性：夏季至秋季于栎、槭、杨、柳等阔叶树和松与杉等针叶树的枯倒木上群生或叠生。

国内分布：湖北、河北、山东、河南、安徽、江苏、浙江、江西、湖南、四川、贵州、云南、福建、台湾、广东、广西、海南等省份。

经济价值：药用菌。能分解纤维素。

干皮孔菌属 *Skeletocutis*

450 白干皮孔菌

Skeletocutis nivea **(Jungh.) Jean Keller 1797**
Incrustoporia nivea (Jungh.) Ryvarden 1972
Trametes nivea (Jungh.) Corner 1989

形态特征：子实体一年生，平伏、平伏反卷或有明显菌盖，革质。平伏时长可达6 cm，宽可达3 cm，厚可达3 mm。菌盖半圆形至扁半圆形，长可达1.5 cm，宽可达5 cm，中部厚可达4 mm；表面新鲜时乳白色，后期奶油色至浅黄色，光滑，无同心环纹；边缘钝。菌肉白色，厚可达3 mm。孔口表面初期乳白色，后期奶油色，有时灰色或黑色，干后浅褐色至黄褐色，具折光反应；不育边缘明显，奶油色，宽达2 mm，孔口多角形，每毫米7–8个，边缘薄，全缘。菌管与孔口同色，长可达1 mm。
生长习性：夏季至秋季在阔叶林倒木、朽木和落枝上单生或叠生。
国内分布：湖北、河南、四川、吉林、海南等省份。
经济价值：能分解纤维素。

栓孔菌属 *Trametes*

451 毛栓孔菌

***Trametes hirsuta* (Wulfen) Lloyd 1924**
Polystictus hirsutus (Wulfen) Fr. 1821
Trametes hirsuta (Wulfen) Pilát 1939

中文别称： 硬毛栓菌、粗毛栓菌、毛革盖菌、粗毛云芝。

形态特征： 子实体一年生，无柄，覆瓦状叠生，革质。菌盖半圆形或扇形，扁平，直径2–10 cm，厚1–2 cm；表面初期乳白色，后奶油色、浅棕黄色、灰色、灰褐色，被硬毛和绒毛，有同心环带和环沟，常被绿色藻类。孔口表面初期乳白色，后期浅乳黄色至淡灰褐色，多角形或近圆形，每毫米2–4个，边缘薄，全缘。不育边缘明显，宽可达1 mm。菌肉乳白色，厚可达5 mm。菌管奶油色或乳黄色，长可达8 mm。

生长习性： 春季至秋季于阔叶树腐木上单生、覆瓦状叠生。

国内分布： 湖北、浙江、福建、台湾、河南、湖南、广西、海南、四川、贵州、西藏、陕西、甘肃、新疆、黑龙江、吉林、河北、山西、青海、安徽、江苏、江西、云南、广东、辽宁等省份。

经济价值： 药用菌。能分解纤维素。

452 绒毛栓菌

***Trametes pubescens* (Schumach.) Pilát 1939**
Coriolus pubescens (Schumach.) Quél. 1888
Polystictus pubescens (Schumach.) Gillot & Lucand 1890

中文别称：柔毛栓菌、绒毛栓孔菌。

形态特征：子实体一年生，无柄，木栓质。菌盖半圆形或扇形，外伸2–6 cm，宽2–8 cm，厚5–8 mm；表面被绒毛，初期近白色、奶油色，后期灰白色至灰黄色，有明显或不明显的同心环带；边缘钝。菌肉白色，厚1–4 mm。孔口表面初期奶油色，后乳黄色，干后浅黄色至稻草色，近圆形或多角形，每毫米2–3个，孔口边缘薄，略有撕裂状。菌管初期白色，后浅褐色。

生长习性：春季至秋季于多种阔叶树死树、倒木和树桩上叠生。

国内分布：湖北、浙江、河南、陕西、甘肃、新疆、四川、贵州、云南、西藏、福建、广西、海南、青海、宁夏、山西、河北、黑龙江、辽宁、香港、江苏等省份。

经济价值：药用菌。

453 云芝栓孔菌

***Trametes versicolor* (L.) Lloyd 1921**
Polystictus versicolor (L.) Fr. 1851
Coriolus versicolor (L.) Quél. 1886

中文别称：云芝、变色栓菌、变色栓孔菌、杂色云芝、单色云芝、彩绒革盖菌、黄云芝、灰芝、瓦菌、彩云革盖菌、多色牛肝菌、红见手、千层蘑、彩纹云芝。

形态特征：子实体一年生，无菌柄，覆瓦状叠生，革质。菌盖半圆形、扇形，外伸可达8 cm，宽达10 cm，中部厚达0.5 cm；表面颜色多样，淡黄褐色、棕黄色、褐色或蓝灰色到紫灰色，具明显同心环带，被细密绒毛；边缘锐，淡黄色至浅黄褐色。菌肉乳白色，厚达2 mm，新鲜时革质，干后木栓质。孔口表面奶油色至烟灰色，近圆形或多角形，每毫米4–5个；边缘薄，撕裂状。不育边缘明显，宽可达2 mm。菌管烟灰色至灰褐色，长可达3 mm。

生长习性：春季至秋季于阔叶林中树桩、倒木上叠生或聚生。

国内分布：湖北、陕西、甘肃、新疆、浙江、江西、湖南、四川、贵州、云南、西藏、福建、广西、海南、黑龙江、河南、河北、吉林、辽宁、内蒙古、广东、山东、山西、江苏、安徽、青海等省份。

经济价值：药用菌。能分解纤维素。

干酪菌属 *Tyromyces*

454 薄皮干酪菌

Tyromyces chioneus **(Fr.) P. Karst. 1881**
Polyporus chioneus Fr. 1815
Polyporus albellus Peck 1878

中文别称： 薄白干酪菌。

形态特征： 子实体一年生，无菌柄，新鲜时软革质，干后脆革质。菌盖扇形，外伸4–6 cm，宽4–5 cm，基部厚8–18 mm；新鲜时纯白色，干后变污白色至淡黄色，鲜时软而多汁，干时硬，表面光滑或近光滑，有薄的表皮层，扁平或边缘波状或翘起；边缘锐，白色。菌肉新鲜时白色、肉质，干后变为乳黄色、脆革质，厚可达15 mm。孔口表面奶油色至淡褐色，多角形，每毫米4–5个；边缘薄，全缘。不育边缘几乎无。菌管乳黄色至淡黄褐色，长0.5–2 mm。

生长习性： 夏、秋季于针叶林或阔叶林枯树桩上单生或叠生。

国内分布： 湖北、吉林、河北、山西、黑龙江、辽宁、陕西、福建、湖南、浙江、安徽、广东、广西、四川、云南、贵州、海南、西藏等省份。

经济价值： 药用菌。

455 硫磺干酪菌

Tyromyces kmetii **(Bres.) Bondartsev & Singer 1941**
Polyporus kmetii Bres. 1897
Leptoporellus kmetii (Bres.) Spirin 2001

中文别称：楷米干酪菌。

形态特征：子实体一年生，无柄，肉质至革质。菌盖半圆形、贝壳形或扇形，外伸可达2 cm，宽可达4 cm，厚可达1.2 cm，表面奶油色、淡黄色至淡褐色，有粗毛或绒毛。菌肉乳白色至淡黄色，厚可达1 cm。管孔表面奶油色至乳黄色，孔口圆形，每毫米4–5个，全缘或撕裂状。菌管淡黄褐色，长可达2 mm。

生长习性：夏季至秋季于阔叶林中立木树干上、倒木或原木上单生或覆瓦状排列。

国内分布：湖北、内蒙古、吉林、云南、黑龙江等省份。

经济价值：药用菌。造成木材白色腐朽。

456 蹄形干酪菌

***Tyromyces lacteus* (Fr.) Murrill 1907**

Polyporus lacteus Fr. 1821

Oligoporus lacteus (Fr.) Gilb. & Ryvarden 1985

形态特征：子实体一年生，无柄，肉质至革质。菌盖近马蹄形，剖面呈三角形，外伸2–3.5 cm，宽2–4.5 cm，厚1–2.5 cm；新鲜时纯白色，后期或干时变为淡黄色，新鲜时半肉质，干时变硬，表面无环而有细绒毛；边缘薄锐，内卷。菌肉乳白色至淡黄色，厚7–15 mm，新鲜时质软，干后易碎。孔口表面奶油色至乳黄色，圆形或多角形，每毫米4–5个，全缘或撕裂状。菌管白色，长可达2 mm。

生长习性：夏、秋季于阔叶树或针叶树腐木上单生或覆瓦状排列。

国内分布：湖北、黑龙江、河南、河北、山西、四川、浙江、江西、广东、西藏、澳门等省份。

经济价值：药用菌。能分解纤维素。

457 绒盖干酪菌

Tyromyces pubescens **(Schumach.) Imazeki 1943**

Trametes pubescens (Schumach.) Pilát 1939

中文别称： 毛盖干酪菌。

形态特征： 子实体一年生，无柄，肉质至木栓质。菌盖半圆形或扇形，外伸3–5 cm，宽4–8 cm，厚5–8 mm；乳白色至灰白色，表面被细而密的白色绒毛，环带不明显；边缘薄、锐、波浪状，干后稍内卷。菌肉白色，厚2–3 mm，肉质柔软。孔口圆形，白色，每毫米3–4个，口缘锯齿状。菌管白色，长2–4 mm。

生长习性： 夏、秋季于阔叶树倒木或木桩上单生或叠生。

国内分布： 湖北、山西、河北、浙江、广东、四川、黑龙江、吉林、辽宁、宁夏、甘肃、青海、云南、福建、新疆、内蒙古、陕西、贵州、西藏等省份。

经济价值： 药用菌。

458 环纹干酪菌

Tyromyces zonatulus **(Lloyd) Imazeki 1955**

Postia floriformis (Quél.) Jülich 1982

中文别称：环带干酪菌。

形态特征：子实体一年生，无菌柄。菌盖半圆形，平展，外伸2–4 cm，宽4–6 cm，厚1–1.5 cm，表面具明显的白色与黄褐色相间的环带和环纹，被有微细绒毛。菌肉呈白色，厚0.2–0.3 cm。孔口呈白色，圆形或多角形，每毫米6–8个。菌管与孔口同色或稍深。

生长习性：秋季于阔叶林伐木桩或树干上单生或叠生。

国内分布：湖北、山西、河北等省份。

经济价值：药用菌。

（六十八）红菇科 Russulaceae | 乳菇属 *Lactarius*

461 槭乳菇

Lactarius acerrimus **Britzelm. 1893**
Lactifluus acerrimus (Britzelm.) Kuntze 1898
Lactarius acerrimus f. *scrobipileus* Bidaud & Fillion 2012

形态特征： 子实体中等至较大，伞状。菌盖初期扁半球形，后期呈浅漏斗形，直径7–13 cm，赭色或黄褐色，往往边缘色浅，表面平滑至稍粗糙，味辛辣，成熟后呈赤褐色，有深色环纹。菌肉白色，伤后不变色。菌褶直生至延生，较密，初为白色，后变黄色。乳汁呈白色，味苦。菌柄短粗，长2–6 cm，直径1.8–3.5 cm，初期呈污白色，后期呈浅褐色或赭色，较硬。

生长习性： 夏、秋季于阔叶林中地上单生或散生。

国内分布： 湖北、云南、甘肃、四川、山西、黑龙江等省份。

经济价值： 不详。

462 橙黄乳菇

Lactarius aurantiacus (Pers.) Gray 1821

Agaricus testaceus var. *aurantiacus* Pers. 1801

Lactarius mitissimus (Fr.) Fr. 1838

中文别称：橙色乳菇、桔色乳菇、细质乳菇。

形态特征：子实体较小，呈伞状。菌盖初扁半球形，后平展下凹，中部有一小突起，直径2–6.5 cm；橘黄色或黄褐色；边缘薄，稍内卷。菌肉初结实，后松软，色浅。菌褶直生至近延生，不等长，有时有分叉，橙黄色。乳汁白色。菌柄近圆柱形，有时中部略细，长2.5–5 cm，直径0.5–0.8 cm，颜色与菌盖相同或较浅，初期实心，后期中空。气味弱，味道柔和。孢子印乳黄色。

生长习性：夏、秋季于林中地上群生。

国内分布：湖北、贵州、四川、吉林、河南、广东、浙江、黑龙江等省份。

经济价值：食用菌。

463 香乳菇

Lactarius camphoratus (Bull.) Fr. 1838
Agaricus camphoratus Bull. 1793
Lactifluus camphoratus (Bull.) Kuntze 1891

中文别称：浓香乳菇。

形态特征：子实体小。菌盖初期扁球形，后渐下凹，中部往往有小突起，直径2–5 cm，湿时黏，深肉桂色至棠梨色，边缘后期呈圆齿状。菌肉浅肉桂色至近白色，硬且脆。菌褶初期白色至淡黄色，老时色与菌盖相似，密，直生至稍下延。乳汁白色，乳清状，伤不变色。菌柄近柱形，长2–5 cm，粗0.4–0.8 cm，色与菌盖相似，内部松软，后中空。

生长习性：春季至秋季于针叶林或阔叶林中地上单生、散生或群生。

国内分布：湖北、江苏、云南、广西、福建、贵州、吉林、湖南、海南、甘肃、广东、山东、黑龙江等省份。

经济价值：食用、药用菌。

464 鸡足山乳菇

***Lactarius chichuensis* W. F. Chiu 1945**

形态特征： 子实体较小，伞状。菌盖扁平，中部稍平或下凹，直径3.5–7 cm，薄，平滑，红褐色或中心深褐色、边缘浅褐色，无环纹，边缘向内卷。菌肉浅褐色，稍薄。菌褶与菌盖同色，稠密，直生或短延生，不等长。乳汁白色，有辛辣味。菌柄近柱形，长3.5–7 cm，直径0.7–0.8 cm，与菌盖同色或稍淡，有柔毛，稍硬。

生长习性： 夏、秋季于针阔混交林地上单生或群生。

国内分布： 湖北、云南、西藏、福建、辽宁、江苏、广西、四川等省份。

经济价值： 食用、药用菌。

465 黄汁乳菇

***Lactarius chrysorrheus* Fr. 1838**
Galorrheus chrysorrheus (Fr.) P. Kumm. 1871
Lactarius theiogalus subsp. *chrysorrheus* (Fr.) Quél. 1886

形态特征： 子实体中等大，伞状。菌盖平展至中凹形，直径3–7.5 cm，肉黄色至橙黄色，黏，表面光滑，同心环纹不明显，边缘稍内卷。菌肉白色，伤后变为淡黄色，薄，味道辣，无气味。菌褶黄白色至淡橙黄色，宽2–3 mm，不等长，直生，褶缘平滑。乳汁淡黄色。菌柄圆柱形，长3–5 cm，直径8–11 mm，中生，淡黄褐色，不黏，空心。

生长习性： 夏季至秋季于针阔混交林中地上单生、散生或群生。

国内分布： 湖北、贵州、广东、黑龙江等省份。

经济价值： 食用、药用菌。

466 环纹乳菇

Lactarius circellatus **(Battarra) Fr. 1838**

Agaricus circellatus Battarra 1755

Lactifluus circellatus (Fr.) Kuntze 1891

中文别称： 污灰褐乳菇。

形态特征： 子实体中等大，伞状。菌盖初期扁半球形，中部下凹，后渐平展至浅漏斗状，直径4–16 cm，黄褐色至灰褐色，有同心环带，表面平滑，湿时黏。菌肉白色。菌褶直生，较稀，初期近白色，后期变蜡黄色。乳汁白色，味辛辣。菌柄圆柱形，长1.5–5 cm，直径0.6–1.8 cm，初期白色至淡灰色，后期呈蜡黄色，内部松软至变空心。

生长习性： 夏季至秋季于针叶林或阔叶林地上单生、散生或群生。

国内分布： 湖北、吉林、广西、四川、湖南、黑龙江等省份。

经济价值： 食用、药用菌。

467 松乳菇

***Lactarius deliciosus* (L.) Gray 1821**
Agaricus deliciosus L. 1753
Lactifluus deliciosus (L.) Kuntze 1891

中文别称： 美味松乳菇、松树蘑、松菌、枞树菇、茅草菇、雁来菌、鸶窝菌、嘎吱蘑、重阳菌。

形态特征： 子实体中等至较大。菌盖半球形，边缘最初内卷，后平展，直径3–12 cm，中部厚8–20 mm，湿时黏，无毛，黄褐色至橘黄色，大多有颜色较明显的环带，中央下陷。菌肉白色至淡黄色或橙黄色，菌柄处颜色深，伤后变绿色。菌褶初期与菌盖同色，后色变淡，较密，近柄处分叉，直生或近延生，伤或老时变绿色。乳汁少，橙色至胡萝卜色，不变色，或与空气接触后呈酒红色，无辣味。菌柄近圆柱形并向基部渐细，长2.5–6 cm，直径6–20 mm，与菌褶同色或更浅，伤后变绿色，内部松软后变中空，菌柄切面先变橙红色，后变暗红色。

生长习性： 夏、秋季于针叶林或针阔混交林中地上单生或群生。

国内分布： 湖北、甘肃、青海、安徽、江苏、河北、吉林、浙江、山西、河南、江西、新疆、北京、辽宁、黑龙江、福建、台湾、贵州、西藏、香港、湖南、广东、广西等省份。

经济价值： 食用、药用菌。

468 宽褶黑乳菇

***Lactarius gerardii* Peck 1873**

Lactifluus gerardii (Peck) Kuntze 1891

中文别称： 格拉氏乳菇、宽褶褐乳菇、詹氏乳菇、绒褐乳菇、黑柄乳菇。

形态特征： 子实体小至中等大，伞状。菌盖扁半球形至近平展，中部下凹，往往呈浅漏斗状，中央初期稍凸起，后渐平展，直径3–10 cm，湿时黏，污褐黄色至黑褐色，似绒状，边缘伸展或呈波状。菌肉白色，伤不变色，近表下黑褐色，微辣。菌褶白色至污白色、粉红色，宽而稀，不等长，直生或近延生，伤后不具斑点。乳汁白色。菌柄近圆柱形，长3–7 cm，直径0.6–1.5 cm，中生，与菌盖同色，空心，外表有白色粉霜状物。

生长习性： 夏季至秋季于林中地上单生、散生或群生。

国内分布： 湖北、福建、四川、贵州、云南、西藏等省份。

经济价值： 食用菌。

469 红汁乳菇

***Lactarius hatsudake* Nobuj. Tanaka 1890**

Lactarius akahatsu Nobuj. Tanaka 1890

Lactarius hatsudake var. *akahatsu* (Nobuj. Tanaka) Kawam. 1914

形态特征：子实体中等大，伞状。菌盖初扁半球形，后伸展、扁平，下凹或中央脐状，直径4–10 cm，光滑，湿时黏，肉色、淡土黄色或杏黄色，有色较深的同心环带，伤后渐变蓝绿色。菌肉粉红色。菌褶橙色或杏黄色，稍密，延生，分叉，受伤处变蓝绿色。乳汁初期橘红色，后渐变为蓝绿色。菌柄圆柱形，长2.5–6 cm，直径1–3 cm，中空，与菌盖同色，往往向下渐细并略弯曲。

生长习性：夏季至秋季于针叶林或阔叶林中地上单生、散生或群生。

国内分布：湖北、云南、香港、海南、河南、福建、台湾、河北、吉林、辽宁、黑龙江、广东、西藏、广西、湖南、甘肃、陕西、四川、贵州等省份。

经济价值：食用、药用菌。

470 环纹苦乳菇

Lactarius insulsus (Fr.) Fr. 1838
Agaricus insulsus Fr. 1821
Lactarius zonarius (Bull.) Fr. 1838

中文别称： 劣质乳菇、劣味乳菇。

形态特征： 子实体中等至较大，伞状。菌盖初期半球形，中部脐状，后期中部明显下凹，直径3–16 cm，表面光滑，黏，深肉桂色，有同心环带，边缘内卷。菌肉白色，味麻、辣、苦。菌褶直生或近延生，较密，长短不一，靠近菌柄处往往分叉，厚，初期白色，后变黄色。乳汁白色。菌柄短粗，长1.5–6.3 cm，直径0.6–1.8 cm，近白色至浅肉色，表面光滑，内部松软至中空。

生长习性： 夏、秋季于针叶林或阔叶林中地上单生或群生。

国内分布： 湖北、河北、安徽、四川、吉林、江苏、云南、河南、贵州、湖南、广西、辽宁、北京、山西、甘肃、陕西等省份。

经济价值： 可食，味道差，药用菌。

471 亮色乳菇

Lactarius laeticolor **(S. Imai) Imazeki ex Hongo 1960**
Lactarius deliciosus f. *laeticolor* S. Imai 1935

形态特征： 子实体中等至较大。菌盖扁半球形，中部微凹，直径4–11 cm，淡橘黄色，有深色环纹，湿时黏。菌肉白色且微带浅黄色，乳汁橘红色。菌褶直生或近延生，较窄，有分叉，不等长，亮橘色。菌柄长4–8 cm，直径0.8–1.6 cm，弯曲或基部稍膨大，颜色较菌盖稍浅或相近，近表皮菌肉呈橙黄色，内部松软至空心。

生长习性： 夏、秋季于阔叶林或针阔混交林中地上散生或丛生。

国内分布： 湖北、四川、贵州、甘肃、吉林等省份。

经济价值： 食用、药用菌。

472 黑褐乳菇

Lactarius lignyotus Fr. 1857
Lactariella lignyota (Fr.) J. Schröt. 1889
Lactifluus lignyotus (Fr.) Kuntze 1891

中文别称： 黑乳菇、沥青色乳菇。

形态特征： 子实体一般较小至中等大，伞状。菌盖初期扁半球形，后渐平展，中部稍下凹，直径4-10 cm，褐色至黑褐色，表面干，似有短绒毛，具黑褐色网纹。菌肉白色，较厚，受伤处略变红色。菌褶白色，宽，稀，延生，不等长。菌柄近柱形，长3-10 cm，直径0.4-1.5 cm，与菌盖同色，顶端菌褶延伸形成黑褐色条纹，基部有时具绒毛，内实。

生长习性： 夏、秋季于针叶林或阔叶林中地上散生或丛生。

国内分布： 湖北、吉林、江苏、安徽、福建、云南、贵州、黑龙江、广东、西藏、湖南、四川等省份。

经济价值： 食用、药用菌。

473 红乳菇

Lactarius rufus (Scop.) Fr. 1838
Agaricus rufus Scop. 1772
Lactifluus rufus (Scop.) Kuntze 1891

中文别称：红褐乳菇。

形态特征：子实体小至中等大，伞状。菌盖初期半球形，后平展，中部凸起，直径3–7 cm，表面暗红色、淡红色或铁锈色，平滑或有皱纹，边缘内卷后渐平展。菌肉淡红色，薄，脆。菌褶淡肉桂色或淡红色，密，延生，有分叉。乳汁白色，不变色，具胡椒味。菌柄圆柱形，长3–7 cm，直径0.5–1 cm，与菌盖同色，空心，基部有细绒毛。

生长习性：夏季于针、阔叶林中地上散生或群生。

国内分布：湖北、四川、云南、湖南、黑龙江等省份。

经济价值：毒菌。

474 香亚环乳菇

Lactarius subzonarius **Hongo 1957**

中文别称：亚香环纹乳菇、香亚环纹乳菇。

形态特征：子实体较小，伞状。菌盖初期近扁平，中部下凹，呈脐状，后渐呈漏斗状，直径2–4 cm，表面平滑，不黏，淡褐红色，有明显的肉桂褐色同心环纹或环带。菌肉较厚，带浅褐色，干后具芳香气味。菌褶近延生至延生，密，不等长，有时分叉，浅肉色至淡红褐色，受伤处稍变褐色。乳汁白色，暴露在空气中不变色。菌柄近圆柱形，长2.5–3.5 cm，直径0.5–1 cm，有的稍扁，表面有皱纹和白粉，基部褐色，有白色细毛，内部空心。

生长习性：夏季至秋季于针、阔叶林中地上丛生或群生。

国内分布：湖北、山西、山东、辽宁、河北、云南、江苏、四川、陕西、贵州、福建、河南等省份。

经济价值：食用、药用菌。

475 毛头乳菇

***Lactarius torminosus* (Schaeff.) Pers. 1797**

Agaricus torminosus Schaeff. 1774

Lactarius torminosus (Schaeff.) Gray 1821

中文别称： 疝痛乳菇。

形态特征： 子实体中等大。菌盖圆形，中间下凹，直径3–10 cm，颜色从中间到边缘由深变浅，幼嫩时呈蛋壳色至米白色，老时颜色变为暗土黄色至深蛋壳色，具有同心环纹，边缘内卷，有白色绒毛。菌肉白色。菌褶直生至近延生，白色，较密。乳汁白色，不变色，味苦。菌柄圆柱形，长3–7 cm，直径1–2 cm，与菌盖同色。

生长习性： 夏、秋季于阔叶林或针阔混交林中地上单生或散生。

国内分布： 湖北、河南、吉林、甘肃、河北、四川、广西、山西、青海、黑龙江、陕西、福建、辽宁、贵州、内蒙古、安徽、云南、北京、西藏、广东等省份。

经济价值： 药用菌。

多汁乳菇属 *Lactifluus*

476 稀褶茸多汁乳菇

***Lactifluus gerardii* (Peck) Kuntze 1891**
Lactarius gerardii Peck 1873

中文别称： 杰氏多汁乳菇。

形态特征： 子实体一般中等大，伞状。菌盖初扁半球形，后平展，中部下凹且具刺突，直径2–10 cm，常呈放射状皱缩，近绒质感，表面干，灰黄色、黄褐色、褐色。菌肉白色，厚2–4 mm。菌褶延生，初白色，后乳黄色至淡黄色，极稀疏，不等长。乳汁白色，不变色，或变为水液状，味道柔和。菌柄长3–8 cm，直径0.5–1.7 cm，常向下渐细，蛋壳色、浅橘黄色、略浅于菌盖，中实或松软。

生长习性： 夏、秋季于阔叶林中地上单生或群生。

国内分布： 湖北、江苏、福建、海南、贵州、湖南、云南、四川、安徽、江西、广西、西藏等省份。

经济价值： 食用菌。

479 多汁乳菇

Lactifluus volemus (Fr.) Kuntze 1891
Agaricus lactifluus L. 1753
Lactarius volemus (Fr.) Fr. 1838

中文别称：红奶浆菌、牛奶菇、奶汁菇。

形态特征：子实体中等至较大。菌盖初期扁半球形，中部下凹呈脐状，伸展后似漏斗状，直径4-12 cm，表面平滑，无环带，红褐色、橙褐色、栗褐色、黄褐色至土红色；边缘初期内卷，后伸展。菌肉白色，伤后渐变淡褐色。菌褶白色或淡黄色，稍密，直生至近延生，不等长，分叉，伤后大量乳汁溢出。乳汁白色，不变色。菌柄近圆柱形，长约10 cm，直径1.2-3 cm，表面近光滑，与菌盖同色，内部实心。

生长习性：夏、秋季于松林或针阔混交林中地上散生或群生，稀单生。

国内分布：湖北、广东、广西、四川、安徽、福建、江苏、江西、湖南、海南、云南、贵州、甘肃、陕西、吉林、黑龙江、辽宁、山西、西藏、内蒙古等省份。

经济价值：食用、药用菌。

红菇属 *Russula*

480 铜绿红菇

***Russula aeruginea* Lindblad ex Fr. 1863**
Russula aeruginea f. *rickenii* Singer 1836
Russula furcata var. *graminicolor* Secr. ex Gillet 1875

中文别称：青脸菌、紫菌、铜绿菇。

形态特征：子实体稍小至中等大。菌盖扁半球形至平展，中部稍下凹，直径4–8 cm，暗铜绿色、深葡萄绿色至暗灰绿色，中部色较深，湿时黏，边缘有条纹，表皮易剥离。菌肉白色，中部较厚，味道柔和，无特殊气味。菌褶直生，中等密，具少量小菌褶，基部稍有分叉，具横脉，初白色，后象牙色，老时变污白色至黄色。菌柄长3–8 cm，直径0.8–2 cm，白色，光滑，向下稍粗，内部松软，后变中空。

生长习性：夏、秋季于针叶林或针阔混交林中地上单生或群生。

国内分布：湖北、四川、云南、吉林、黑龙江、河北、山东、河南、新疆、广东、西藏、江西、贵州、广西、台湾、海南、香港、湖南等省份。

经济价值：食用、药用菌。

481 白红菇

***Russula albida* Peck 1887**

中文别称： 小白菇、白菇、小白红菇。

形态特征： 子实体较小，伞状至浅漏斗状。菌盖初期扁半球形，后期扁平，中部下凹，直径3.5–6 cm，具乳白色或淡黄褐色污斑；边缘渐薄，有不明显的条纹，表皮黏，白色。菌肉白色，质脆，无异味。菌褶直生或凹生，较密，等长，具横脉，白色。菌柄圆柱形，长3.5–5.5 cm，直径0.8–1.6 cm，白色，粗而短，基部渐细，内部松软。

生长习性： 夏、秋季于林中地上单生或群生。

国内分布： 湖北、河南、广东、湖南、吉林、安徽、江苏、福建、广西、四川、云南、贵州等省份。

经济价值： 食用菌。

482 革红菇

***Russula alutacea* (Fr.) Fr. 1838**
Agaricus alutaceus Fr. 1821
Russula olivascens Fr. 1863

中文别称： 革质红菇、大红菇。

形态特征： 子实体中等至较大，伞状至浅漏斗状。菌盖初扁半球形，后平展而中部下凹，直径6–16 cm，湿时黏，紫红色或暗紫红色；边缘平滑。菌肉白色，味道柔和，稍厚。菌褶等长或几乎等长，少数在基部分叉，褶间有横脉，直生或近延生，初乳白色，后淡赭黄色，褶缘常带红色。菌柄近圆柱形，长3.5–13 cm，直径1.5–3.5 cm，白色，常于上部或一侧带粉红色，或全部粉红色而向下渐淡，实心而松软。

生长习性： 夏季至秋季于针叶林、针阔混交林及阔叶林中地上单生。

国内分布： 湖北、河北、陕西、甘肃、江苏、安徽、福建、云南、黑龙江、山西等省份。

经济价值： 食用、药用菌。

483 暗绿红菇

Russula atroaeruginea G. J. Li, Q. Zhao & H. A. Wen 2013

形态特征： 子实体稍小至中等大。菌盖半球形至平展，直径3–7 cm，暗绿色并带黄色，中部色较深。菌肉白色，伤不变色，不辣。菌褶弯生至直生，中等密，具少量小菌褶，基部稍有分叉，具横脉，米色至淡黄色。菌柄长4–6 cm，直径1–2 cm，近白色，光滑，向下稍粗。

生长习性： 夏、秋季于针叶林地上单生或群生。

国内分布： 湖北、新疆、西藏、青海等省份。

经济价值： 食用菌。

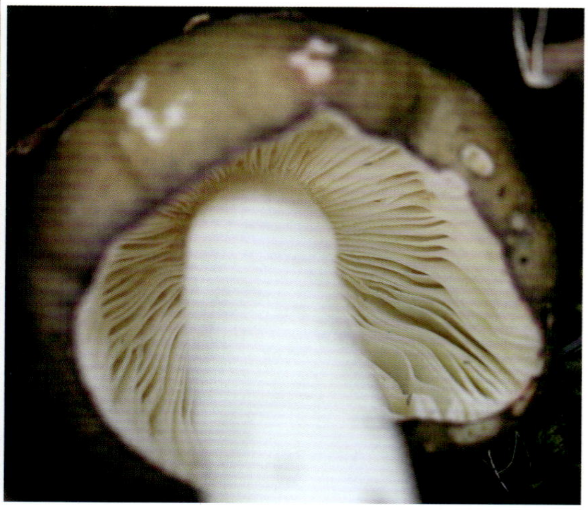

484 黑紫红菇

Russula atropurpurea **(Krombh.) Britzelm. 1893**
Agaricus atropurpureus Krombh. 1845
Russula rubra Cooke 1888

形态特征：子实体一般中等大。菌盖初期半球形，后平展，最后中部下凹，直径4–10 cm，湿时黏，干后光滑，紫红色、紫色或暗紫色，中部色深，边缘色浅，常常褪色；边缘薄，平滑。菌肉白色，表皮下淡红紫色，味道柔和，后稍辛辣。菌褶初白色，成熟后稍带乳黄色，等长，直生，基部变窄，前端宽，有横脉。菌柄圆柱形，长2–8 cm，直径0.8–3 cm，白色，有时中部粉红色，在潮湿情况下老时变灰色，中实，后中空。

生长习性：夏、秋季于林中地上单生或群生。

国内分布：湖北、湖南、河北、河南、黑龙江、辽宁、吉林、陕西、四川、云南、西藏、贵州等省份。

经济价值：食用菌。

485 橙黄红菇

Russula aurea **Pers. 1796**
Agaricus auratus With. 1801
Russula aurata Fr. 1838

中文别称： 黄斑红菇。

形态特征： 子实体中等大，伞状。菌盖初期扁半球形，后平展至中部稍下凹，直径4–8 cm，橘红色至橘黄色，中部色较深；边缘有裂口，表面光滑。菌肉白色，较厚。菌褶直生至近乎离生，等长，稍密，褶间具横脉，淡黄色。菌柄圆柱形，粗长，长4–7 cm，直径1–2 cm，上部淡黄色而下部近白色，肉质，内部松软后变中空。

生长习性： 夏季至秋季于针阔混交林地上单生、散生或群生。

国内分布： 湖北、河南、黑龙江、吉林、辽宁、安徽、陕西、四川、贵州、云南、西藏、广东、广西、山西等省份。

经济价值： 食用、药用菌。

486 葡紫红菇

Russula azurea **Bres. 1881**

Russula amethystina var. *azurea* (Bres.) Quél. 1886

中文别称：天蓝红菇。

形态特征：子实体较小。菌盖初扁半球形，后平展，中部稍下凹，直径2.5–6 cm，丁香紫色、浅葡萄紫色或紫褐色，表面有粉状或微细颗粒；边缘无条纹。菌肉白色，味道柔和或略不适口，无气味或生淀粉气味。菌褶白色，分叉，等长，直生或稍延生。菌柄中部略膨大或向下渐细，长2.5–6 cm，直径0.5–1.2 cm，白色，内部松软。孢子印近白色。

生长习性：夏、秋季于针叶林或针阔混交林中地上单生或群生。

国内分布：湖北、河南、河北、甘肃、北京、贵州、云南等省份。

经济价值：食用菌。与树木形成外生菌根。

487 花盖红菇

Russula cyanoxantha **(Schaeff.) Fr. 1863**
Agaricus cyanoxanthus Schaeff. 1774
Russula cutefracta Cooke 1881

中文别称：梨红菇、蓝黄红菇、花盖菇。

形态特征：子实体一般中等大，伞状至浅漏斗状。菌盖初期扁半球形，后逐渐平展，中部下凹至漏斗形；直径5–14 cm；颜色多样，初呈浅青褐色、绿灰色、粉灰色，成熟后往往呈淡青褐色、绿灰色；表皮薄，易从边缘剥离，湿时或雨后稍黏，常具细小龟裂；边缘无条纹，波状内卷。菌肉白色，近表皮处淡红色或淡紫色，伤不变色。菌褶白色，密而窄，分叉，直生至近延生，褶间有横脉，不等长，后期出现锈色斑点。菌柄圆柱形，长3–6 cm，直径0.6–2 cm，上下等粗，有时基部略粗，白色，中实，肉质，后松软至中空。

生长习性：夏、秋季于阔叶林中地上散生或群生。

国内分布：湖北、湖南、河南、河北、安徽、广东、广西、海南、福建、贵州、四川、云南、江苏、吉林、辽宁、黑龙江、陕西、青海、山东、西藏、新疆等省份。

经济价值：食用、药用菌。

488 美味红菇

Russula delica Fr. 1838

Lactarius piperatus var. *exsuccus* Pers. 1800

Lactarius exsuccus W. G. Sm. 1873

中文别称：大白菇。

形态特征：子实体中等至偏大，伞状。菌盖初期扁半球形，后平展至中部稍下凹，脐状，直径3–16 cm，污白色至淡黄色，表面光滑或有细绒毛，边缘初期内卷，无条纹。菌肉白色，较厚，伤不变色。菌褶直生、近延生，不等长，稍密，狭窄，初期污白色，后稍带蛋壳色。菌柄圆柱形，短粗，长1–4 cm，直径1–2.5 cm，几乎等粗或向下渐细，白色，伤不变色，内部松软，表面光滑或上部具纤毛状物。

生长习性：夏、秋季于针叶林或针阔混交林地上单生或散生。

国内分布：湖北、湖南、安徽、江苏、江西、浙江、贵州、云南、广东、广西、海南、甘肃、河北、吉林、西藏、新疆、黑龙江、辽宁、北京、香港、陕西、山西、内蒙古、福建等省份。

经济价值：食用、药用菌。

489 密褶红菇

Russula densifolia Secr. ex Gillet 1876
Agaricus densifolivs Secr. 1833
Russula nigricans var. *densifolia* (Secr. ex Gillet) Bataille 1908

中文别称： 密褶黑菇、密褶黑红菇、火炭菌、火炭菇。

形态特征： 子实体中等至较大，伞状至漏斗状。菌盖初期扁半球形，后平展至中部下凹，直径4.5–12 cm，灰褐色至暗褐色，受伤后变黑色，中部色深，边缘色浅，表面有灰褐色斑点。菌肉白色，较薄。菌褶直生，不等长，较密，白色。菌柄圆柱形，长2–4 cm，直径1–2 cm，往基部渐细，白色。

生长习性： 夏季至秋季于针叶林及阔叶林或针阔混交林地上单生、散生或群生。

国内分布： 湖北、湖南、安徽、江苏、浙江、江西、四川、贵州、云南、广东、广西、海南、河北、河南、山西、陕西、福建等省份。

经济价值： 药用菌。有毒。

490 毒红菇

Russula emetica **(Schaeff.) Pers. 1796**
Agaricus emeticus Schaeff. 1774
Russula emetica var. *gregaria* Kauffman 1909

中文别称： 呕吐红菇、诱吐红菇。

形态特征： 子实体一般较小，伞状至浅漏斗状。菌盖初扁半球形至平展，老时中部稍下凹，直径5–9 cm，浅粉色至珊瑚红色，光滑或有绒毛，黏，表皮易剥落，边缘稍内卷且有棱纹。菌肉白色，近表皮处粉红色，伤处不变色，味麻辣，薄。菌褶白色，较稀，等长，弯生，褶间有横脉。菌柄圆柱形，长4–8 cm，直径1–2 cm，上下等粗，白色或粉红色，内部松软。

生长习性： 夏、秋季于林中地上散生或群生。

国内分布： 湖北、湖南、河南、河北、辽宁、吉林、黑龙江、江苏、安徽、福建、四川、甘肃、陕西、广东、广西、西藏、云南等省份。

经济价值： 药用菌、毒菌。

491 臭红菇

***Russula foetens* Pers. 1796**

Agaricus foetens (Pers.) Pers. 1800

Russula foetens var. *minor* Singer 1938

中文别称： 鸡屎菌、油辣菇、黄辣子、牛犊菌、牛马菇、臭黄红菇。

形态特征： 子实体一般中等大。菌盖初期近球形，后扁半球形至平展，平展后中部下凹，直径7–10 cm，表面黏滑，土黄色至浅黄褐色，中部土褐色，菌盖边缘有明显棱纹，有时表皮有龟裂或不规则块斑。菌肉污白色，表皮下带土黄白色，质脆，具腥臭味，麻辣、苦。菌褶污白色至浅黄色，常有深色斑痕，长短一致或有少数短菌褶，褶间有横脉，弯生或近离生，较厚。菌柄近圆柱形，较粗壮，长3–9 cm，直径1–2.5 cm，污白色至淡黄色，老时有深色斑痕，内部松软至空心。

生长习性： 夏、秋季于针叶林或阔叶林地上散生或群生。

国内分布： 湖北、河北、河南、山西、黑龙江、吉林、江苏、浙江、安徽、福建、湖南、广西、广东、四川、云南、甘肃、陕西、西藏等省份。

经济价值： 食用、药用菌。

492 小毒红菇

***Russula fragilis* Fr. 1838**

Agaricus fragilis Pers. 1801

Russula fallax (Schaeff.) Fr. 1874

中文别称： 脆红菇、小红盖子（辽宁）、小棺材盖（黑龙江）、小胭脂菌（云南）。

形态特征： 子实体小。菌盖扁半球形，平展后中部下凹，直径1.5–3 cm，幼时深粉红色，后中央紫黑色，向边缘渐浅至粉灰色，表面光滑且具光泽，黏，表皮易脱落，边缘薄且具粗条棱。菌肉白色，味苦，薄。菌褶白色至淡黄色，稍密，弯生，不等长，少数分叉。菌柄圆柱形，长2–6 cm，直径0.6–1.5 cm，白色，内部松软。孢子印白色。

生长习性： 夏、秋季于林中地上散生。

国内分布： 湖北、河北、河南、黑龙江、吉林、辽宁、江苏、安徽、浙江、福建、台湾、湖南、广东、广西、西藏、云南等省份。

经济价值： 毒菌，但也有认为晒干煮洗后可食用。树木的外生菌根菌。

493 叶绿红菇

***Russula heterophylla* (Fr.) Fr. 1838**
Agaricus furcatus var. *heterophyllus* Fr. 1821
Russula virginea Cooke & Massee 1890

中文别称： 异褶红菇。

形态特征： 子实体中等至稍大。菌盖初扁半球形，后平展至中部下凹，直径5–12 cm，微蓝绿色、淡黄绿色或灰绿色，老时中部带淡橄榄褐色，湿时黏，表皮边缘处易剥离或开裂，边缘平滑。菌肉白色，味道柔和，无特殊气味。菌褶直生至近延生，白色，密，等长，有时具小褶片，近柄处有分叉。菌柄柱形，长3–8 cm，直径1–3 cm，白色，稍弯曲，上下等粗或向下略粗，内部松软至空心。

生长习性： 夏、秋季于阔叶林或针阔混交林中地上单生、散生或群生。

国内分布： 湖北、江苏、福建、河北、山西、河南、云南、四川、黑龙江、广东、海南等省份。

经济价值： 食用菌。

494 拟臭黄菇

***Russula laurocerasi* Melzer 1920**

Russula grata Britzelm. 1893

Russula laurocerasi var. *amarescens* R. Socha 2011

中文别称： 假臭红菇、桂樱红菇。

形态特征： 子实体中等至较大。菌盖初期扁半球形，后渐平展，中央下凹呈浅漏斗状，直径3–15 cm，浅黄色、土黄色或污黄褐色至草黄色，表面黏至黏滑，边缘有明显的由颗粒或疣组成的条棱。菌肉污白色。菌褶直生至近离生，稍密或稍稀，污白色，往往有污褐色或浅赭色斑点。菌柄近圆柱形，长3–14 cm，直径1–2.5 cm，中空，表面污白色至浅黄色或浅土黄色。

生长习性： 夏、秋季于阔叶林地上单生或群生。

国内分布： 湖北、河南、辽宁、贵州、江西、西藏、四川等省份。

经济价值： 药用菌。具恶心臭气味，被认为有毒，经煮沸浸泡后可食用。树木的外生菌根菌。

495 赭盖红菇

Russula mustelina **Fr. 1838**

Russula mustelina var. *fulva* Bon 1986

中文别称： 厚皮红菇、赭盖菇。

形态特征： 子实体小至中等大，伞状。菌盖初期扁半球形，后平展至中部稍下凹，直径5–12 cm，谷黄色、深肉桂色至深棠梨色，中部颜色较深，边缘颜色较浅，边缘平滑或老时有不明显的短条纹。菌肉初期白色，后趋于变黄，最后变褐色，较厚。菌褶直生至弯生，不等长，褶间有横脉，较密至稍稀，白色至淡黄色。菌柄圆柱形，粗长，长3–8 cm，直径1.2–2.2 cm，初期白色，有时略带粉红色或玫瑰红色，后变淡褐色或近菌盖色，基部稍膨大，内部松软至中空。

生长习性： 夏、秋季于阔叶林地上单生或群生。

国内分布： 湖北、湖南、江苏、四川、云南、吉林、内蒙古、福建、广东、广西、贵州、河南、河北、西藏等省份。

经济价值： 食用菌。

496 绒紫红菇

Russula mariae **Peck 1872**

Russula mariae var. *subflavida* Singer 1940

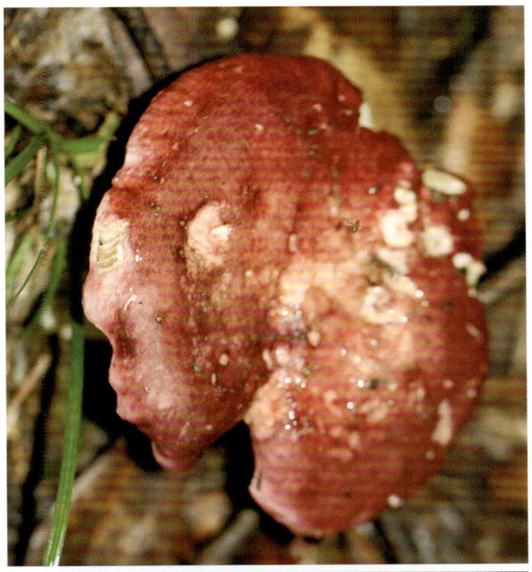

中文别称： 绒盖红菇、月季红菇。

形态特征： 子实体中等至较大，伞状至浅漏斗状。菌盖初期扁半球形，后平展至中部下凹，直径3.5–9 cm，玫瑰红色或玫瑰紫红色。菌肉白色，中部较厚，边缘较薄。菌褶直生，等长，较密，土黄色。菌柄圆柱形，粗长，长2.5–5 cm，直径1–2 cm，往基部渐细，粉红色至红色，内部松软。

生长习性： 夏、秋季于阔叶林地上单生或群生。

国内分布： 湖北、河南、江苏、广西、贵州、北京、黑龙江、吉林等省份。

经济价值： 食用菌。

497 光亮红菇

Russula nitida **(Pers.) Fr. 1838**
Agaricus nitidus Pers. 1801
Russula venosa Velen. 1920

形态特征： 子实体小。菌盖初期扁半球形，后期中部下凹或近平展；直径2–6 cm；色彩较多变，浅紫褐色、灰紫褐色、酒紫褐色或带红紫褐色，往往色彩不均，或中部色彩深；表面湿润而光亮，边缘平直有细条棱，老时开裂。菌肉白色，质脆，味稍麻。菌褶乳黄色或稍深，直生至离生，有时靠近菌柄部分叉，一般等长。菌柄近棒状，长4–5 cm，直径0.6–0.9 cm，白色或部分带玫瑰红色，表面近平滑，质脆，内部松软。

生长习性： 夏、秋季于阔叶林中地上单生或群生。

国内分布： 湖北、河南、陕西、四川、云南、浙江、黑龙江等省份。

经济价值： 食用菌。树木的外生菌根菌。

498 蜜黄红菇

Russula ochroleuca Fr. 1838
Agaricus ochroleucus Pers. 1801
Russula citrina Gillet 1881

中文别称： 黄白红菇、蜜黄菇。

形态特征： 子实体中等大。菌盖初期扁半球形，后平展至中部稍下凹，直径3–10 cm，湿润时黏，蜜黄色，边缘平滑。菌肉白色。菌褶白色，稍密，弯生，不等长，菌褶间有横脉。菌柄圆柱形，长4–7 cm，直径1.5–2 cm，白色，干时灰白色。

生长习性： 夏、秋季于针、阔叶林中地上单生。

国内分布： 湖北、湖南、河北、黑龙江、吉林、辽宁、甘肃、江苏、浙江、安徽、广东、福建、四川、西藏、贵州、云南、新疆等省份。

经济价值： 食用菌。属外生菌根菌，与云杉、山毛榉、疣皮桦、杨等树木形成菌根。

499 青黄红菇

Russula olivacea (Schaeff.) Fr. 1838
Agaricus olivaceus Schaeff. 1774
Russulina olivacea (Schaeff.) F. Kauffman 1909

中文别称： 黄褐红菇。

形态特征： 子实体小至中等大，伞状至漏斗状。菌盖初期扁半球形，后平展至中部下凹，直径6–16 cm，暗紫红色，颜色不一致，边缘和中部带浅紫红色或单一紫红色、紫色。菌肉白色至浅黄色，较薄。菌褶直生、离生，等长，褶间有横脉，较密，初米黄色，后渐变赭黄色。菌柄圆柱形，粗长，长4–12 cm，直径1–4 cm，白色，染有粉红色，内部松软。

生长习性： 夏、秋季于杂木林地上单生或群生。

国内分布： 湖北、河南、黑龙江、辽宁、贵州、云南、广西、西藏、江苏、新疆等省份。

经济价值： 食用菌。

500 紫绒红菇

Russula omiensis **Hongo 1967**

中文别称： 峨嵋红菇、赤紫红菇。

形态特征： 子实体小至中等大，伞状。菌盖初期扁半球形，后平展至中部稍下凹，直径4–6 cm，湿时表面微黏，暗紫红色，中部颜色较深，表面有细绒毛，边缘颜色较浅，淡紫色，边缘平滑或有不明显的短条棱。菌肉白色，较薄。菌褶直生或离生，几乎等长，较密。菌柄圆柱形，粗长，长5–6 cm，少数达12 cm，直径1.8–2 cm，白色，内部松软至中空。

生长习性： 秋季于针叶林或针阔混交林地上单生或散生。

国内分布： 湖北、贵州、黑龙江、四川、云南、北京、山西等省份。

经济价值： 不可食用。

501 青灰红菇

***Russula parazurea* Schaeff. 1931**

Russula parazurea Jul. Schäff. 1931

Russula parazurea var. *ochrospora* Nicolaj ex Quadr. & W. Rossi 1984

形态特征： 子实体小至中等大。菌盖初为球形，很快变为半球形到近平展，中部稍下凹，直径3–8 cm，不黏，青灰色、浅绿色至灰绿色，表皮往往块状龟裂，老时边缘平滑或有条纹。菌肉白色。菌褶初呈白色，后浅黄色，密，近直生，等长，有时不等长。菌柄长5–10 cm，直径0.8–1.3 cm，白色或带粉色，基部略膨大，中部或内部松软稍呈海绵状。

生长习性： 夏季至秋季于阔叶林或针阔混交林地上单生、散生或群生。

国内分布： 湖北、河北、黑龙江、内蒙古、辽宁、浙江、山西等省份。

经济价值： 食用、药用菌。树木外生菌根菌。

502 紫疣红菇

Russula purpureoverrucosa Fang Li 2018

形态特征：子实体中等大。菌盖呈扁半球形至近扁平，中部稍下凹，直径5–8 cm，表面紫红色至浅紫红色，中部色深，表皮龟裂呈细鳞片或疣状，略有条纹。菌肉为白色。菌褶弯生至延生，白色，不等长，有横脉。菌柄圆柱形，与菌盖同色，表皮龟裂呈细鳞片或疣状，实心。

生长习性：夏、秋季于林中地上单生或散生。

国内分布：湖北、广东、浙江等省份。

经济价值：不详。

503 红色红菇

***Russula rosea* Pers. 1796**
Agaricus lacteus Pers. 1801
Russula lepida Fr. 1836

中文别称： 鳞盖红菇、红菇。

形态特征： 子实体中等至较大。菌盖平展，中央微凹，直径5–10 cm，粉红色、红色至灰紫红色，中部色稍深或深红色，湿时黏，被绒毛，有不明显条纹，表皮易撕下。菌肉白色而微带黄色。菌褶白色，等长，有分叉，有横脉，直生。菌柄圆柱形或棒形，长5–9 cm，直径0.7–2.5 cm，基部略大，中生，白色或染有珊瑚红色，有绒毛和条纹。

生长习性： 夏、秋季于阔叶林或针阔混交林地上单生或群生。

国内分布： 湖北、河北、辽宁、江苏、四川、贵州、云南、福建、广东、广西等省份。

经济价值： 药用菌。

504 玫瑰红菇

Russula rosacea (Pers.) Gray 1821
Russula rosacea (Bull.) Gray 1821
Russula sanguinaria (Schumach.) Rauschert 1989

中文别称：苦红菇、桃花菌、红辣子。

形态特征：子实体小至中等大。菌盖初期半球形至扁半球形，后渐平展，中部下凹，直径4–7 cm，玫瑰红色、珊瑚红色至桃红色，湿润时稍黏，边缘平滑，具放射状短条纹，菌盖边缘颜色较浅。菌肉白色，近表皮处微带红色，稍厚。菌褶近白色，褶缘稍呈粉红色，稍密，等长，近直生至近延生，有分叉。菌柄圆柱形，长4–7 cm，直径1.6–1.5 cm，基部微膨大，白色带粉红色，内部松软至空心。

生长习性：夏、秋季于针阔混交林地上散生或群生。

国内分布：湖北、湖南、辽宁、吉林、河南、河北、四川、广东、云南、浙江、福建、贵州、黑龙江等省份。

经济价值：食用、药用菌。

505 大朱红菇

Russula rubra **(Fr.) Fr. 1838**

Russula rubra (Lam.) Fr. 1838

中文别称： 正红菇、大红菇、大朱菇。

形态特征： 子实体中等大。菌盖初期半球形，后平展，中部稍下凹，不黏，直径4–10 cm，红色，老熟后颜色变暗，边缘粉红色或带白色，初期有微细绒毛，后变光滑，边缘平滑或有不明显条纹。菌肉白色，表皮下粉红色，味道辛辣。菌褶初期白色，后浅赭黄色，密，通常基部分叉，离生或略延生，具横脉。菌柄柱形，长3.5–8 cm，直径1–2.5 cm，上下等粗或向下稍细，白色，偶尔在基部或一侧带粉红色，中实后变中空。

生长习性： 夏、秋季于林中地上单生或散生。

国内分布： 湖北、河北、黑龙江、吉林、福建、台湾、四川、云南、辽宁、广西、贵州、内蒙古、广东、西藏等省份。

经济价值： 可食用。树木的外生菌根菌。

506 点柄臭红菇

***Russula senecis* Imai 1938**

Russula punctipes Singer 1935

中文别称： 点柄黄红菇、脱皮黄菇、油辣菇。

形态特征： 子实体中等偏小，伞状至浅漏斗状。菌盖初期半球形，后平展至中部稍下凹，直径4–10 cm，黄褐色，黏，有明显的辐射状条棱。菌肉污白色，较薄。菌褶直生至近延生，等长或不等长，褶间有横脉，较密，污白色至淡黄褐色，边缘具褐色斑点。菌柄圆柱形，长6–10 cm，直径0.8–1.5 cm，上下等粗或向下渐细，污白色、污黄色、暗褐色或肉桂色，表面有黄褐色的细小疣点，内部松软至中空，质地脆。

生长习性： 夏、秋季于针阔混交林地上单生或群生。

国内分布： 湖北、河南、河北、江西、四川、贵州、云南、西藏、香港、台湾、广东、广西、海南等省份。

经济价值： 药用菌，文献记载有毒。

507 茶褐黄红菇

Russula sororia Fr. 1838

Russula consobrina var. *sororia* (Fr.) Gillet 1876

Russula sororia (Fr.) Romell 1891

中文别称： 茶褐红菇、茶褐黄菇、成堆红菇。

形态特征： 子实体中等大。菌盖初期扁半球形，后平展，中部下凹，漏斗状，直径3–9 cm，土黄色或土茶褐色，中部色较深，渐变至边缘白色，湿时黏，表皮在菌盖边缘易剥离，边缘具小疣组成的棱纹，辐射状。菌肉白色、淡灰色，味道辛辣，气味明显。菌褶白色或淡灰色，近直生至近离生，中部宽，近边缘处较尖细，较密，褶间有横脉，不等长。菌柄粗长，长2–8 cm，直径1–2.5 cm，上下近等粗或向下变细，白色或污白色，有些菌柄最上部和中部有黄色横条纹，稍被绒毛。

生长习性： 夏、秋季于针阔混交林中地上单生或群生。

国内分布： 湖北、浙江、吉林、广东、四川、贵州、广西、云南等省份。

经济价值： 食用菌。

508 粉红菇

Russula subdepallens **Peck 1896**

形态特征： 子实体小至中等大，伞状。菌盖初期扁半球形，后平展至中部稍下凹，直径5–11 cm，中部褐红色，渐变至边缘淡红色，表面光滑，边缘有不明显的短条棱。菌肉白色，较薄。菌褶直生、离生，等长，较稀，褶间具横脉，白色。菌柄圆柱形，粗长，长4–8 cm，直径1–3 cm，向下渐粗，基部稍膨大，白色，内部松软。

生长习性： 夏、秋季于针阔混交林地上群生。

国内分布： 湖北、湖南、河北、河南、江西、江苏、吉林、黑龙江、福建、云南、西藏、贵州、安徽、四川等省份。

经济价值： 食用菌。

509 辛德红菇

Russula thindii **K. Das & S. L. Miller 2014**

中文别称： 半得红菇。

形态特征： 子实体中等大。菌盖初时半球形，中间凸，后渐渐平凸，成熟时平展或向上呈浅漏斗状，直径3.5–8 cm，表面光滑，潮湿时呈黏质，中央血红色与浅黄色混合色调，边缘呈血红色至浅灰红色，略带浅黄褐色，成熟时中央偶尔带珊瑚红色，干后带淡绿色；菌盖边缘有明显条纹，幼时内卷，成熟时下弯。菌肉结实，味略苦辣。菌褶密，乳白色，成熟时带淡黄色，近柄处分叉，直生至微弯生，具小菌褶，受伤不变色，干后变暗黄色。菌柄近棒状，长5–8.8 cm，直径1–2.3 cm，中生，初中实，后中空，有时基部稍窄，表面具脉络状条纹，湿时黏，表面淡红色至酒红色，幼时基部白色，成熟后渐渐变为橘黄色或淡黄色至淡橙色。

生长习性： 夏、秋季于针叶林中地上生长。

国内分布： 湖北、福建、西藏等省份。

经济价值： 不详。

510 凹黄红菇

***Russula veternosa* Fr. 1838**
Russula schiffneri Singer 1929

中文别称： 多隔皮囊体红菇。

形态特征： 子实体小至中等大。菌盖初期扁球形，渐近平展，后中部下凹，直径5–11 cm，表面浅锈红色或近黄红色，中央凹处呈浅红白色，边缘浅红色，有短条棱。菌肉白色或微带粉红色。菌褶近离生，初为白色，后渐变为淡黄色至暗黄色，质脆。菌柄圆柱形，长4–6 cm，直径1–1.5 cm，白色，内部松软。

生长习性： 夏、秋季于阔叶林或针阔混交林中地上单生或散生。

国内分布： 湖北、山西、云南等省份。

经济价值： 不详。

511 紫柄红菇

***Russula violeipes* Quél. 1898**

Russula chlora (Gillet) Traverso 1911

Russula amoena subsp. *violeipes* (Quél.) Singer 1932

中文别称： 微紫柄红菇。

形态特征： 子实体中等大，伞状。菌盖半球形或扁平至平展，中部下凹，直径4-8 cm，灰黄色、橄榄色或局部呈红色至紫色，边缘平整，可开裂。菌肉白色。菌褶离生，稍密，等长，浅黄色。菌柄长4.5-10 cm，直径1-2.6 cm，表面似有粉末，白色或污黄色且部分紫红色，基部往往变细。

生长习性： 夏、秋季于针阔混交林中地上生长。

国内分布： 湖北、浙江、河南等省份。

经济价值： 食用菌。

512 变绿红菇

Russula virescens (Schaeff.) Fr. 1836
Agaricus virescens Schaeff. 1774
Russula viridirubrolimbata J. Z. Ying 1983

中文别称：绿菇、青盖子、青菌。

形态特征：子实体中等至较大，伞状至浅漏斗状。菌盖初期球形，后扁半球形或平展至中部稍下凹，直径3–12 cm，浅绿色至绿色或灰橄榄绿色至灰绿色，表面有细毛状物或疣突，表皮常具铜绿色斑块状龟裂，老熟时有较明显的条棱，表皮不易剥离。菌肉白色，较厚，质地坚实，伤不变色或伤后变为黄锈色，味道柔和，气味不明显。菌褶直生或离生，密，等长，褶间有横脉，较密，初期白色至污白色，老熟后边缘呈褐色。菌柄圆柱形，粗长，长5–10 cm，直径1.5–2 cm，中部膨大，往基部渐细，白色，实心或内部松软。

生长习性：夏、秋季于阔叶林或针阔混交林地上单生或群生。

国内分布：湖北、安徽、江苏、浙江、贵州、云南、广东、广西、甘肃、河北、吉林、西藏、黑龙江、辽宁、香港、山西、江西、湖南、海南、内蒙古、福建、山东等省份。

经济价值：食用、药用菌。

513 堇紫红菇

Russula violacea Quél. 1883
Russula fragilis var. *violacea* (Quél.) Cooke 1890
Russula captiosa var. *carneolilacina* (Bres.) Reumaux 2003

形态特征： 子实体小到中等大。菌盖扁半球形至近平展，中部下凹，直径3–6.5 cm，堇紫色、丁香紫色或有时带绿色，湿时黏，边缘平滑或稍有条纹。菌肉白色，味辛辣。菌褶初期纯白色，后呈乳黄色，直生或弯生，较密，有分叉。菌柄近棒状，长3–6 cm，直径0.5–1.3 cm，初期白色，后期稍变黄色，内部实心至松软。

生长习性： 夏、秋季于针阔混交林中地上单生或散生。

国内分布： 湖北、河南、云南、贵州等省份。

经济价值： 食用菌。树木的外生菌根菌。

514 黄孢红菇

Russula xerampelina **(Schaeff.) Fr. 1838**
Agaricus xerampelina Schaeff. 1770
Russulina xerampelina (Schaeff.) J. Schröt. 1889

中文别称： 黄孢花盖菇。

形态特征： 子实体中等至较大，伞状至漏斗状。菌盖初期扁半球形，平展后中部下凹，直径4–13 cm，深紫褐色或暗紫红色，中部色更深。湿时稍黏，边缘平滑，老时有不明显条纹，表皮不易剥离，菌肉初期白色，后变淡黄色或黄色，味道柔和。菌褶稍密至稍稀，初淡乳黄色，后变淡黄褐色，直生，等长，少有分叉，褶间具横脉。菌柄长5–8 cm，直径1.5–2.6 cm，白色，伤变黄褐色，尤其在柄基部伤后变色更明显，中实，后松软。孢子印深乳黄色或赭色。孢子淡黄色，近球形，有小疣。

生长习性： 夏、秋季于针、阔叶林中地上散生或群生。

国内分布： 湖北、江苏、吉林、辽宁、黑龙江、广东、河南、云南、新疆、四川、贵州等省份。

经济价值： 食用、药用菌。

（六十九）韧革菌科 Stereaceae | 盘革菌属 *Aleurodiscus*

515 盘革菌

Aleurodiscus mirabilis **(Berk. & M. A. Curtis) Höhn. 1909**
Acanthophysium mirabile (Berk. & M. A. Curtis) Parmasto 1967
Gloeosoma mirabile (Berk. & M. A. Curtis) Rajchenb., Pildain & C. Riquelme 2021

中文别称： 刺丝盘革菌。

形态特征： 子实体一年生，平伏，边缘卷起形成盘状，通常数个连生，新鲜时无臭味，革质，干燥后变为木栓质。菌盖表面新鲜时呈橘红色至桃红色，边缘颜色略浅，干后变淡黄色至赭色，光滑。单个菌盘直径 1–4 cm，厚 1–2 mm，形状不规则，呈微细绒毛状，颜色多样，多为粉红色，边缘为白色，较柔软。菌肉粉红色，柔软，较薄。

生长习性： 春季至秋季于阔叶树树皮上连生。

国内分布： 湖北、安徽、广东、广西、贵州、河北、湖南、江西、陕西、四川、浙江、海南、吉林等省份。

经济价值： 药用菌。

韧革菌属 *Stereum*

516 烟色血韧革菌

Stereum gausapatum **(Fr.) Fr. 1874**
Thelephora gausapata Fr. 1828
Haematostereum gausapatum (Fr.) Pouzar 1959

中文别称： 烟色韧革菌、烟色血革。

形态特征： 子实体一年生，平伏，边缘反卷，无菌柄，革质。菌盖半圆形，外伸达2 cm，宽达5 cm，基部厚可达1 mm，表面呈浅黄色至棕灰色，有不明显的同心环纹与放射状纹，具束状绒毛；边缘锐，波状，烟灰色，有辐射状皱褶。子实层浅黄色至棕灰色，受伤后有汁液流出，伤处迅速变为血红色，干后变为黄褐色至污褐色，光滑，有时有不规则疣突，具放射状纹。菌肉浅黄色至淡褐色，厚达0.5 mm，干后硬革质。

生长习性： 春季至秋季于针、阔叶林中腐木上叠生或群生。

国内分布： 湖北、河北、山西、甘肃、四川、安徽、江苏、浙江、江西、云南、广西、福建、海南、陕西、贵州、河南等省份。

经济价值： 药用菌。能分解纤维素。

517 毛韧革菌

Stereum hirsutum **(Willd.) Pers. 1800**
Thelephora hirsuta Willd. 1787
Helvella hirsute (Willd.) Baumg. 1790

中文别称：毛栓菌、粗毛韧革菌。

形态特征：子实体一至二年生，平伏至具有明显菌盖，无柄，覆瓦状叠生，韧革质。菌盖半圆形、贝壳形或扇形，外伸0.8–3 cm，宽2–10 cm，基部厚达0.2 cm，表面浅黄色、土黄色、锈黄色或灰黄色，密被灰白色至深灰色硬毛或粗绒毛，具同心环棱；边缘薄而锐，完整或波浪状，干后内卷。菌肉奶油色至淡黄色，厚可达1 mm，绒毛层与菌肉之间有一深褐色环带。子实层平滑或具瘤状凸起，奶油色、浅黄色、灰白色，有时变暗灰色，孔口圆形至多角形，管壁完整。

生长习性：夏季至秋季于杨或柳等阔叶树活立木、枯立木、死枝杈或伐桩上单生或覆瓦状排列。

国内分布：湖北、黑龙江、吉林、河北、河南、山西、内蒙古、四川、安徽、浙江、江苏、江西、福建、台湾、广东、广西、云南、贵州、青海、甘肃、湖南、新疆等省份。

经济价值：药用菌。引起木材形成海绵状白色腐朽。

518 扁韧革菌

Stereum ostrea **(Blume & T. Nees) Fr. 1838**

Thelephora fasciata Schwein. 1822

Thelephora ostrea Blume & T. Nees 1826

中文别称： 轮纹韧革菌。

形态特征： 子实体一年生，无柄或有时具短柄，覆瓦状叠生，革质。菌盖半圆形，扇形，外伸1.5-7.5 cm，宽2-12 cm，基部厚可达1 mm，往往相互连接，上表面初期鲜黄色至浅栗色，后渐褪为烟灰色，同心轮纹明显，有蛋壳色至浅茶褐色短绒毛；边缘有绒毛，薄而锐，全缘或开裂，干后内卷。菌肉浅黄褐色，革质。子实层表面平滑，浅肉色至蛋壳色。

生长习性： 春季至秋季于阔叶林中倒木或木桩上单生或叠生。

国内分布： 湖北、黑龙江、吉林、辽宁、河北、河南、山东、山西、陕西、甘肃、云南、四川、宁夏、新疆、江苏、安徽、浙江、福建、台湾、广东、广西、海南、贵州、西藏等省份。

经济价值： 不可食用，据报道产草酸，并含纤维素酶，应用于食品加工。能分解纤维素。

519 血红韧革菌

Stereum sanguinolentum **(Alb. & Schwein.) Fr. 1838**
Thelephora sanguinolenta Alb. & Schwein. 1805
Haematostereum sanguinolentum (Alb. & Schwein.) Pouzar 1959

中文别称： 血韧革菌、血革、血痕韧革菌。
形态特征： 子实体一年生，革质，无菌柄，平伏而反卷，覆瓦状叠生。菌盖半圆形，外伸可达3 cm，宽可达5 cm，基部厚可达1 mm；表面有平贴的细毛或绒毛，初期乳黄色至污黄色，后期部分灰褐色至黑褐色，有血红色和褐色相间的环带，干后变橙黄色至黄褐色；边缘薄而锐，波状，干后内卷。子实层新鲜时乳白色至粉褐色，伤处变污红色至灰褐色，干后变为污黄色至黄褐色，子实层中有无数红褐色汁液导管，有时有不规则疣突或放射状纹。菌肉新鲜时奶油色，厚可达1 mm。
生长习性： 夏季至秋季于针叶林中活立木的树皮、倒木、枯立木、木桩上叠生或群生。
国内分布： 湖北、吉林、山西、陕西、甘肃、四川、云南、黑龙江等省份。
经济价值： 能分解纤维素，属木腐菌，被侵染木质部分形成海绵状白色腐朽。

趋木革菌属 *Xylobolus*

520 显趋木革菌

Xylobolus princeps **(Jungh.) Boidin 1958**
Thelephora princeps Jungh. 1838
Stereum princeps (Jungh.) Lév. 1844

中文别称：显趋木菌。

形态特征：子实体多年生，无菌柄，覆瓦状叠生，木栓质。菌盖半圆形，外伸可达2 cm，宽可达4 cm，基部厚可达2 mm，偶尔平伏反转，通常数个左右连生，新鲜时木栓质，干后硬木质，新鲜时表面锈褐色至红褐色，干后咖啡色、暗锈褐色至黑褐色，初期被有细绒毛，后期光滑，具明显黑色环带或环区；边缘金黄色至黄褐色，锐，干后不内卷。子实层表面灰白色、浅灰色至木材色，光滑或具瘤状突起。菌肉咖啡色，硬木质。

生长习性：春季至秋季于阔叶林中倒木上叠生。

国内分布：湖北、海南等省份。

经济价值：能分解纤维素。

521 金丝趋木革菌

***Xylobolus spectabilis* (Klotzsch) Boidin 1958**

Stereum spectabile Klotzsch 1843

Haematostereum spectabile (Klotzsch) Z. T. Guo 1987

中文别称： 金丝血革菌。

形态特征： 子实体一年生，覆瓦状叠生，无菌柄，革质。菌盖扇形、贝形，外伸2–6 cm，宽1–3.5 cm，多个左右相连接，表面锈黄褐色至茶褐色，被灰白色丝光细密绒毛，并有放射状皱纹和不明显同心环纹；边缘薄而锐，黄褐色，波状，往往瓣裂。子实层初期奶油色，后浅黄褐色至蛋壳色，平滑。菌肉浅黄色，革质。

生长习性： 夏、秋季于阔叶树枯木上叠生。

国内分布： 湖北、甘肃、云南、台湾、广东、海南等省份。

经济价值： 能分解纤维素。

（七十）蜡壳耳科 Sebacinaceae | 蜡壳耳属 *Sebacina*

522 蜡壳耳

Sebacina incrustans **(Pers.) Tul. & C. Tul. 1871**
Corticium incrustans Pers. 1796
Thelephora incrustans (Pers.) Pers. 1801

中文别称：蜡壳菌。

形态特征：子实体一般较小，肉质样革质至蜡质状硬胶质，污白色，平展匍匐于地上或枯枝落叶上，并向邻近的矮小植物基部伸展而包裹之，厚1–3 mm，向四周扩展延生成一大片，断续相连，可达2–20 cm，干后成浅褐色薄膜。

生长习性：夏季至秋季于阔叶林或针阔混交林中地上及枯枝落叶上群生。

国内分布：湖北、河北、江苏、安徽、福建、湖南、云南等省份。

经济价值：不详。

（七十一）白齿菌科 Bankeraceae | 栓齿菌属 *Phellodon*

523 黑白栓齿菌

Phellodon melaleucus **(Sw. ex Fr.) P. Karst. 1881**
Hydnum melaleucum Sw. ex Fr. 1815
Phellodon niger var. *alboniger* (Peck) K. A. Harrison 1961

形态特征：子实体高3-6.5 cm。菌盖多半圆形，扁平，中部下凹，直径3-7 cm，有小片状凸起，近革质，韧，灰黄褐色至暗褐色，表面及边缘呈波状，有宽的环带。菌盖下密布白色、灰白色至蓝紫灰色小刺，长1-2 cm，延生。菌肉较薄，厚1-3 mm，呈灰褐色至暗褐色。菌柄长5-7 cm，黑色，基部近根状，实心。

生长习性：秋季于阔叶林中地上单生或散生。

国内分布：湖北、黑龙江等省份。

经济价值：食用菌。

（七十二）革菌科 Thelephoraceae ｜ 革菌属 *Thelephora*

524 石竹色革菌

***Thelephora caryophyllea* (Schaeff.) Pers. 1801**
Helvella caryophyllea Schaeff. 1774
Phylacteria caryophyllea (Schaeff.) Pat. 1887

中文别称：石竹色伞形革菌。

形态特征：子实体一年生，菌柄中生，偶尔侧生，新鲜时无难闻气味。菌盖漏斗状，直径15 cm，中央厚0.2 mm，韧革质，新鲜时深褐色至栗褐色，有明显的环带，粗糙至光滑，干后褪色至苍白色，易碎；边缘灰白色，完整或浅裂。子实层光滑，有时具放射状条纹，褐色、暗褐色或紫罗兰色，边缘颜色变浅。菌柄圆柱形，长0.8–1.9 cm，直径0.2–0.3 cm，浅褐色，被绒毛，基部膨大至球形。

生长习性：夏、秋季于阔叶林地上散生或群生。

国内分布：湖北、吉林、甘肃、山西、黑龙江等省份。

经济价值：不详。

525 干巴糙孢革菌

***Thelephora ganbajun* M. Zang 1987**

中文别称： 干巴菌、干巴革菌、牛牙齿菌、对花菌。

形态特征： 子实体一年生，无明显菌柄，但具柄状基部，覆瓦状或莲花状，高可达14 cm，宽可达12 cm，新鲜时革质，具芳香气味，干后硬革质，中部增生。菌盖剑形至扇形、药勺形至半圆形，表面新鲜时灰褐色至深褐色，边缘柠檬黄色，触摸后变黑色，后期黑褐色，粗糙，无环区或环区不明显；边缘锐或钝，完整或撕裂状。子实层表面具微绒毛，新鲜时灰色、灰白色、灰褐色至橄榄色，触摸后变黑色，干后黑褐色。不育边缘不明显至几乎无，新鲜时鲜黄色，干后褐色，粗糙。

生长习性： 夏、秋季于阔叶林或针阔混交林的地上散生或群生。

国内分布： 湖北、云南、贵州、四川、浙江、广东等省份。

经济价值： 食用、药用菌。与云南松等松属植物形成菌根。

526 多瓣革菌

Thelephora multipartita Schwein. 1828
Phylacteria multipartita (Schwein.) Pat. 1900
Thelephora regularis var. *multipartita* (Schwein.) Corner 1968

中文别称：尖枝革菌。

形态特征：子实体小，高2–3 cm，革质。菌盖初期呈漏斗状，后期边缘扩展成多瓣裂片，裂片再分3–4个分叉；边缘顶端细而尖，或呈鸡冠状，呈灰褐色，被有白色绒毛。子实层表面呈褐红色，较光滑。菌柄长0.5–1 cm，黑褐色，被白色绒毛，上部开裂，下部呈管状，空心，基部连生。

生长习性：夏、秋季于阔叶林和针阔混交林中腐殖质层上群生。

国内分布：湖北、湖南、山西、河南、河北、江苏、浙江、福建、安徽、江西、广东、吉林、云南、海南等省份。

经济价值：食用、药用菌。

527 掌状革菌

***Thelephora palmata* (Scop.) Fr. 1821**
Clavaria palmata Scop. 1772
Ramaria palmata (Scop.) Holmsk. 1790

形态特征： 子实体一年生，高2–8 cm，革质，由多个分枝直立、呈瓣状扁平的裂片组成。菌盖表面呈灰紫褐色或紫褐色至暗褐色，顶部色浅，呈蓝灰白色，较光滑，有辐射状条纹和深浅不同的环带，干时全体呈锈褐色；边缘薄，灰白色，呈不规则齿状。菌肉薄，近纤维质或革质。菌柄较短，呈暗灰色至紫褐色，基部呈绒垫状相连生长在一起。

生长习性： 夏季至秋季于针、阔叶林地枯木层上群生或丛生。

国内分布： 湖北、湖南、山西、河南、河北、云南、四川、安徽、江苏、浙江、江西、广东、吉林、海南、甘肃、香港、黑龙江、北京、辽宁等省份。

经济价值： 食用菌。可能与松等树木形成外生菌根。

528 莲座革菌

***Thelephora vialis* Schwein. 1832**
Thelephora tephroleuca Berk. & M. A. Curtis 1873
Phylacteria vialis (Schwein.) Pat. 1900

中文别称： 莲座糙孢革菌、灰色干巴菌。

形态特征： 子实体一年生，高和宽均可达12 cm，单个生长或由数个杯状或漏斗状的个体层叠生长组成，单个子实体小。菌盖直径为2–5 cm，呈棕色至褐红色，有放射状皱纹和绒毛及环纹；边缘色浅，波浪状或齿状。菌肉革质，白色，较薄。子实层平滑或有疣状突起，初期白色，后中部呈褐紫色，边缘呈灰白色，有环纹和辐射状皱纹。菌柄扁圆形，短，长1–3 cm，直径0.2–0.3 cm，偏生至中生，灰白色。

生长习性： 夏季至秋季于针、阔叶林地上散生或群生。

国内分布： 湖北、河北、陕西、山西、贵州、湖南、江苏、浙江、福建、台湾、安徽、江西、四川、广东、吉林、云南、青海、北京等省份。

经济价值： 药用菌。

529 帚状黄革菌

Thelephora amboinensis **Lév. 1844**
Pterula amboinensis (Lév.) Pat. 1893
Paraphelaria amboinensis (Lév.) Corner 1966

中文别称：帚状革菌。

形态特征：子实体丛生，直立，软革质，有绒毛。从基部分枝成丛，高3–6 cm，枝顶尖锐，初期蛋壳色，后渐变为锈褐色，干时颜色更暗。子实层生于枝端表面，初期栗褐色，后渐变为锈褐色，干时色更暗。

生长习性：夏、秋季于沙地或林中地上群生。

国内分布：湖北、河南、浙江、广东、福建、云南等省份。

经济价值：树木菌根菌。

（七十三）花耳科 Dacrymycetaceae | 胶角耳属 *Calocera*

530 角状胶角菌

Calocera cornea **(Batsch) Fr. 1827**
Clavaria cornea Batsch 1783
Calocera palmata (Schumach.) Fr. 1838

中文别称：胶角菌、胶角耳。

形态特征：子实体较小，有时2-3个基部合生在一起，韧胶质，近圆柱状至锥形，单一或呈不规则分叉，直立或稍弯曲。新鲜时黄橙色，干后红褐色。子实层周生，平滑。

生长习性：春季至秋季于针叶树倒木、伐木桩上丛生或群生。

国内分布：湖北、黑龙江、吉林、河北、河南、浙江、甘肃、福建、湖南、广东、广西、海南、四川、贵州、云南、西藏等省份。

经济价值：食用菌。

531 中国胶角耳

Calocera sinensis McNabb 1965

形态特征： 担子果群生；不分叉或分叉，胶质，高3-8 mm，直径0.5-1.1 mm，光滑，淡褐色、黄色至橙黄色，顶端钝或尖，偶尔有分枝。子实层周生。

生长习性： 春季至秋季于阔叶树或针叶树朽木上群生。

国内分布： 湖北、山西、吉林、浙江、福建、四川、甘肃、云南等省份。

经济价值： 不详。

532 胶角耳

Calocera viscosa **(Pers.) Fr. 1821**
Clavaria viscosa Pers. 1794

中文别称： 鹿角胶菌、黏胶角耳。

形态特征： 子实体小，下部偏圆，上部二至三叉状分枝，似鹿角，高4–8 cm，直径0.3–0.6 cm，新鲜时胶质，黏，平滑，干后软骨质，色橙黄而鲜艳，往往顶部色深。子实层生于表面。担子叉状，淡黄色。

生长习性： 夏季和秋季于云杉、冷杉等针叶树倒腐木或木桩上成丛或成簇生长，基部往往伸入树皮和木材裂缝间。

国内分布： 湖北、吉林、四川、福建、云南、甘肃、陕西、西藏等省份。

经济价值： 可食用。

花耳属 *Dacrymyces*

533 黄花耳

***Dacrymyces aurantiacus* henn. 1900**
Dacrymyces aurantius (Schwein.) Farl. 1883
Naematelia aurantia (Schwein.) Burt 1921

中文别称：胶脑菌、胶脑花耳。

形态特征：子实体小，细长条形蠕虫状，平伏贴生于树干上，大小为3.5–7 cm×1.3–2.5 cm，表面有不规则沟纹和皱褶，柔软胶质，半透明至透明，鲜橙黄色。子实层生于表面。

生长习性：夏、秋季于腐木上单生或群生。

国内分布：湖北、吉林、新疆、安徽、四川、云南、贵州、西藏、广东、海南等省份。

经济价值：食用、药用菌。

534 头状花耳

Dacrymyces capitatus Schwein. 1832

Dacryopsis nuda (Berk. & Broome) Massee 1891

Dacrymyces depallens (Lloyd) Rick. 1924

中文别称： 胶杵花耳。

形态特征： 子实体小，初为泡状突起或小而呈圆柱状的突起，后小型盘状或倒锥状，具短柄，直径 2–6 mm，高 2–3.5 mm，具一根状基部，新鲜时橙黄色、黄色或浅褐色，干后红褐色或褐色，胶质。

生长习性： 夏、秋季于阔叶树朽木上群生。

国内分布： 湖北、江西、吉林、福建、湖南等省份。

经济价值： 不详。

535 掌状花耳

Dacrymyces chrysospermus **Berk. & M. A. Curtis 1873**

Tremella palmatus Schwein. 1832

Dacrymyces palmatus Bres. 1904

中文别称： 掌状花耳小型变种、金孢花耳。

形态特征： 子实体较小，宽2–6 cm，高1–3 cm，橘黄色，形状不规则，瓣裂成一堆。菌肉胶质，有弹性。

生长习性： 夏季至秋季于阔叶林的腐木上散生、簇生、丛生。

国内分布： 湖北、河北、四川、云南、贵州、海南等省份。

经济价值： 药用菌。

桂花耳属 *Dacryopinax*

536 匙盖假花耳

Dacryopinax spathularia **(Schwein.) G. W. Martin 1948**
Guepinia spathularia (Schwein.) Fr. 1828
Dacryopinax spathularia subsp. *agariciformis* (Lloyd) D. A. Reid 1973

中文别称：桂花耳、盘状桂花耳、花耳、桂花菌、黄耳。

形态特征：子实体小，初期为小球状或浅盘状，后渐扩展成形状不规则形、底部平伏而上部呈花瓣形的掌状、鹿角状、匙状，高0.8–2.5 cm，柄下部直径0.2–0.3 cm，胶质，橙黄色，光滑，不孕部分色浅，干后强烈收缩，有细绒毛。基部栗褐色至黑褐色，延伸入腐木裂缝中。

生长习性：夏、秋季于松杉等针叶树倒木或阔叶树朽木上簇生或群生。

国内分布：湖北、河北、吉林、江苏、安徽、浙江、江西、广东、黑龙江、辽宁、山西、山东、陕西、福建、台湾、河南、湖南、广西、海南、云南、四川、贵州、西藏等省份。

经济价值：食用、药用菌。

韧钉耳属 *Ditiola*

537 根韧钉耳

Ditiola radicata **(Alb. & Schwein.) Fr. 1822**

Dacrymyces radicatus (Alb. & Schwein.) Donk 1931

中文别称： 韧钉耳。

形态特征： 子实体小，高3–6 mm，平伏于树干上着生，初为圆球形泡状或垫状，后渐突起分化为短柄及头部。头部近球形或扁半球形，顶端稍平或下凹或稍凸，具小皱褶，直径为2–5 mm；菌柄呈圆柱状，很短，长1–2 mm。头部与菌柄新鲜时均为杏黄色，干后为红褐色，胶质。

生长习性： 夏、秋季于针叶林内倒地朽木上散生或群生。

国内分布： 湖北、山西、浙江、湖南、黑龙江、吉林等省份。

经济价值： 不详。

胶盘耳属 *Guepiniopsis*

538 胶盘耳

Guepiniopsis buccina **(Pers.) L. L. Kenn. 1959**
Peziza buccina Pers. 1801

形态特征：担子果群生至散生，新鲜时黄色或橙黄色，干后黄色、橘红色或稍暗，硬胶质，具柄和菌盖，全体高5-10 mm。菌盖盘状、近浅漏斗状、斜盘状，直径3-7 mm。菌柄中生，圆柱状。子实层生于盘的内侧，光滑。菌丝具隔，薄壁，光滑或稍粗糙，无锁状联合，直径2.5-3 μm。

生长习性：夏、秋季于阔叶树朽木上群生或散生。

国内分布：湖北、河南等省份。

经济价值：不详。

胶杯耳属 *Femsjonia*

539 胶杯耳

Femsjonia peziziformis **(Lév.) P. Karst. 1876**
Exidia peziziformis Lév. 1848
Ditiola peziziformis (Lév.) D. A. Reid 1974

中文别称：盘形韧钉耳。

形态特征：子实体小，初为多泡状突起，后倒圆锥状或盘状，硬胶质，中央稍下凹，无柄或具柄状基部，高0.3–1 cm，直径0.5–1 cm，淡黄褐色至黄褐色，干后红褐色、黑褐色至栗褐色。子实层生于盘的内侧，不育外侧面被有白色至污白色绒毛。菌丝具隔，厚壁，光滑或粗糙，无锁状联合，不育面的皮层菌丝近栅栏状排列，圆柱状，不分枝。

生长习性：夏、秋季于阔叶树或针叶树朽木上散生或丛生。

国内分布：湖北、湖南、广西、陕西等省份。

经济价值：不详。

（七十四）银耳科 Tremellaceae | 焰耳属 *Guepinia*

540 焰 耳

Guepinia helvelloides **(DC.) Fr. 1828**
Gyrocephalus rufus (Jacq.) Bref. 1888
Phlogiotis helvelloides (DC.) G. W. Martin 1936

中文别称： 鞍形胶勺耳、胶勺。

形态特征： 子实体较小至中等大，胶质，匙形或近漏斗状，柄部半开裂呈管状，高4–9 cm，直径3–6.4 cm，新鲜时淡红色、红色或红褐色，干后颜色变淡，有时褪为污白色，直立。子实层生于下侧，表面平滑或有褶皱或近似网纹状。菌盖边缘卷曲或后期呈波浪状，内侧表面被白色粉末。

生长习性： 夏季至秋季于针叶林或针阔混交林中地上单生、近丛生或群生。其中以林地苔藓层、腐木上最为常见。

国内分布： 湖北、湖南、广东、广西、福建、贵州、江苏、浙江、陕西、山西、云南、四川、甘肃、青海、西藏等省份。

经济价值： 食用、药用菌。

银耳属 *Tremella*

541 金 耳

Tremella aurantialba **Bandoni & M. Zang. 1990**
Naematelia aurantialba (Bandoni & M. Zang) Millanes & Wedin 2015

中文别称： 黄白银耳、金色银耳、黄耳、脑耳、黄木耳、云南黄木耳。

形态特征： 子实体小至中等大，表面较平滑，初期呈小球状，渐渐长大至成熟初期，耳基部楔形，上部凹凸不平、扭曲、肥厚，形如脑状或不规则的裂瓣状，内部组织充实，大小为5–12 cm×3–8 cm，新鲜时柔软胶质，橘黄色至橘红色，后期硬、韧，颜色较深。

生长习性： 夏季和秋季于针叶林与阔叶林内松、栎等树干或倒地腐木上单生、散生或聚生。

国内分布： 湖北、云南、陕西、山西、贵州、福建、甘肃、西藏、四川、河南、河北等省份。

经济价值： 食用、药用菌。

542 茶色银耳

Tremella foliacea **Pers. 1799**

Phaeotremella foliacea (Pers.) Wedin, J. C. Zamora & Millanes 2016

中文别称：茶银耳、血耳、茶耳。

形态特征：子实体小至中等大，直径3–8 cm，高1–2 cm，由无数宽而薄的瓣片组成，瓣片厚1.5–2 mm，新鲜时软胶质，浅褐色至锈褐色，干后色变暗至近黑褐色，角质。子实层生于瓣片的两面。

生长习性：春季至秋季多生于林中阔叶树腐木上，往往似花朵，成群生长。

国内分布：湖北、湖南、河南、河北、四川、江西、江苏、浙江、云南、贵州、福建、安徽、陕西、青海、广东、广西、吉林、山西、西藏等省份。

经济价值：食用、药用菌。

543 银　耳

Tremella fuciformis **Berk. 1856**
Nakaiomyces nipponicus Kobayasi 1939
Tremella nipponica (Kobayasi) Wojewoda 1981

中文别称： 白木耳、雪耳、银耳子。

形态特征： 子实体中等大，胶质，由10余片薄而多皱褶的扁平形瓣片组成。瓣片不分叉或顶部分叉，呈菊花状或鸡冠状，纯白色至乳白色或略带黄色，柔软，半透明，富有弹性。整体宽5-10 cm，甚至达15 cm以上，基部黄褐色，干后收缩，脆角质，暗白色或米黄色，遇水后恢复原状。在子实体上下两面，均覆盖子实层，由无数担子组成。

生长习性： 夏、秋季于阔叶树的枯木上生长。

国内分布： 湖北、云南、广西、广东、福建、台湾、海南、浙江、江苏、河北、河南、湖南、贵州、西藏、青海、甘肃、山西、吉林、安徽、江西、陕西等省份。

经济价值： 食用、药用菌。

544 黄银耳

Tremella mesenterica **Retz. 1769**
Tremella lutescens Pers. 1798
Tremella mesenterica (Schaeff.) Pers. 1801

中文别称： 橙黄银耳、黄金银耳、金黄银耳。

形态特征： 子实体较小至较大，软胶质，由许多薄而曲折的瓣片组成，直径4–10 cm，高3–6 cm。色泽艳丽，新鲜时呈橘黄色或橙黄色，干时带橙红色。

生长习性： 夏、秋季于阔叶树倒木上单生或丛生。

国内分布： 湖北、河南、江西、四川、云南、福建、浙江、山西、吉林、甘肃、西藏、黑龙江等省份。

经济价值： 食用菌。

刺银耳属 *Pseudohydnum*

545 胶质刺银耳

Pseudohydnum gelatinosum **(Scop.) P. Karst. 1868**
Hydnum gelatinosum Scop. 1772
Tremellodon gelatinosum (Scop.) Pers. 1874

中文别称： 胶虎掌菌、虎掌刺银耳、虎掌菌。

形态特征： 子实体小至中等大，扇形、匙形或掌状至圆形，具侧生短柄，新鲜时污白色至暗褐色，黏，软，半透明似胶质。菌盖直径2–6 cm，阴湿处多呈污白色至乳白色，光强处带淡褐色，初期有细毛，后变光滑，边缘锐，内卷。菌盖下密被长约0.2–0.5 cm的小肉刺。菌柄扁圆柱形，长约1 cm，直径0.5–0.8 cm，基部略膨大，胶质，初期污白色，后期变淡红褐色。无嗅无味，干后硬革质。

生长习性： 夏、秋季于针叶树倒腐木上单生或群生。

国内分布： 湖北、湖南、云南、内蒙古、黑龙江、甘肃、台湾、广东、广西、贵州、新疆、吉林、青海、四川、海南、西藏等省份。

经济价值： 食用、药用菌。

第三章

黏菌门

Myxomycota

（七十五）筒菌科 Tubiferaceae | 粉瘤菌属 *Lycogala*

546 小粉瘤菌

Lycogala exiguum **Morgan 1893**

形态特征： 复囊体近球形，小，直径0.5–10 mm，幼时为深粉红色或红色，成熟时颜色变暗，近于黑色。皮层黄褐色，有一层密的疣状小鳞片，色暗，紫黑色或黑色，初期垫状，质地均一，后变扁平，表面呈细网格状，从顶上不规则开裂。假孢丝为无色或黄色的分枝管体，从皮层内侧伸出，基部常光滑，其余部分粗糙，有横褶皱，直径 2–10 μm。孢子成堆时粉红赭色，光学显微镜下近无色，隐约有不完整的网纹或不规整的线条和疣点，有时近光滑，直径 4–6 μm。

生长习性： 春季至秋季于潮湿的阔叶树腐木上散生或群生。

国内分布： 湖北、黑龙江、山西、河北、吉林、山东、江苏、安徽、浙江、江西、福建、广西、海南、甘肃、四川、云南、西藏、宁夏、青海等省份。

经济价值： 药用菌。

547 大粉瘤菌

Lycogala flavofuscum **(Ehrenb.) Rostaf. 1873**
Diphtherium flavofuscum Ehrenb. 1818
Reticularia flavofusca (Ehrenb.) Fr. 1829

中文别称： 粉瘤菌、粉瘤黏菌。

形态特征： 复囊体呈扁圆形或近球形，无柄，有时为梨形并有小柄，直径2–7 cm。色泽多变，不同时期、不同地域、不同环境呈现不同色泽，一般最初原生质团呈肉粉色，成熟时为银灰色、赭色至紫褐色。皮层近光滑，稍有光泽，或有小坑窝，厚，脆。有柄时，柄膜质，索状，无色。假孢丝近无色，分枝并联结，有皱纹、疣突或光滑。

生长习性： 春季至秋季于潮湿的阔叶树腐木上散生、丛生或群生。

国内分布： 湖北、黑龙江、山西、河北、吉林、山东、江苏、安徽、浙江、江西、福建、广西、海南、甘肃、四川、云南、西藏、宁夏、青海等省份。

经济价值： 药用菌。

筒菌属 *Tubifera*

548 筒 菌

Tubifera ferruginosa **(Batsch) J. F. Gmel. 1792**
Stemonitis ferruginosa Batsch 1786
Lycoperdon ferruginosum (Batsch) Timm 1788

中文别称： 红覆盆子黏菌。

形态特征： 子实体较小，无柄，匍匐状，鲜红色，长 4 cm，宽 1.5–2.5 cm，高 2–3 cm。囊被呈颗粒状，有光泽，呈淡黄色至粉红色；基质层呈鲜红色，薄，柔软绵状。许多泡囊中有假孢丝，像囊轴。常有侧枝连着囊被，有时与囊顶相连，中空，管状，有隆起，不规整。

生长习性： 夏季至秋季于潮湿的阔叶树腐木、落叶或植物残体上散生。

国内分布： 湖北、河南、黑龙江、辽宁、吉林、内蒙古、山西等省份。

经济价值： 不详。

参 考 文 献

陈启武．1989．神农架林区大型真菌资源调查研究［J］．湖北农学院学报，（1）：47-51.

陈启武，夏群香，马立安，等．2002．湖北省大型真菌调查——担子菌亚门真菌名录（II）［J］．湖北农学院学报，（2）：153-157.

陈启武，朱兰宝，杨新美．1996．神农架大型真菌资源及其开发利用［J］．自然资源学报，（3）：268-271.

陈青君，刘松．2013．北京野生大型真菌图册［M］．北京：中国林业出版社.

陈伟．2024．神农架林区维管植物物种多样性与空间分布格局研究［D］．华中农业大学硕士学位论文.

陈文华，谭会颖，苏阳，等．2019．山东省天蒙山自然保护区大型真菌资源初步调查研究［J］．中国食用菌，38（5）：6-12.

陈芝兰，张涪平，熊伟，等．2007．变色疣柄牛肝菌子实体水溶性粗多糖的提取方法［J］．中国野生植物资源，（4）：47-49.

戴芳澜．1979．中国真菌总汇［M］．北京：科学出版社.

戴玉成，崔宝凯．2010．海南大型木生真菌的多样性［M］．北京：科学出版社.

戴玉成，图力古尔，崔宝凯，等．2013．中国药用真菌图志［M］．哈尔滨：东北林业大学出版社.

邓旺秋，张明，钟祥荣．2021．中国南海岛屿大型真菌图鉴［M］．广州：广东科技出版社.

邓兴林，王锋．2010．大兴安岭大型真菌：野生食用菌与毒菌［M］．哈尔滨：东北林业大学出版社.

邓兴林，王利文．2010．大兴安岭大型真菌：木腐真菌与外生菌根菌［M］．哈尔滨：东北林业大学出版社.

范黎．2019．中国真菌志　第五十四卷　马勃目［M］．北京：科学出版社.

高立献，杜敏华，贾赛．2019．伏牛山大型真菌原色图谱［M］．郑州：河南科学技术出版社.

顾新伟，何佰伟．2012．浙南山区大型真菌［M］．杭州：浙江科学技术出版社.

郭迪哲．2020．黑龙江省双河国家级自然保护区大型真菌多样性研究［D］．吉林农业大学硕士学位论文.

郭方珍．2013．神农架资源调查发现大批动植物新种［J］．林业与生态，（6）：46.

郭富宽．2019．蟒河国家自然保护区食药用大型真菌物种资源研究［D］．山西农业大学硕士学位论文.

贺新生．2013．四川盆地食药用菌图志［M］．北京：科学出版社.

何晓兰．2012．中国粉褶蕈属分类及粉褶蕈科分子系统学研究［D］．华南农业大学博士学位论文.

胡会泽．2020．五台山食药用真菌资源及“台蘑”的研究［D］．吉林农业大学硕士学位论文.

黄年来．1998．中国大型真菌原色图鉴［M］．北京：中国农业出版社.

姜旭萌，李杨坤，梁俊峰，等．2017．中国红菇属2个新记录种［J］．福建农林大学学报（自然科学版），（1）：103-108.

李传华，邓旺秋，宋斌，等．2008．中国粉褶蕈科已知种类及分类问题［J］．菌物研究，6（3）：136-154.

李春旺，王文华，王伟．2020．神农架国家公园脊椎动物多样性研究及其编目［M］．北京：中国林业出版社.

李方．2010．黑石顶大型真菌图鉴［M］．广州：中山大学出版社.

李方．2019．黑石顶大型真菌图志［M］．广州：中山大学出版社.

李邵平，赵静．2019．澳门蕈菌［M］．北京：科学出版社.

李泰辉，宋相金，宋斌，等．2017．车八岭大型真菌图志［M］．广州：广东科技出版社.

李泰辉，蒋谦才，邢佳慧，等．2022．中山市大型真菌图鉴［M］．广州：广东科技出版社.

李挺，李泰辉，邓旺秋，等．2020．中国华南及其周边地区分布的两种鬼笔学名订证［J］．食用菌学报，27（4）：155-163.

李彦军，图力古尔. 2016. 采自内蒙古大兴安岭的丝膜菌属新记录种［J］. 菌物学报，35（2）：229-233.
李玉，李泰辉，杨祝良，等. 2015. 中国大型菌物资源图鉴［M］. 郑州：中原农民出版社.
廖明尧. 2017. 神农架地区自然资源综合调查报告［M］. 北京：中国林业出版社.
林晓明，李振岐，侯军. 2005. 中国大型真菌的多样性［M］. 北京：中国农业出版社.
林晓民，郑伟，侯颖. 2014. 河南林业真菌［M］. 北京：中国林业出版社.
刘波. 1992. 中国真菌志　第二卷　银耳目和花耳目［M］. 北京：科学出版社.
刘波. 2005. 中国真菌志　第二十三卷　硬皮马勃目柄灰包目鬼笔目轴灰包目［M］. 北京：科学出版社.
刘旭东. 2002. 中国野生大型真菌彩色图鉴①［M］. 北京：中国林业出版社.
刘旭东. 2004. 中国野生大型真菌彩色图鉴②［M］. 北京：中国林业出版社.
马明哲，申国珍，熊高明，等. 2017. 神农架自然遗产地植被垂直带谱的特点和代表性［J］. 植物生态学报，41（11）：1127-1139.
卯晓岚. 1990. 神农架的部分大型真菌［J］. 微生物学通报，（3）：183-186.
卯晓岚. 1998. 中国经济真菌［M］. 北京：科学出版社.
卯晓岚. 2000. 中国大型真菌［M］. 郑州：河南科学技术出版社.
潘保华. 2018. 山西大型真菌野生资源图鉴［M］. 北京：科技文献出版社.
邱阳，石磊，钟华富. 2017. 梵净山隐孢真菌的形态特征、食用药用价值及开发利用前景［J］. 南方农业，11（11）：116-118.
生态环境部，中国科学院. 2018. 中国生物多样性红色名录——大型真菌卷［EB］. https://wenku.so.com/d/4b761e5bc361b0e9605607a67f64e684[2024-12-2].
宋刚，宋丽华，王黎元. 2011. 贺兰山大型真菌图鉴［M］. 银川：阳光出版社.
宋相金，黄秋菊，宋斌，等. 2018. 车八岭自然保护区大型食药用菌及毒菇资源调查［J］. 食用菌，40（2）：24-28.
田慧敏，尹元. 2018. 内蒙古四个毒丝盖伞形态学及rDNA-ITS鉴定［J］. 食用菌，40（5）：9-13.
图力古尔. 2012. 多彩的蘑菇世界［M］. 上海：上海科学普及出版社.
图力古尔. 2022. 中国真菌志　第五十三卷　丝盖伞科［M］. 北京：科学出版社.
图力古尔，娜琴，刘丽娜. 2021. 中国小菇科真菌图志［M］. 北京：科学出版社.
图力古尔，朴龙国，范宇光. 2016. 蘑菇与自然环境［M］. 上海：上海科学普及出版社.
王锋尖. 2019. 鄂西地区大型真菌多样性研究［D］. 吉林农业大学博士学位论文.
王立安，通占元. 2011. 河北省野生大型真菌原色图谱［M］. 北京：科学出版社.
王雪珊. 2020. 内蒙古罕山国家级自然保护区大型真菌多样性研究［D］. 吉林农业大学硕士学位论文.
吴兴亮. 2017. 中国茂兰大型真菌［M］. 北京：科学出版社.
吴兴亮，戴玉成，李泰辉，等. 2010. 中国热带真菌［M］. 北京：科学出版社.
吴兴亮，邓春英，张维勇，等. 2014. 中国梵净山大型真菌［M］. 北京：科学出版社.
蒽玉琴，张明旭，汪之波. 2018. 甘肃阿夏自然保护区大型真菌资源及生态分布［J］. 西北师范大学学报（自然科学版），54（5）：73-77，82.
熊伟，陈芝兰，钟国辉，等. 2007. 西藏野生变色疣柄牛肝菌粗多糖提取及单糖组成研究［J］. 应用化工，36（6）：554-556.
徐江. 2012. 湖北省大型真菌资源初步研究［D］. 华中农业大学硕士学位论文.
杨祝良. 2015. 中国鹅膏科真菌图志［M］. 北京：科学出版社.

杨祝良．2023．中国真菌　第六十三卷　牛肝菌科（III）［M］．北京：科学出版社．
杨祝良，王向华，吴刚．2022．云南野生菌［M］．北京：科学出版社．
姚一建，魏江春，庄文颖，等．2020．中国大型真菌红色名录评估研究进展［J］．生物多样性，28（1）：4-10．
叶贺民，谢远秀，承勇，等．2019．井冈山自然保护区野生食（药）用菌资源调查初报［J］．中国食用菌，38（7）：6-8．
于晓丹，王琴，吕淑霞．2017．辽东地区大型真菌彩色图鉴［M］．沈阳：辽宁科学技术出版社．
袁明生，孙佩琼．2013．中国大型真菌彩色图谱［M］．成都：四川科技出版社．
臧穆．2013．中国真菌志　第四十四卷　牛肝菌科（II）［M］．北京：科学出版社．
张峰．2020．安徽天马国家级自然保护区大型真菌多样性研究［D］．吉林农业大学硕士学位论文．
张鲜．2019．湖北省兴山县大型担子菌多样性［D］．南京师范大学硕士学位论文．
张泽文．2019．神农架林区大型真菌资源调查及蝉花虫草子实体的人工培养［D］．中南民族大学硕士学位论文．
赵瑞琳，季必浩．2021．浙江景宁大型真菌图鉴［M］．北京：科学出版社．
中国科学院神农架真菌地衣考察队．1989．神农架真菌与地衣［M］．北京：世界图书出版公司．
周彤燊．2007．中国真菌志　第三十六卷　地星科鸟巢科［M］．北京：科学出版社．
周光林，杨蕊，邓洪平，等．2012．缙云山食（药）用大型真菌资源调查研究［J］．中国食用菌，31（2）：10-12．
庄文颖．2014．中国真菌志　第四十八卷　火丝菌科［M］．北京：科学出版社．
庄文颖．2018．中国真菌志　第五十六卷　柔膜菌科［M］．北京：科学出版社．
CUI Y Y, CAI Q, TANG L P, et al. 2018. The family Amanitaceae: molecular phylogeny, higher-rank taxonomy and the species in China [J]. Fungal Diversity, 91 (1): 5-230.
DESJARDIN D, WOOD M, STEVENS F, 2015. California Mushrooms: The Comprehensive Identification Guide [M]. Portland, Oregon: Timber Press Inc.
DING J, ZHANG Y, WANG M, et al. 2015. Soil organic matter quantity and quality shape microbial community compositions of subtropical broadleaved forests [J]. Molecular Ecology, 24: 5175-5185.
KENNEDY L L. 2018. The genera of the Dacrymycetaceae [J]. Mycologia, 50 (6):874-895.
KRIK P M, CANNON P F, MINTER D W, et al. 2008. Dictionary of the Fungi [D]. 10th ed. Wallingford: CABI Publishing.
LI Y, AZBUKINA Z M. 2011. Fungi of Ussuri River Valley [M]. Beijing: Science Press.
MU M, HUANG H, ZHANG W, et al. 2021. A new species with pink lamellae of *Amanita* section Caesareae from China [J]. Phytotaxa, 478 (1): 141-150.
PALAMARCHUK M A, KIRILLOV D V, SHADRIN D M. 2021. Morphology and molecular data of the species of *Suillus* (Suillaceae, Boletales) associated with *Pinus sibirica* at the European northeast of Russia [J]. Phytotaxa, (1): 18-34.
PETERSEN R H, ZANG M. 1989. *Ramaria* subgenera *Ramaria* and *Laeticolora* in Yunnan [J]. Acta Botanica Yunnanica, 11 (4): 363-396.
SEAVER F J. 1978. The North American Cup-fungi (Inoperculates) [M]. New York: Preis je Bd.
SESLI E, Contu M, Helfer S. 2012. A new record for the Turkish Mycota from Trabzon: *Laccaria macrocystidiata* (Migl. & Lavorato) Pázmány [J]. The Journal of Fungus, 3 (1-2): 1-3.
ZHANG M, LI T H, XU J, et al. 2015. A new violet brown *Aureoboletus* (Boletaceae) from Guangdong of China [J]. Mycoscience, 56 (5): 481-485.
ZHAO K, WU G, Yang Z L. 2014. A new genus, *Rubroboletus*, to accommodate *Boletus sinicus* and its allies [J]. Phytotaxa, 188 (2): 61-77.

中文名索引

E

F

G

H

拉丁名索引

C

D

E

F

G

M

N

O

P

R

X

Z